谷峰 / 主编

中国华侨出版社

北京

图书在版编目（CIP）数据

人类故事书 / 谷峰主编 . —北京：中国华侨出版社，
2019.8
（探索之旅）
ISBN 978-7-5113-7891-0

Ⅰ . ①人… Ⅱ . ①谷… Ⅲ . ①人类学－普及读物
Ⅳ . ① Q98-49

中国版本图书馆 CIP 数据核字（2019）第 116522 号

探索之旅：人类故事书

主　　编 / 谷　峰
责任编辑 / 刘雪涛
责任校对 / 孙　丽
经　　销 / 新华书店
开　　本 / 670 毫米 ×960 毫米　1/16　印张 / 17　字数 /360 千字
印　　刷 / 三河市华润印刷有限公司
版　　次 / 2020 年 2 月第 1 版　2020 年 2 月第 1 次印刷
书　　号 / ISBN 978-7-5113-7891-0
定　　价 / 48.00 元

中国华侨出版社　北京市朝阳区西坝河东里 77 号楼 1 层底商 5 号　邮编：100028
法律顾问：陈鹰律师事务所
编辑部：（010）64443056　　64443979
发行部：（010）64443051　　传真：（010）64439708
网　　址：www.oveaschin.com
E-mail：oveaschin@sina.com

前言

　　人类是地球上最具智慧的生命体，我们应认清整个自然世界，因为自然是人类生存的摇篮；我们更应认清人类自己，因为人类是地球的主人，是万物之灵，是自然发展的高级阶段。

　　生命现象是我们最关心的，因为它关系到我们的存在与否。千百年来，人们总是在追问：人类是从哪里来的？又是怎样发展的……如果不能解释自身的产生与存在问题，那么人类将永远处于混沌的状态，永远不能解决自身的发展与消失问题，也会永远处于末日危机的焦虑之中，当然也就不存在真正意义上的生存质量与生命质量问题。

　　我们身体的各个组织与器官组成了人体，每一个组织与器官都有不同的功能，同时还蕴藏着许多奥秘。科技发展至今，人类对自身的认识还远远不够，不能透彻地认识自己，且存在许多难以破解的人体神秘现象。因此，只有认识人类自身，才能真正地认识人类和人类社会。

　　人类社会自从产生后，创造了悠久灿烂的历史，但是随着时间长河的慢慢流逝，斑驳的历史给我们留下了许多未解之谜：史前世界是什么样的，玛雅文明、克里特文明、迈锡尼文明、苏美尔文明是怎样消失的……弄清楚这些问题，将会对人类产生巨大的启示，使我们得以永续发展。

　　科技是社会前进的动力，也是创造人类文明的魔力。科技的发展是循序渐进的，也是有一定时间规律可循的。可是，许多史前科技却大大超越了当时人力之所及，就连现代科技也难以解释。是什么魔力使得史前科技如此发达？破译史前科技之谜，寻找神秘创造力量，将不断推动人类社会向更高的层次迈进。

人类社会创造了辉煌发达的物质文明，文物宝藏是人类社会物质文明发展的见证者，也是人类辛勤汗水的积累。几千年的历史黄沙，尘封了多少巨大的宝藏？它们又被埋没在什么地方？获得启示宝藏的羊皮卷，叩开宝藏的芝麻门，是我们所有人的梦想。发现宝藏，保护宝藏，让它造福人类社会，既是我们的责任也是我们的义务。

总之，丰富多彩并具有无限魅力的人类难解之谜，引导我们密切关注且不断对人类发出疑问，因此我们总是处在探索与认识的过程中。虽然今天的科学技术日新月异，达到了很高的程度，但还是难以圆满地解答人类的各种未解之谜。

古今中外许许多多的科学先驱不断奋斗，一个个奥秘被不断解开，在推进科学技术大发展的同时又发现了许多新的未解之谜，并向新的问题发起挑战。正如达尔文所说："我们认识自然界的固有规律越多，这种奇妙对于我们就更加不可思议。"科学技术不断发展，人类的探索永无止境，解决旧问题，探索新领域，这就是人类一步一步发展的足迹。

为了激励广大读者认识和探索人类社会的奥妙，普及科学知识，我们特别编写了本书，其主要包括生命密码、人体生理、史前文明、史前科技及人类宝藏的奥秘内容，本书知识全面，内容精练，语言简洁，通俗易懂，非常适合广大读者阅读和收藏。广大读者通过阅读本书领略人类奥秘现象的同时，能够深入思考、启迪智慧、开阔视野、丰富知识；能够正确了解和认识人类世界的奥秘，激发求知欲和探索欲，激起热爱科学和追求科学的热情，掌握开启人类社会的金钥匙。

目录

生命的密码破译

看清自己的生理

人体的疑问

史前世界什么样

不可思议的科技

大宝藏的大曝光

血雨腥风现黄金

［ 生命的密码破译 ］

生命从哪里来？又是如何发展的？我们都希望发现"天机"，破解生命的奥秘。

大千世界的许多奇闻怪事虽不能代表人类普遍的现象和规律，

但却蕴含着某些重要的信息，能够丰富我们的思维，或许还能揭开某些奥秘。

远古的时空穿越

人类远祖之谜

人类自从产生意识，也就开始了对自身由来以及自己祖先的探究。但是在科技不发达的远古时代，人们只能把人类的产生归结为神的创造。

19 世纪以来，人类为弄清自身的由来，付出了许多艰苦努力。

1809 年，法国学者拉马克在《动物哲学》一书中首先向"上帝创造人类"的说法提出了挑战，他大胆地推测人类和猿具有共同的起源。

1871 年，达尔文在《人类的由来和性的选择》中更进一步论述了人类的起源问题，明确指出人类和现在的类人猿有着共同的祖先，人是由已经灭绝的古猿进化而来的。

1876 年，恩格斯在《劳动在从猿到人转变过程中的作用》一文中运用辩证唯物主义的观点，提出劳动创造了人类的科学理论。

虽然人类在弄清自身由来方面取得了一些进展，但诸多假说仍有许多不能自圆其说的地方。

在人类究竟起源于哪一种古猿的问题上一直众说纷纭。有人认为人类的祖先是森林古猿，有人说是南方古猿，还有人说是腊玛古猿……但人类究竟起源于哪一种古猿，至今都没有定论。

引起争议的一个原因是专家们所发现和搜集到的古代人类与猿类的化石数量极少，研究材料严重不足，因此只能根据少量的材料提出一些假说和推测，这必然会产生分歧。引起争论的另一个原因是，即使是同一材料，以不同的理论为出发点，也会得出不同的结论。总之，在从古猿转变到人的漫长过程中，还存在一些缺失的环节或空白区，尚未被古人类学家们解决。

继达尔文的进化论之后，20 世纪 60 年代又产生了一种新的进化论，认为新物种的产生不是由渐变形成，而是由突变所致，这种观点已被古生物化石所证实。任何生命形式，无论是低等的细菌还是万物之灵的人类，均是通过遗传来保持自身的相对稳定性，同时又通过变异得到进化。

还有人提出，非洲南方古猿身体形态的突变，是在宇宙辐射强烈变化的影响下发生的。地球的磁场好像保护层一样，阻止宇宙辐射的渗透，这个保护层由于某种人类还不清楚的原因，有时会大大减弱，而后发生磁极极性的交替，这种现象叫作地磁反转。

在人类从猿类中分离出来的时代，发生了一次强烈的地磁反转，引起地球上宇宙辐射的急剧增加，从而促使某特殊类型古猿体质的突变，从猿变成人。上述观点是否正确，尚待进一步研究。

人类学家运用比较解剖学的方法，研究各种古猿化石和人类化石，测定它们的相对年代和绝对年代，从而确定人类化石的距今年代，以便将人类的演化历史大致划分为几个阶段。

遗传学家则运用生物化学和分子生物学的方法，研究现代人类、各种猿类及其他高等灵长类动物之间的蛋白质、脱氧核糖核酸的差别和变异速度，从而计算出各自的起源和分化年代。目前，学术界一般认为，人类起源于600万～500万年前的上新世晚期。

还有一种说法认为，从已发现的人类化石来看，人类的演化大致可以分为四个阶段：南方古猿阶段、能人阶段、直立人阶段和智人阶段。他们的生存时间为440万～10万年前，特征是从单纯的两足直立行走发展到智能阶段。

海猿是人类的近祖吗

达尔文的进化论打破了上帝造人的神话，自19世纪后一直被人们奉为圣典。虽说进化论是人类伟大的发现之一，但也有不完备的地方，试看根据进化论大致列出人类起源时间表：

古猿：生活于1400万～800万年前。

南猿：生活于1903万～400万年前。

猿人：生活于170万～20万年前。

这里有两个空白期，一个是古猿与南猿之间空缺近 400 万年，另一个是南猿与猿人之间空缺 20 万年。所谓空白期，就是目前没有发现这一时期的化石。相比而言，400 万年的空白期更引人注目。

有学者提出了一个新的学说来解释这一化石空白阶段，这个学说就是海猿说。

1960 年，英国人类学家阿利斯特·哈代提出：在化石空白期，人类的祖先不是生活在陆地上，而是生活在海洋中。人类进化史中，存在着几百万年的水生海猿阶段。哈代提出：地质史表明，800 万～400 万年前，在非洲的东部和北部曾有大片地区被海水淹没，迫使部分古猿下海生活，进化为海猿。

几百万年后，海水退却，已适应水中生活的海猿重返陆地。它们在水中生活，进化出两足，具有了直立、控制呼吸等本领，为之后的直立行走、解放双手和发展语言交流等重大进化步骤创造了条件。"海猿说"是根据诸多人类生理方面的特征提出的，这些特征在其他的陆生灵长类动物身上都没有体现，但在海豹、海豚等水生哺乳动物身上却存在。

为了证明这一论断，哈代列举了人与猿猴之间的许多不同点，这些不同点大部分和水有关。例如，猿猴厌恶水，而人类婴儿几乎一出生就会游泳；猿猴不会流泪，而海豚和其他海洋哺乳动物，如儒艮就有眼泪。人类是唯一以含盐分的泪液来表达某种感情的灵长类动物，这可能和人类早期在海洋中的经历有关。

从身体的结构看，人的躯体绝大部分是光滑的，与海洋哺乳动物相同；人和海豚有皮下脂肪，猿猴却没有；人的脊柱可以弯曲，适合于水中运动，而猿猴的脊柱是不能后弯的；人类喜欢吃鱼、贝类等水生生物，而猿猴则不喜欢。另外，人在潜水时，体内会产生一种现象，即肌肉收缩，全身动脉血管血流量减少、呼吸暂停、心跳变得缓慢，此时，饱含氧气的血液不再输入皮肤组织和其他器官，而全部集中到维持生命最重要的机体中心——大脑和心脏，使它们的细胞得以在几十分钟的时间里不致死亡。这种现象与海豹等水生动物的潜水特征相似。

综合上述特点，哈代推测：人由海洋哺乳动物进化而来，上岸的成为人类，没上岸的被叫作海怪。

在研究人类与其他哺乳动物控制体内电解质平衡的生理机制后发现，在这一方面人类与所有陆生哺乳动物不同，而与水兽相似。动物缺盐时，食欲就会锐减，对食盐的渴求抑制了其他生理欲望。然而，一旦满足了对食盐的需要，多余的食盐就再也不能引起它们的兴趣。动物对自身食盐的需要量有精确的感觉，它们摄入食盐极有分寸。

　　然而，人类对食盐的需求量是没有感觉的，摄入食盐也毫无分寸。例如，一些生活在美洲印第安部落的人生来就厌恶食盐，而在日本和西方的一些国家，人们摄入食盐的量超过健康需要量的 15～20 倍。人类似乎不具备别的陆生哺乳类动物那种精细调节食盐摄入的本领，体内缺盐不产生渴求，摄入食盐过多也不能自我控制。但从另一个角度来说，人体大多对体内电解质平衡有更大的调控能力和冗余安全，而这一特性与生活在海洋中盐分充足的水兽相似。

　　英国教授克劳福特经过多年的研究指出："人类进化成具有高度智慧、脑容量大的动物，主要得益于所食的鱼。"鱼和贝类体内含有较多的不饱和脂肪酸，这种成分对大脑的发育有益，而身体其他部分的生长则需要大量的蛋白质。

　　体形庞大的食草类动物，用蛋白质构成了它们巨大的身躯而没有使脑容量增加。而大脑比较聪明的海豚在陆地上生活时，其食谱和当时沿海地区的人类没什么区别。由此可推测，人脑是靠食鱼进化而来的，而不是通过生育时的自然选择。这也为"人类是从海洋进化来的"论点提供了新的论据。

　　科学家还认为，从海猿到人这一进化过程，大致可以这样设想：海水分隔了古猿群体，迫使其中一部分下海生活，进化为海猿；几百万年后，海水消退，海猿重返陆地，成为人类的祖先。甚至还有更大胆的设想：在几百万年中的某个时期，海猿分成了两支：一支上了陆地，进化成现在的人类；另一支留在水中，由于适应环境，进化较快，成了高于陆地文明的海底人。这个设想是否能填充空白期，还有待科学家们研究证实。

人类祖先之谜

　　1856 年 8 月的一天，在德国西北部的尼安德特河流域，一个工人在石灰岩矿里发现了一些骨头，他以为是穴居熊的骨头，就把它收好并拿给约翰尼·佛罗特看。佛罗特是当地的小学教师，一个热心的自然历史学家。佛罗特认为，这并非熊的骨头。它的头骨和人的头骨差不多大，但形状不同，其前额低平，眉骨隆起，鼻子大而凸出，门牙很大，后脑勺凸起。从所发现的骨骼来判断，它的身体也与人相似，但比一般的人要矮小和粗壮。

　　佛罗特意识到，这些骨头的重要意义在于它们是在远古时代的地质沉积物中被发现的。随后，他与附近波恩大学的解剖学教授赫尔曼·沙夫豪森取得了联系。教授同样认为这些骨头很特别，正像他后来所描述的："这是一个还不被人们所知的自然存在物。"

沙夫豪森相信，这个工人所发现的确实是一个新的或者说相当于人种的类型，我们可以把它称为尼安德特人。沙夫豪森甚至推测，尼安德特人是现代人的祖先。根据现有资料判断，尼安德特人骨骼粗大，肌肉发达，但个子不高，男子只有 1.55 ~ 1.56 米。由于身体较矮，脊椎的弯曲也不明显，他们很可能是弯着腰走路，跑步时身体略微朝向地面。

尼安德特人头骨的特征是：前额低而倾斜，好像向后溜的样子，眉峰骨向前凸出很多，在眼眶上形成整片的眉脊。脑部已经非常发达，脑容量约 1000 毫升。尼安德特人使用较为先进的打制石器，过着狩猎和采集的生活。这表明，当时的人类在同大自然的斗争中，自身已有了较大的发展。

自从 1856 年人们第一次发现尼安德特人的化石以来，尼安德特人一直吸引着公众，对它的各种猜测也一直不断。从许多方面来看，尼安德特人都可称得上是原始人类研究中的"恐龙"。

与恐龙一样，尼安德特人也是突然之间销声匿迹的，其消亡的原因也一直是学者们争论不休的话题。但是，一些人对尼安德特人有许多误解，认为他们是陈旧过时的化身，并被诽谤为因智力不足以应对环境的变迁而灭亡的"低等人种"。而实际情况是尼安德特人非常成功地面对气候挑战的时间至少有 20 万年，比延续至今的现代智人还要长 12.5 万 ~ 15 万年。

当时著名的病理学家鲁道夫·弗吉尔在仔细检查了这些骨头后宣布，它们属于一种普通人类，只是一种患了某种异常疾病的人类。其他专家大多赞同此种说法。

19 世纪末，大部分科学领域开始盛行达尔文主义。一些科学家，如法国的加布里埃尔·德·莫提里特再次查看了这些骨头后，坚持认为现代人类是从尼安德特人进化而来的。在法国、比利时及德国发现的更多的尼安德特人遗骸也为此提供了依据。这些化石可以追溯到 3.5 万年前，这样认为他们是病人或现代人的说法就站不住脚了。

但是，以另一位法国人马塞林·鲍尔为首的大多数科学家仍拒绝承认尼安德特人是人类的祖先这一观点。鲍尔虽然承认这些骨骼可能很古老，但他并不认为其与人类有关。

鲍尔辩驳道，与其说这个屈膝、粗颈、弯背的尼安德特人像人类，倒不如说它更像猿猴。他认为，不管我们真正的祖先是谁，都不可能是这个退化的物种。

黄色人种是所有人的祖先吗

世界上有多色人种，他们起源于何处？特别是在当今世界上颇有影响的白人与黑人的最早起源地，长期以来是科学家们关心和考证的热门之一。关于白种人的起源地，大体有三种说法：

第一种认为，尼安德特人（以下简称"尼人"）不是白人的祖先，尼人灭绝了，没有后裔。现代欧洲的白种人来自亚洲西部或非洲，他们在侵入欧洲的尼人区域、消灭土著尼人后，成为现代的白种人。

第二种则认为，现代欧洲的白种人是由当地的尼人直接演化而来的。

第三种是综合说，即认为欧洲的白种人是由当地的尼人和外来人群混杂而来的。理由是尼人的某些特征，如高耸的鼻子与今天的欧洲人相似，同时又有一些化石证据表明欧洲邻近地区现代人形成的年代远早于欧洲，他们后来迁入欧洲，有可能与当地的尼人发生冲突，结果互相混杂，产生了现存于欧洲的人群。

至于黑种人的起源，以前认为非洲的黑人起源于非洲西部，然后向南迁移。但由于1983年在南非瓜祖卢的边界洞中，发现了据说是11万年前的一个破碎的成人头骨、两个成人的颌骨和一个婴儿的骨骼，具有现代黑人的性状，科学家结合其他证据，认为非洲最早的黑人起源于非洲南部，然后再向北又向西迁移。

除以上不同说法外，近期美国又有学者提出，不管黑人还是白人都起源于亚洲的看法，理由是在36万~18万年前，他们都具有相似的遗传基因。据美国加利福尼亚大学的布朗博士通过解析人体细胞中的线粒体的遗传基因，得出了不管是黑种人、白种人还是黄种人，如果追溯到36万~18万年前，可以发现他们都是同一个祖先的结论。

现代人的祖先是谁，这是人类学的重要谜团之一。而根据分子生物学方面的研究，发现现代人的遗传基因和亚洲猴相近，布朗博士的发现似乎成了论证"不管黑人白人，其祖先都起源于亚洲"这一说法的有力证据。

"线粒体"是细胞内的"能源供给工厂"，具有独自的小遗传基因。布朗博士从13名白人、4名黄种人、4名黑人的细胞里取出线粒体基因，用18种酶将其切碎，把基因组成型做比较。结果，发现每种型的片段的组成要素出现了和每个人种都非常相似的型，因此认为"人种间的差别是在漫长的岁月中发生突然变异而造成的"。换句话说，就是 36 万 ~ 18 万年前，他们具有共同的线粒体基因，都是同一个祖先。

为了解开这个谜，美国学者使用狒狒的病毒基因作为标准进行了研究。结果发现现在的人的基因与其说像非洲猴，不如说更近似于亚洲猴，指出了现在的人可能起源于亚洲。

另外，根据在我国陕西大荔县发现的大约 20 万年前早期智人基本完整的头盖骨化石的研究，我国古人类学界有人认为，不管是黑人、白人还是黄色人种，都是从 50 万年前的北京猿人进化到大荔人的，并和现代人有明显联系。

美国的布朗博士指出：诞生各人种共同祖先的 36 万 ~ 18 万年前，相当于亚洲出现大荔人、欧洲出现尼安德特人的时代。尼人在几万年前就完全灭绝了，而在同一个时期亚洲的大荔人不仅是黄色人种的祖先，而且也是白人和黑人的共同祖先。

黄色人种真的是所有人的祖先吗？白人、黑人的起源到底在何处？这个问题恐怕还需要更有力的证据才能令人信服。

古埃及人属于哪个种族

"埃及"一词系由古希腊语"Aigyptos"演变而来，起源于古埃及孟菲斯城的埃及语名"Hikuptah"，意为普塔神灵之宫。在埃及至今尚未发现早期人类化石，但在尼罗河谷地和利比亚高原等地却发现了一些旧石器时代的遗物，其中最早的可追溯到 60 万年前 ~ 100 万年。一般认为，尼罗河流域出现居民大约是在 2 万年前。

关于埃及早期居民是"白种人"或"黑种人"的辩论开始于 1874 年，一个世纪后，联合国教科文组织就此问题在开罗主办了一次学术讨论会，与会专家展开了激烈的争论。一派认为，埃及的最早居民是"黑人"。他们提出的人类发源于非洲的"一祖论"认为，最初的人类必然属于同一人种，即尼格罗人。

人类的出现首先是在非洲尼罗河发源地，那时北非的气候温和潮湿，雨量充沛，满布着草丛和森林，各种动物隐没其间，居民以渔猎采集为生。按格洛格氏定律，在温暖潮湿的气候中进化而来的热血动物会分泌出一种黑色色素，人类也不例外。因此，地球上最初的人类在种族上是同一个。

人类从这一原始地区扩散到世界其他地区，唯有两条道路：尼罗河流域和撒哈拉沙漠。在尼罗河流域，这一扩散发生在旧石器时代早期和原始历史时期之间，是沿着自南而北的方向逐步进行的。该派列举的证据是：在马里埃塔发掘的木乃伊的表皮和真皮之间发现了相当数量的黑色素。众多希腊和拉丁学者都把埃及人描写为尼格罗人，其中著名的有希罗多德、亚里士多德、卢西安、埃斯奇里斯、斯特拉波、安米亚努斯·马塞利努斯等人。

《圣经》中也认为埃及人是"Ham"，即"含"的后代，"含"是"哈姆"的同义异译。其后常用的"Hamite"（含米特人）一词即源于此词，这是"法老语言中用以指黑色的最有力的一个词"。古埃及人称他们的国土为"Kmt"，意为黑土，有别于未经河流灌溉的红土，即沙漠。古埃及从新石器时期的幼年到本地人建立的王朝终结，居民一直是黑种非洲人。

另一派认为，早在王朝前期，生活在古埃及的人是"白种人"，尽管他们的色素为暗色抑或黑色。尼格罗人是从第十八王朝以后才出现的，也有人认为从王朝初期以后居民一直未变。

还有一派认为，古埃及居民是混合种族。人类进入一个荆棘丛生、野兽出没的河谷，绝非一蹴而就，他们在那里逐步拓地而居，经历了几千年。在此期间，无论是人类群体的密度或气候的变异，都迫使他们寻求更多的资源或较高的安全性。由于整个尼罗河谷，尤其是埃及位于非洲大陆东北角，它不可避免要成为来自非洲别处，以及中东的人们长途迁徙的终点。

根据人类学家的研究得知，在尼罗河谷发现了几具非常古老的居民骨骼，已辨认出他们属于克鲁马农人、亚美种人、尼格罗种人、卢科德姆人等。混合种族的基本成分随时间和空间而异，尼罗河流域居民不可能从最初起直到波斯人入侵为止纯属单一种族。

另外，根据留传下来的埃及艺术品中形形色色、各不相同的肖像来看，古代埃及居民也绝非同一种族。那些肖像有的颧骨高耸，有的肥胖、卷唇，有的鼻子略呈弓形。根据人类学家的研究成果可知，从体质角度、头发的性质和皮肤的颜色来判别极古老的人类，例如属于旧石器时代的人类，属于什么种族是靠不住的。

大家众说纷纭，意见难以达成一致。关于古埃及居民的种族的问题，由于史料的局限，至此它仍将是困扰史学家们的一个难解之谜。

非洲东部的原始部落人

非洲东部生活着许多原始部落，受到气候和地理环境的影响，很多地方一直处于非常封闭的状态。他们有属于自己的生活习惯和服饰特点，甚至还拥有自己的语言和文字，形成了各部落不同的历史和文化。

在埃塞俄比亚南部地区、奥莫低谷地区及肯尼亚地区等很多地方，至今仍有部落保持着最原始的生活状态和最传统的文化习俗。

生活在肯尼亚的马赛族是当地一支土著部落，他们主要分布在肯尼亚南部地区，在坦桑尼亚北部的草原地区也有一些分支，他们说马赛语，并相信万物有灵。

现在的马赛族有50多万人，他们是尼罗河游牧民族的传承者。虽然他们仍然住在又黑又矮的茅草屋里，但可以看出他们的生活正在逐渐改变。

马赛族的男子身材高大，长相也很英俊，曾被西方殖民者称为"高贵的野蛮人"。他们的主要食物是牛羊肉和奶，玉米粥也是主食之一。他们生活的地区经常会有狮子、大象和豹子等野兽出没，常年与野兽共生共存，使他们和野兽之间形成了一种默契，平时互不干扰。

马赛人从不透露他们的牛羊数目，他们生活的村子就像军营，居住很集中。他们的房子很低，因为没有窗户，屋子里的光线很不好。

马赛人喜欢穿鲜红的长袍，据说可以驱兽防身。对于牧人来说，红色就像火焰一样，是力量的象征。由于长期游牧生活，马赛人堪称世界上最能行走的人，他们经常步行前往离部落10多千米外的市场，也会为了给自己的牛羊寻找美味的牧草而走上几天几夜。他们是东非地区现存的最有特色的少数民族之一。

马赛人曾流传着一个古老说法："我们右手持长矛，左手持圆棍，就不能再拿书本了。"但随着时代变迁，很多马赛人的习俗已发生了很大变化，现在大多数马赛人的孩子都去附近的学校上学读书了。

在肯尼亚政府大力推进保护野生动物的过程中，马赛男子的成人礼也不再是杀死一只狮子，而是尽可能地多养牛。每养10头牛，才能娶一个妻子，因为马赛人实行一夫多妻制。

现在的马赛族居住地已经成为旅游景点，当游客进入他们的部落时，孩子们都会十分热情地围拢过来，大点的孩子背着小点的孩子。由于事先付了费用，游客还会被邀请到部落首领的家里进行参观。他们的生活条件还很艰苦，连像样的床都没有，吃饭的餐具是用了很久的搪瓷缸子，这显然与现代生活完全联系不到一起。马赛人虽然一直生活在古老的原始时期，但从他们满足的笑容里可以看出，物质生活的缺乏并没有阻挡他们快乐的脚步。

远古时代的扎赉诺尔人

扎赉诺尔位于我国内蒙古自治区呼伦贝尔市满洲里市以东、海拉尔区以西。从 1927 年开始，在扎赉诺尔的地下陆续发掘出多处新石器时代的文化遗址。1933 年，扎赉诺尔煤矿副矿长顾振全首先发现了一个人头骨（后称第一号人头骨），日本古人类学家远藤隆次将其命名为"扎赉诺尔人"。

1943 年，日本考古学家嘉纳金小郎发现了第二号人头骨，1944 年我国考古学家裴文中又发现了第三号人头骨。1973 年以后，考古学家又连续发现了12 个人头骨和完整的猛犸象骨架等。同时，考古学家还发现了箭头、圆头刮削器、石叶、石片、石核，以及野牛、马、鹿、羚羊等化石。

经科学测定，距今 1 万多年前，就已经有人类在这一带劳动、生息和繁衍。

经过对扎赉诺尔人头像的复原，我们可以大略看出他们的头部形态，即颧骨突出，门齿呈铲状，眉弓粗壮，这是典型的原始黄种人的特征。

古人类学家认为，在晚期智人阶段即"新人""真人"阶段，原始人的体质形态与现代人类已没有多大区别了。现代世界上三大人种：黄种人，即蒙古利亚人种；黑种人，即赤道人种；白种人，即欧罗巴人种，在这个时期已经形成。三大人种相互间的区别只是外在的标志，至于智力和体力，则都是一样的。关于三大人种形成的问题，是很复杂且至今尚未得到彻底解决的大问题。

原始扎赉诺尔人在石器的制造和加工方面有了较大的进步，已具有较高的劳动技巧和活动能力。他们改善了打击、琢刻、压削和修理石器的方法，因而制造出的石器更多样，也更精细美观、锋利适用。

特别重要的是他们已学会制造复合工具和复合武器，如在木棒上装上石矛的矛、木棒的鱼叉、木柄的石斧等。他们尤其善于把精制的石片嵌入骨柄中，制成带骨柄的刀或锯，用来剥兽皮或树皮。他们懂得利用骨针和骨锥，把兽皮缝制成衣服，不再完全赤身裸体。

制陶术的发明是扎赉诺尔人处于新石器时代的重要标志之一。他们把一团黏土做成陶坯，然后再用火烧制成陶器。陶器便于储存液体，并且使他们有了煮熟食物的器具，是他们生活中的一大进步。

许多学者认为，细石器文化起源于贝加尔湖边，由于天气变冷而向南传播，扎赉诺尔人是从贝加尔湖边迁移来的。

但是，也有不少学者对此种说法持怀疑和否定态度，他们认为扎赉诺尔人是从我国南方迁移去的。扎赉诺尔人究竟是从哪里来的，又到哪里去了？许多学者认为，扎赉诺尔很可能是原始黄种人迁徙的中转站，东往朝鲜、日本迁移，成为朝鲜人和日本人的祖先。

日本唯一的少数民族阿伊努人生活在日本北海道等地区，其体格特征明显异于日本人。他们具有凸出的额头、浓密的毛发，这是有别于东方民族的特征。有专家研究了阿伊努人的历史后认为，他们的祖先有可能是"扎赉诺尔人"。

专家们认为，即使在数十亿黄色人种当中，偶然出现几万个具有白种人生理特征和遗传特征的人也是不大可能的。

阿伊努人还有这样一个传说。据传，在远古时代，"勇敢智慧之神"曾降临日本北海道的北部，他那闪亮的金属飞船白天呈银灰色，夜间却是火红的。当飞船升上天空时，发出雷鸣般的巨响。这位大神在人间停留了几个春夏秋冬，教给人们务农、做工、艺术和智慧。他传授给阿伊努人一部关于道德和社会准则的法典，然后就"乘坐他的飞船向星星飞去，永远地消失了"。

阿伊努人怎么能够编造出一个金属飞船的故事呢？他们怎么知道飞船能飞到星星上呢？阿伊努人的祖先是什么时候出现在亚洲的呢？他们真的是"扎赉诺尔人"吗？这些问题仍然是无法解开的谜，如果这些谜能够得到准确的答案，就有利于人们进一步解开人类的起源和迁徙之谜。

匈牙利人起源于中国吗

战国时期出现于中国历史舞台上的匈奴人，在西汉前期强盛一时之后，逐渐走向衰落直至消失在人们的视野中。而 4 世纪时，一支强悍的民族在欧洲东部崛起，到 9 世纪时，已在多瑙河边形成了今天匈牙利人的祖先。民间很早就流传着匈牙利人是匈奴迁徙欧洲的后裔的说法，许多中外学者也据此推测匈牙利人是匈奴人的后代。

早在中世纪时，不少西方作家记载了匈牙利人的活动，认为他们和匈奴人有着密切的联系。有观点认为，匈奴人（一说为"匈人"，目前尚无定论）首领阿提拉建立的"匈奴帝国"灭亡后，他的一个儿子在多瑙河平原上建立了匈牙利王国。因而有些西方学者据此认为，匈牙利人是匈奴人的后代。

20世纪30年代，何震亚撰写了《匈奴与匈牙利》一文，他从语言、历史、民俗、传说、种族形貌等方面比较了匈奴人与匈牙利人，发现他们有许多相似之处。匈牙利的"匈"为种族名，"牙利"为地，"匈牙利"即匈人之地。在风俗方面，匈奴皇帝每天朝拜太阳，晚拜月亮，匈牙利在帝国时期也曾有拜日、月的习俗。匈奴面向北坐为尊，以左为上，这与匈牙利相同。匈奴谢罪时要脱帽，也和匈牙利人脱帽致谢相同，等等。

最有说服力的证据是种族形貌的相似，匈奴人的形貌在上古时表现为肤白、高鼻、多须，到中古时则进化成低鼻宽额、头圆而肤呈黄色了，而这是匈奴人与汉族通婚造成混血的结果。匈牙利民族是匈奴后裔，但是其形貌特征已不像匈奴人，这是因为上古时匈奴人与高加索人通婚最早。以上事实说明，匈牙利的匈奴种族乃中古时与汉族混杂之华北匈奴，是与汉人有共同血缘亲戚关系的民族。

持匈牙利人是匈奴后代之说的中国学者，大都认为匈牙利人并非阿提拉率领的那批匈人后裔，而是原居住在中亚某地的匈奴人再次迁徙到欧洲的那批匈奴人。其引以为据的史料出自《隋书·卷八十四·铁勒传》中的记载："铁勒之先，匈奴之苗裔也。种类最多……拂林东，则有恩屈、阿兰、北褥、伏嗢昏等，近二万人。"认为匈牙利人的祖先是铁勒部中的一支。至于究竟是铁勒部中哪一支成为匈牙利人的祖先，在中国学者中存在多种不同的见解。有的认为匈奴苗裔铁勒部中的"北褥"一支是匈牙利人的祖先，也有的学者认为"恩屈"是原始的匈牙利人，等等。

持不同见解的则认为，现今匈牙利的主体民族和基本居民是匈牙利人，他们自称是马扎尔人，这类说法占了全国人口的98％。语言属乌戈尔语系芬兰—乌戈尔语族，他们是在中世纪由古代斯拉夫各族与来自东欧的草原部落—马扎尔人、匈奴人、阿瓦尔人等长期结合而成的。此外，玛恩辰—法洛芬（Otto J.Maenchen—Helfen）在《匈人的世界》一书中引用考古发掘状况说，匈奴是一个混合的民族，一位考古学家经过长期在匈牙利进行发掘后，没有发现过一个确定无疑的匈人头盖骨，这说明匈牙利人是匈奴人的后代这一假说仍缺乏充分证据。

人类有毁灭与再生吗

《圣经》向人们讲述了一个上帝造人的故事：上帝用泥土做成了人形，取名亚当，并以亚当的肋骨造出其妻夏娃，然后将他们同置于伊甸园中，他们繁衍生息后出现了人类。

谁是我们的祖先？这种上帝造人的说法，在达尔文创造生物进化论学说之后本已被人视为无稽之谈，但美国加州大学一位科学家却提出了一种与此相关的新见解。

随着分子生物学的发展，人们发现了细胞质中的线粒体也含有遗传物质DNA。现代生殖学证实在高等动物的受精过程中，精子中的线粒体 DNA 是不能进入受精卵的，人类细胞的线粒体 DNA 都来自母亲，因此线粒体 DNA 属于严格的母系遗传。这样一来，如果人们能证实同一人种的线粒体 DNA 是相同的，则说明他们来源于同一个母系。

据此，美国加州大学伯克利分校的威尔逊遗传小组，选择了来自非洲、欧洲、中东、亚洲以及几内亚和澳大利亚的土著妇女 147 人，利用她们生产婴儿时的胎盘，进行不同种族婴儿胎盘的线粒体 DNA 研究。研究小组发现，全人类线粒体 DNA 基本相同，差异很小，平均歧异率只有 0.32% 左右。

因此，从逻辑上说，现代各民族居民的线粒体 DNA 最终都是一个共同的女性祖先遗传下来的，那就是人约 20 万年前生活在非洲的一个妇女，这个妇女就是全世界现代人的祖先。科学家认为，应该将这位幸运的女性称为"夏娃"，她的世系一直延续至今。这一理论也就被称为"夏娃理论"。

"夏娃理论"还认为，当时也许有几千男女同"夏娃"生活在一起，但其他女性都没能留下后裔，因此她们的线粒体 DNA 谱系便断绝了。"夏娃"的后代在 9 万～13 万年前迁徙世界各地时，各地已有许多古人类在生息，如欧洲的尼人、中国的北京人等，如果有不同的线粒体 DNA 遗传下来，现代人中就会有多种线粒体 DNA。而事实上现代各种族居民的线粒体 DNA 却是高度一致的，这说明他们都来自同一个祖先——"夏娃"。

现代人的男性祖先是否是"亚当"？英国剑桥大学和美国亚利桑那大学的两个研究小组都认为，世界各地的男性基因源于同一种基因。

如前面所述，分析女性祖先的基因比较容易，因为线粒体 DNA 只通过女性遗传，而分析男性祖先的基因则复杂得多。为此，英国和美国的研究人员均把突破口选在男性独有的 Y 染色体上。

美国研究人员利用计算机分析了 8 名现代非洲男性、2 名澳大利亚男性、3 名日本男性和 2 名欧洲男性以及 4 只大猩猩的基因。

研究结果表明，从基因角度看世界各地的现代男性源于同一副 Y 染色体。美国研究人员认为，18 万年前，非洲一个部落的 Y 染色体是现代男性 Y 染色体的祖先。

同样，人们也可以将这位幸运的男性称为"亚当"，自然也应该可以称这一观点为"亚当观点"。如果这个结论是正确的，那么说明 400 万 ~ 600 万年前，从猿分化出来的原始人类大都没有留下后代，只有非洲的一个部落生存了下来，然后向世界各地迁徙形成了现代人。

"夏娃理论"提出以后，在科学界引起了强烈反响，而"亚当观点"使这场争论更为激烈。例如美国伊利诺斯大学和密执安大学的科学家就对此提出了异议。他们认为，现代人的确进化自非洲的一个部落，但其进化过程并非是 20 万年，而至少是 100 万年。

他们说如果"夏娃之说"成立的话，那么世界上一切与"夏娃"无关的人类祖先就已绝种了，但从对古人类化石的分析结果看，事实并非如此。科学家在对 100 万年前的古人类化石研究后发现，它们的特征与亚洲现代人极其相似，这就意味着今天的亚洲人是几百万年前亚洲祖先的后裔。

但是，不管争论的结果如何，"亚当观点""夏娃理论"都是现代分子生物学发展的产物，而不是神创论的翻版。

人类文明曾被毁灭过吗

考古和种种难以破解的迹象表明，地球上曾有过一次人类文明；否则，许多现象将无法解释。就拿金字塔来说，它就不一定是古埃及人建造的，因为在北美、南美甚至百慕大也发现了金字塔。有人猜测说是外星人建造的，可并没什么依据。

在南美洲发现了一条离地面 250 米深、数千米长的隧道系统，通往隧道的秘密入口由印第安人的一个部落把守着。隧道的穴壁光洁平滑、顶部平坦，有些宽的地方竟如喷气式客机的停机库那么大。其中有个宽 153 米、长 164 米的大厅，里边放着一张桌子和七把椅子。它们的材料很奇特，像石头，但又不像石头那样冰凉；既像塑料，又像钢一样坚硬、笨重，而且也显然不是木头。在椅子后边还有一些动物模型，如蜥蜴、大象、狮子、鳄鱼、老虎、骆驼、猴子、野牛、狼、蛇和螃蟹等。大厅里还有许多金属叶片，大多约 1.1 米长、0.5 米宽、0.012 米厚，一叶一叶地排列着，就像装订的书，目前发现有 3000 片左右，每片上都书写着奇怪的符号，好像是用机器有规律地压印上去的，这些符号没有任何人能看明白。

在佛罗里达州、佐治亚州和南卡罗群岛一带的海底，人们还发现了一条路面宽广平坦的街道。在亚洲的科希斯坦山区，也有一幅洞穴画，上面描绘着 1 万多年前各个星座的确切位置。画中还把金星和地球用线条连接起来。

在蒂亚瓦纳科发现了一座巨大雕像，由独块红砂岩雕成，重约 2 万千克。雕像的符号准确记载了 2.7 万多年前的天体现象。

在神秘的古埃及，有许多诸如金字塔和法老"魔咒"等人类难以解释的现象。此外，人们又在古墓里发现了"长明灯"等。

在古埃及金字塔建筑群中，规模最大的一座是距今约 4600 年，在开罗近郊吉萨建造的古王国第四王朝法老胡夫的陵墓，该金字塔内部结构极为复杂和神奇，里面装饰着雕刻和绘画等艺术珍品。让人感到奇怪的是在漆黑的墓室和通道里，这些精致的艺术作品是靠什么照明来进行雕刻和绘画的呢？

对此，人们猜想，在远古时代照明用具一般是火把或油灯了。但是，当时如果真的是使用火把或油灯，那么在里面一定会留下一点火把或油灯的痕迹。但经过现代科学家用世界上最先进的现代化仪器分析，却得出这样一个不可思议的结果：对墓室和通道里积存 4000 多年之久的灰尘，进行全面细致和科学化验分析，竟没有发现一丝一毫使用过火把和油灯的痕迹。

科学家猜想，给古埃及艺术家们提供照明的根本不是火把和油灯，而是另外某种特殊的能够发出足够光亮的照明设备。

距今 4000 多年前的古埃及人难道懂得现代电灯照明的原理？科学家们推测，所有这一切谜团或许都出自同一智能生物之手，这种智能生物曾经遍布世界各地，曾经主宰过世界，曾经有过高度的文明和发达的科学技术，他们在航天、航海、天文、数学和机械等许多方面和我们今天的水平不相上下。

　　也就是说，地球上或许曾经出现过一次高等文明，且其程度不一定低于当今。后来，由于剧烈的地质运动、突然的气候变化，或是一场人为的战争等，把当时的文明整个毁灭了，留给后世的仅是难以被自然的力量彻底毁灭的少量文明的遗迹。

奇特的民族探访

真的有巨人族吗

世界上是否真的有巨人族，是现在人们普遍关心的问题，也是比较热门的话题。巨人的传说，在许多神话中都出现过，例如希腊、印度等古老的神话故事里就有，甚至一些古历史学家在著作中也提到过巨人的存在，这就不能不让人认真地思考巨人是否曾在这个世界上存在过。

在历史学家西罗多德的《波斯战史》中，记载了发现身长 2.5 米的人体骨骼的事情，而这件事距今约已有 2400 年了。巨人的身高与我们今天的最高者也差不了多少，因此一些古人类学家从已经绝迹的直立猿人和巨猿的考察角度提出，巨人族在地球某一特殊地区还可能存在。

有迹象表明在 100 万年以前，巨人族确实存在过。1966 年，印度生物学家在离德里 116 千米的地方，发现了酷似人类骨骼的骨头，其身长竟有 4 米，肋骨就有 1 米长。对这些骨头所做的科学鉴定证实，这是 100 万年前的大型猿人骨骼。看来似乎从 100 万年前至今数千年前的这段时间里，巨人族是一直存在的。

美国内华达州垂发镇西南 35 千米处，有一个叫作垂发洞的山洞。据在这里生活的源龙特族印第安人的传说，很久以前，他们曾受到一些红发巨人的威胁。这些巨人身材高大，且十分凶悍。他们战斗了多年，才把巨人赶走。

这些传说一开始并没有引起人们的注意。1911 年，一些矿工来到垂发洞，在挖掘鸟粪的过程中，发现了一具巨大的木乃伊，其身高达 2.2 米，头发为红色，这才引起了人类学家的兴趣，并开始进行相关研究。

多年前，巴西一位科学家奥兰多在圭亚那高原原始森林中探险时，意外发现 6 群平均身高 2.5 米左右的巨人族。19 世纪末，一位学者在马来半岛探险，听说当地有巨人便深入半岛腹地考察。虽然没有亲眼见到巨人，但看到了据说是巨人们使用过的棍棒，这些棍棒几个普通人合力也拿不动。

也有人反对巨人存在的说法。在爪哇、非洲东部和南部、中国南部等地发掘出土的许多直立猿人和大型猿人的遗骨，并不被看成是人类，考古学家只把他们划入类人猿的一种，而不是人类的直系祖先。

苏联一位学者雅基莫夫博士根据这些类人猿骨骼的大小，推算出他们的体重在500千克以上，由于头盖骨和大脑的生长跟不上躯体的发展就逐渐停止进化，没有进化为人类。

在西印度群岛中，有个岛在浩瀚的加勒比海上，叫作"马提尼克岛"。岛上有一种很奇怪的现象：当地的居民一个个身材高大，而到这个岛上定居的外地人，哪怕是已经不可能再长高的成年人，也都会毫无例外地再长高几厘米。而且不仅是人，连岛上的动物、植物和昆虫的体积都相当大，特别是这个岛上的老鼠竟长得像猫一样大。

有一个记者在游览了该岛后写道：来到这里，就仿佛进入了童话中的巨人世界，男的身高两米多，这里10多岁的男孩比岛外的普通成年人还要高很多。在他们眼中，我们好像从小人国来的。他们常常用惊奇的眼光向下围着我看，就好像我是一个玩物。这个小岛上为什么会有这样奇怪的现象？

因为这种现象，巨人岛之谜吸引许多科学家不远万里来到该岛进行长期的考察和勘测，并且提出了许多假说和猜测。

有人认为，可能有一只飞碟或是其他天外来物坠落在这个岛上，从而使该岛产生了一种不明的辐射光，让这里的生物迅速增长。

有一些科学家认为，这个海岛上一定埋藏着很多放射性矿物。而这种放射性物质能使人的内部机能发生某种特别的变化——人体增高。还有一些科学家发表了新的观点：这里地心引力很小，才使人的身体长高。其原因是苏联的两名宇航员在飞船脱离轨道后在它的复合体中困留了长达半年，获救后每人的身高都增加了3厘米，就是因为失重和引力减少的作用。

可是这几种理论都不能让人信服。因为没有确切的资料证明有不明物体落在这个岛屿上，就算是有也无法证明就和人长高有关。如果因为放射性物质的作用会使人长高，那为什么长年生活和工作在放射性物质旁的人不会长高？如果引力小就会使人长高，那为什么地球上别的引力也很小的地方却没有形成第二个巨人国？对于巨人岛，科学界也没能给出一种很合理的解释，至今也没有破解这个谜，或许这只是自然和地理搞的鬼，不过谁又能说得清楚呢？

吉卜赛人的故乡在哪里

在世界上众多的民族中，吉卜赛人恐怕是最为独特的了，他们从不会在任何一个地方定居下来，而是不停地流浪。

吉卜赛人的足迹几乎遍及世界各地，世界上究竟有多少吉卜赛人，恐怕谁也说不清楚。吉卜赛人为什么没有祖国？何处是他们的故土？为了揭开这个世人所关心的谜，几个世纪以来，一些学者纷纷深入吉卜赛人的住地，了解他们的风俗习惯，搜集大量材料，进行多方面的探讨。

由于吉卜赛人颧骨比较高，皮肤黄色，瞳孔和毛发都呈黑色，德国和北欧一些国家的人认为他们是鞑靼人或蒙古人。法国人在叫他们吉卜赛人的同时，又叫他们波希米亚人，认为他们来自波希米亚。西班牙人除称他们为吉卜赛人、波希米亚人之外，又叫他们茨冈人或希腊人，理由是他们可能来自希腊。俄罗斯人有时也叫他们茨冈人。而吉卜赛人自己则以黑人自称。据此，有人分析他们可能与突厥人或蒙古人有关。但各种说法中，影响深远、流传较广的，则是起源于埃及、印度这两种说法。

吉卜赛，在英语中有从埃及来的意思，因此说吉卜赛人的故乡在埃及主要是英国人的意见。此说法来源于一个故事。相传在 1 世纪，罗马帝国的奴隶主统治阶级决定大举镇压基督教徒，于是命令一位埃及铁匠打制十字架所需的钉子。该铁匠拒不服从，结果受到惩罚，被罗马统治者赶出了埃及。一大批信仰基督教的埃及穷人也随这位铁匠离开了故土流浪他乡。

认为吉卜赛人起源于印度，主要源于三位语言学家德国的鲁迪格、格霍尔曼和英国的雅各布·布赖恩的看法。他们通过对语言的比较研究发现，吉卜赛人方言中的许多词汇与印度梵文及印度语族的印地语非常相似，因而推断他们的祖籍在印度，他们的祖先是早就居住在北印度的多姆人。学者们还从社会制度、文化习俗等方面进行考察，并从考察中得知古代印度的多姆人早在 4 世纪时就以爱好音乐和占卜著称，他们很可能就是吉卜赛人的祖先。

多姆族在古代印度是一个分布很广、众所周知的民族，在 4 世纪时，就因其古老的文化和殊异的习俗引起人们的注意，他们大多是音乐爱好者和占卜者。关于这一点，6 世纪用梵文写的一篇天文学的论文中曾提到过他们，并称其为干达尔瓦，即爱好音乐者的意思。多姆人能歌善舞，其中部分人以此为职业来维持生计。

据英国考古学家、探险家奥列尔斯坦考证，多姆族部分人靠卖艺为生，其中的佼佼者甚至得到国王的恩宠，可以出入宫闱。但这种情况是比较罕见的，多数情况下，多姆人被印度其他各族人所蔑视。他们没有固定职业，除作为优伶行走江湖之外，多被人雇用从事较低贱的职业，如更夫、清道夫、刑场衙役、工匠等。

尽管多姆人多才多艺，且善于维持生计，但当地各民族农民看不起他们，禁止与他们通婚。在克什米尔北部的吉尔吉特地区，曾居住着多姆族群体，有 300 人左右。这些人引起英国东方语言学家洛利易的注意，在对他们的语言、文化、习俗及历史进行研究后，证明这些多姆人是在 2 世纪或 3 世纪时从贝尔契斯坦迁徙过去的。

洛利易发现，居住在吉尔吉特地区的多姆族人，为了维持生计，适应各地生活条件，一般能说两三国语言。尽管他们所用的印度语中也含有许多外来语词汇，可这些词汇同其母语却有很大差别。吉卜赛人是印度多姆人的后裔之说，虽已得到不少人的认同，但仍不是最后的结论。

安达曼群岛人来自哪里

在孟加拉湾东海上的安达曼群岛，居住着一个古老奇特、与外界隔绝的神秘民族，目前他们的人数只有 500 人左右，濒临灭绝的边缘。

这个民族的人面部阔、鼻梁直，皮肤颜色像煤炭一样黑或呈稍带微红的茶色，头发黑短而略鬈曲。他们身材较矮小，成年男子一般身高为 1.4 米，最高者不超过 1.6 米，成年女子的身材更矮小。以血缘关系为纽带的氏族是他们社会的基本细胞。氏族成员共同居住，共同劳动。在氏族内部，除个人日常使用的工具之外，所有生产资料都为集体所有，生产和消费都建立在严格的集体原则上。

全体成员的集会是最高权力机关，一切重要的事都由氏族议事会讨论决定。氏族以男子为中心，血统关系按父系计算。

氏族的首领由年长的男子担任并受到高度尊敬。氏族成员有相互援助的义务，在同一氏族内的成员受到外族人伤害时全氏族人要帮助复仇。每人在氏族中有自己的名称，有共同的宗教信仰和墓地。

部落之间有比较明确的领域，并且以统一的方言和宗教观念相联系，每个部落都有部落的酋长。各氏族首领组成部落议事会，一切重要的问题都由部落议事会决定。

关于这个民族的起源问题，学术界的看法不一，目前尚难以定论。

有些学者认为，这个民族起源于史前时期，是远古内格里托人的后裔。有些学者不同意上述论断，他们认为，这个民族起源于非洲撒哈拉沙漠以南的尼罗格人种，也就是黑色人种。这些学者认为，这个民族与居住在非洲刚果和安哥拉密林中的俾格米人是同类人种，同属于世界上最矮小的人种。

但这个民族若真是俾格米人种，那么在远古时代，他们是怎样从非常遥远的非洲来到亚洲的呢？这是令考古学家和人种学家们迷惑不解的问题。以上种种看法是否真实可靠，至今也难以肯定，还有待于考古学家和人种学家深入探索和研究。

伊特拉斯坎人的起源

伊特拉斯坎人自称拉森人，希腊人称之为第勒尼安人，拉丁人则称之为伊特鲁里亚人。他们居住在台伯河、阿尔诺河流域和亚平宁山脉之间的中意大利，即拉丁文称作伊特鲁里亚的地区。

伊特拉斯坎人是意大利半岛北部及西部伊特拉利亚地方的民族，在公元前3世纪以前的数百年间曾盛极一时。后来，罗马崛起，伊特拉斯坎文化也就随之湮灭了。在意大利各处发现的大批伊特拉斯坎人墓葬，也曾挖掘到不少这个往日一度昌盛民族的工艺精品，但伊特拉斯坎人在各个消失的文明中，仍然是最神秘的。

伊特拉斯坎人统治意大利半岛大部分地区至少有300年，后来才被势力渐大的罗马人赶走。伊特拉斯坎人制造了许多精美的艺术品，他们到处旅行，广开贸易。希腊人和罗马人都推测过伊特拉斯坎人的来源。他们的艺术带有奇异的东方色彩，语言与地中海地区西部其他语言完全不同。伊特拉斯坎人善于航海，与希腊、北非及近东均有广泛的贸易往来，所以难以确定是从哪个地方迁徙来的。

关于伊特拉斯坎人的起源问题，有东来说、北来说和原住民说等，且一直争论不休。较有说服力的是：伊特拉斯坎人吸收了许多外来因素并使之与本地因素结合，逐渐形成了伊特拉斯坎民族。其形成时间在从青铜时代向铁器时代过渡的时期，约在公元前 10 世纪。但古希腊作家希罗多德认为，伊特拉斯坎人起源于一支 800 年前由小亚细亚侵入伊特鲁里亚的民族，他们还征服了当地铁器时代的原住民并建立了统治势力。然而，哈利卡纳苏斯的狄奥尼修斯却认为伊特拉斯坎人是意大利地区的原住民。这几种理论经证明都有疑问，今天的学术讨论已将其焦点从讨论伊特拉斯坎人的起源转变为论述伊特拉斯坎民族的形成。无论怎样，公元前 7 世纪中期，一些主要的伊特拉斯坎城镇就已建立起来。他们在进抵北部的阿尔诺河并将全部托斯卡尼置于其统治下之前，曾多次发动军事征服行动，最初可能是由各个城市单独进行的，并非联合行动。迫切的扩张动机是因为在这个世纪中期，希腊人不仅已控制科西嘉、西西里和意大利南部，而且定居在利古里亚海岸和法兰西南部。

　　人们对古埃及社会了解得比较多，对伊特拉斯坎人知道得比较少，原因是至今尚未发现一块伊特拉斯坎人的罗塞达碑，仅有一些载有墓主姓名、身份的墓碑之类的铭刻。对这些铭刻，学者仅能识别其中的若干单词，而对其字体结构和语法结构所知甚少。这种语言看起来与希腊文或拉丁文似乎并无关系。如果语言学家能破译，那么从现存不太多的文字资料，加上与其他地方语言的关系，就有可能解开自古以来众说纷纭、莫衷一是的伊特拉斯坎人来源之谜。

　　19 世纪末，考古学家在一具木乃伊的裹布上发现了一篇用伊特拉斯坎文写的共 216 行文字文章，好像某种宗教传单。自从德国专家鉴定木乃伊裹布上的文字是伊特拉斯坎文以来，有不少专家热切地探索这谜一样的文献，但至今仍未掌握伊特拉斯坎语言的密码。

阿伊努人来自哪里

　　今天，在日本北海道岛的北部，居住着大约 2 万阿伊努族人。许多日本人前往旅游，参观他们的居留地，欣赏他们的传统舞蹈表演和购买他们的手工艺品。

　　日本的阿伊努人可谓是一个难以猜度的民族。从人种学和语言学的角度来看，阿伊努人不仅不同于日本人，而且与远东其他民族也有很大区别。蒙古人种各族的特点是面部通常不长毛发，而阿伊努人却胡须满面，头发浓密。然而阿伊努人也不能划归欧罗巴人种，因为他们的皮肤不是白色而是黄色的，面部扁平，有时还可以见到所谓的"蒙古眼"。阿伊努人的语言也十分独特，它既有别于邻近的朝鲜人与尼夫赫人的语言，又不同于较远的伊夫里特语和巴斯克语，迄今尚未证明它与世界上其他语言有相似之处。

多少年来，人类学家、考古学家、语言学家、地理学家都试图揭开这个神秘民族的谜，但直到目前为止，仍无法准确地弄清阿伊努人究竟由何处而来。根据传说，阿伊努人的女祖先是从西方的什么地方漂流到这个岛上的。据此，有人就设想阿伊努人起先居住在大陆，后来被蒙古人种部落排挤到海岛上。其迁移的路线可能是经朝鲜、对马岛，来到日本的本州，后来到达北海道。另一种假说认为，阿伊努人属欧洲民族，其语言亦属印欧语系。还有一种解释则认为，阿伊努人的故乡应在南方、在大洋洲的岛屿上，有人就此曾提出阿伊努人的近亲是澳大利亚的土著，真是众说纷纭、莫衷一是。

不过，尽管阿伊努人的起源问题至今仍是一个谜，但已经弄清楚的是，当日本人在本州登陆时，本州的大部分土地上早已住着阿伊努人了。这可从712年的一部日本古书的记载中得到证实："当我们至圣的祖先从天上降临时，他们在船上、在这个岛上遇见了几支野蛮的部族，其中最凶狠的是阿伊努人。"此外，还可以从中国汉朝的古文献中找到有关阿伊努人的记载。语言学家的"发掘"也可证明，阿伊努人早在日本人出现前就已在日本列岛上居住。富士山的名称，就是由阿伊努语的"胡赤"或"富赤"（意为"火的女神"）演变而来的。

总之，阿伊努人在数千年前可能分布于日本全境，一直到8世纪的奈良时代，仍占有日本主要岛屿本州北部的大部分地区。8世纪末至9世纪，日本平安时代中期，由征夷大将军率领的讨伐军平定了本州北部的大部分地区，阿伊努人才被赶到了北海道一带。德川时代，阿伊努人则主要生活在由日本诸侯控制下的东虾夷地，即北海道的东南部，在那里至今仍然可以发现阿伊努人聚居的"柯坦"（村庄）。

如今，阿伊努人居住于北海道北部那寒冷、贫瘠的一隅之地了。他们自古以来以捕鱼和猎兽为生，现在开始将农业与畜牧业、渔业结合起来，种植黍类、大麦和土豆。然而即使这样，仍无法使生活得到保障。许多阿伊努人不得不离开自己的故乡，去城市或林场谋生。但他们在那里也难以找到一份工作，因为大多数企业家和渔业主不愿招雇阿伊努人，即使收留下来，也是让他们从事最脏且收入十分低微的工作。这不能不说是阿伊努人的不幸了。或许正是这个原因，探明阿伊努人的历史变得更为迫切了。

流浪的卡尔德拉伊人

在爱尔兰，有一个叫卡尔德拉伊人的少数民族。这个少数民族和吉卜赛人一样，终年过着流浪的生活。最初，卡尔德拉伊人是乘着长方形或奇形怪状的驴车四处漂泊的。后来，他们汲取吉卜赛人的经验，改用酒桶式的马车代替了驴车。如今，他们当中的有些人生活富裕之后就开始改换传统的交通工具，开着面包车或可供睡觉、运货两用的大轿车到处流浪。他们每天靠给人看手相、收废品、制造和修理小的家庭用具、做木工或打短工维持生活。

卡尔德拉伊人的生活是贫困的，他们缺乏起码的卫生设施，甚至无法建立正常的生活秩序。今天，在爱尔兰和苏格兰仍可以看到卡尔德拉伊人临时居住的帐篷。这种帐篷是用竹竿搭成的简易的折叠架子，上面覆盖着防雨布，帐篷中央有一个孔，一根用旧铁皮做的烟筒一头连接炉灶，一头通过圆孔直插到帐篷外。炉灶周围乱七八糟地堆放着劈柴和瓶瓶罐罐。木架子上放着家家户户都有的开水壶和一些只有在星期天改善伙食才烹调白菜和猪肉用的铁锅，这就是每个家庭的全部炊具。茶和面包是卡尔德拉伊人日常的主要食品，偶尔也吃点米饭或面条汤。在帐篷的各个角落里还可以看到几个装破烂的旧塑料口袋、一些生活必需品和手艺人用的各种工具。

关于卡尔德拉伊人的起源和历史，至今还是个谜。有人说他们是古代法国督伊德教徒的后代；有人说他们是中世纪时爱尔兰一批手艺人的后代；也有人说他们是 1649 ~ 1650 年由奥利弗·格罗姆韦尔领导的爱尔兰战役中被击溃并向西逃亡的民族集团的后裔；还有人说他们是 1845 ~ 1849 年时期爱尔兰岛曾发生毁灭性的大灾荒时幸存的逃荒人的后嗣……众说纷纭，莫衷一是，至今也没有一个确切的答案。

尽管有关卡尔德拉伊人的起源与历史有着不同的传说，然而流浪的习俗却似乎是一成不变的，今天他们仍然过着那种浪迹江湖的生活。

乾坤颠倒的民族

在人类的各个种族里，大多是男人高大强壮，女人矮小柔弱，所以男主外女主内，成为两性生活的自然形式。但墨西哥的扎扑特克族，其两性生活活动形式却是乾坤颠倒，完全违反自然规律的，这使亲眼看过的人都会觉得这是上帝造人的另一个幽默的大手笔。

该族聚居于墨西哥南部阿萨卡州的一个名叫特罕脱白克的小城里，全族约有 2 万人。族内的女人都长得修长健康，黑黑的头发，深褐色的眼睛，棕黄色的皮肤，比一般墨西哥女人长得俊俏和健美些。而男人则矮小瘦弱，平均要比女人矮 0.05 ~ 0.08 米，且他们的态度娇羞柔弱，毫无男人气概。

由于他们的体质特殊，形成了其阴阳颠倒的生活习惯。不仅这个小城的经济、政治、教育、建设等事项是由女人掌握，就连普通家庭的经济及家外事务的责任也都由女人担负，男人们则在家里照料儿女、洗衣烧饭。他们终生在家务中操劳，却没有感到厌烦或屈辱，反而觉得这才是他们的本分和天职。因此，这里的男人都生活得愉快而满足。

以前扎扑特克族是禁止与外族通婚的，自从禁例解除之后，由于这里的女人都具有美丽、聪明、能干等特点，有许多外族人到此地来寻佳偶。不过因为这里是真正实行"女人第一"的地方，所以她们中的大部分不愿意离开这个女王国、嫁到外边去受丈夫的气，因此许多原本打算来此娶妻的男人反而嫁给了妻子。照这样发展下去，半世纪后扎扑特克族的男人可能都会是七尺之躯，并改变现在男人的状况。

北极的因纽特人

一般认为，冰天雪地的北极是不可能有人类居住的，然而就有一个谜一样的民族生活在这里，这就是因纽特人。就生活环境的恶劣程度来说，没有任何一个民族能比得上因纽特人的。在他们周围，永远是冰天雪地，一年之中，要想找到几个没有冰雪的日子，那简直比登天还难。

他们用石块和冰雪建造起半地下的房子，照明用的是海豹油灯或鲸油灯，取暖只能靠自身的热量。

一年中有 6 个月是太阳迟迟不肯露面的昏天黑地，他们忍受着极夜的寂寞，接着便是太阳迟迟不落的漫漫白昼。

为了生存，他们不得不长途迁徙。从亚洲东北部的西伯利亚，到北美的阿拉斯加，从阿拉斯加到加拿大的北部陆地，直至格陵兰周边的岛屿和山地，都有因纽特人，他们把北极当成了自己的家。

对于这样一个神秘的民族，人们不禁要问，他们的祖籍在何方？他们为什么能在北极这样极其艰苦的环境中生存下来？

刚一见到因纽特人，很多人都会大吃一惊，他们和我们中国人长得太像了！如果让一个因纽特人走在中国的人群之中，谁也不会认出他是因纽特人。此外，从生产、生活、文化、风俗、宗教等方面看，他们也与我国的鄂伦春族几乎别无二致。

有人还从考古学的角度找到了因纽特人与我们有某种神秘联系的证据。从西伯利亚和阿拉斯加发现的楔形石核和细石器工具对比看，东亚和北美在石器时代确实有一个弧形的"古北区文化带"。以楔形石核为主要类型的石器，制作工艺与我国华北虎头梁、内蒙古扎赉诺尔出土的石器极为相似。

有人还发现，北京山顶洞人的头颅特征与因纽特人和美洲印第安人的头颅特征极为相似，人们由此推断，他们之间一定有着某种血缘关系。

有人分析，大约在 3.5 万年前，古亚洲人开始向亚洲东北部迁徙。迁至北美的古亚洲人大约在阿拉斯加生活了近千年，然后开始南迁，逐渐成为印第安人的先祖。还有一部分古亚洲人逐渐占据了阿拉斯加的北海岸和西海岸，成为因纽特人的先祖。他们在这里学会了捕猎海洋动物，适应了寒冷的环境。

大约在公元前 2000 年，因纽特人从阿拉斯加开始了两次大迁徙，最终进入加拿大北部和格陵兰岛。也有人认为，因纽特人的祖先来自中国北方，大约是在 1 万年前从亚洲渡过白令海峡到达美洲的，或者是通过冰封的海峡陆桥过去的。

他们认为，因纽特人属于东部亚洲民族，与美洲印第安人不同之处在于他们具有更多亚洲人的特征，并与亚洲同时代的人有某些相同的文化特色，例如用火、驯犬及某些特殊仪式与医疗方法、居住爱好等。另外，从白令海峡到阿拉斯加、加拿大北部，经格陵兰岛一带，在北极圈生活着蒙古人种的一个集团，他们在身体上、文化上都适应了北极地区的生活。

　　因纽特人面部宽大，颊骨显著凸出，眼角皱襞发达，四肢短，躯干大，而且生理上也适应寒冷。他们的外鼻比较凸出，上下颚骨强有力地横张着，因头盖正中线像龙骨一样凸起，所以面部模样呈五角形。

　　由于他们能克服极端的环境而生活，这在人类学上已引起了注意。

为什么会流行哭嫁

　　人喜则笑，遇悲则哭，此乃宣泄情感的常态。然而，在闽南乡间，女孩子遇到出嫁这一终身大喜事时，却要长哭当笑，直至男方家门口时才强行敛哭。那如泣如诉、独具浓郁色彩和乡土气息的哭嫁歌，深情委婉，感人肺腑。姑娘出嫁本是大喜大庆的事情，为何要大哭大唱呢？

　　原来，在旧时，妇女无婚姻自由可言，由于"三从四德"的束缚，自己的终身大事全由"父母之命，媒妁之言"摆布，姑娘对夫君的容貌、为人、家况一无所知，未免伤心落泪。

　　在封建包办婚姻、买卖婚姻的桎梏中，姑娘只有通过哭嫁才能宣泄心中的苦楚和愤懑，于是哭嫁这一妇女发泄内心情感的独特表达形式相沿成习，演化成有一定调式和韵律的哭调，成为一种婚俗。

　　骂媒是旧时哭嫁中难得的发泄机会，也是最具反抗色彩的哭嫁歌词。姑娘每当遇到不情愿的婚姻，自然要通过哭嫁歌把媒人可恶可恨的欺骗行径骂个痛快，说她如何尖嘴利舌、诈骗钱财等。

　　有一首闽南语哭嫁歌唱道："夭寿媒人想得利，害死别人为自己。树上的鸟儿哄得来，山中的猴儿你哄得去……"有的则是唱出自己对婚事的不满："雍菜开花瓯仔范，嫁给老翁不情愿。嘴须长长好赶蚊，一夜咳嗽气死人……"

　　姑娘出嫁时，因要离开朝夕相处的亲人，悲伤哭泣也是难免的，她们借哭来抒发离别亲人的痛苦。

　　在闽南东山岛有这样一段哭嫁歌："夭寿锣，短命锣，打得我心肝乱纷纷。脚白（即旧时裹足用布）找不见，鞋子也找无。娘啊我不嫁，做人媳妇真受气，离父母，别兄离嫂，离小弟哎……"

　　每当听到这种惜别的伤感哭词，母亲往往会唱起《劝嫁歌》来慰藉女儿："金囝命囝你应嫁，苦工饲你大，红包钱银要来娶，新枕头，无油垢；新蚊帐，无蚊吼；新被无胶蚤（跳蚤）；新桌柜，拖着啦啦走。"

还有这样一首传统的自问自答式的《劝嫁歌》："孩儿孩儿你几岁？我还少岁。少岁真快大，新郎大轿要来娶。阿姨阿姨我不嫁，金囡命囡你应嫁，去久会熟识，猪心炒韭菜，吃了溜溜爱。"

如此者，母女、姐妹、姑嫂轮番哭唱，歌由情发，情由歌起，泪随歌涌，歌哭同声。可以说，世界上没有任何一种哭声有女子哭嫁的哭声这么富有感情。

闽南人把是否会哭嫁作为衡量女子才智和贤德的标准。谁家女子不善哭嫁或哭调不好听，就会被老辈人视为才低德劣。在闽南一个县城，古老的哭嫁遗风犹存，哭嫁歌有独具韵味的腔调，比流行歌曲要难学得多。因此，姑娘出嫁前，要暗暗地向已婚的大姐大婶们讨教经验，有的趁家里人外出时，独自在闺房悄悄学唱《哭嫁歌》。哭嫁歌的内容因人而异，而且运用灵活随机应变。

随着时代的进步，婚姻自主，妇女的地位大大提高，也没有什么伤心事，姑娘出嫁照说应该不哭的，但作为闽南传统婚俗，做长辈的仍然喜欢姑娘哭上一阵子。因此，哭嫁这种淳厚朴素的古老遗风依然在闽南盛行。

奇特的风俗礼节

在南太平洋岛国上，有一个土著民族——巴布亚人，他们把夫妻吵架看作娱乐和表达爱意的一种方式。对巴布亚人来说，夫妻吵架不但不是什么伤感情的事情，反而是一种最好的逗趣方式。

巴布亚人的祖先对夫妻间应该有所交流有着明确的认识，他们兴起这样的风俗，正是为了让夫妻间的怨气通过吵架这种途径发泄出来，而且作为娱乐和爱情的表达方式，这样不但不会伤感情，反而会增进夫妻间的了解，也让部落中的其他人得到教益。因此，每个村子都专门开辟了一块大场地，取名为"夫妻吵架场"，专供夫妻们吵架和围观的人们取乐用。吵架的夫妻们往往一吵就是好几个小时，直至双方都累了才肯停止，随后，他们和好如初，愉快地挽起手臂回家了。

在新西兰居住的毛利人，热情好客，十分讲究礼节与礼貌。如果有客人来访，毛利人一定会为来客举办专门的欢迎仪式，仪式上是男女老幼都引吭高歌，兴致勃勃地拉着客人手舞足蹈。这一切过去后，就举行毛利人传统的最高敬礼——碰鼻礼。

　　主人与客人必须鼻尖对鼻尖连碰两次或更多次。碰鼻的次数与时间往往标志着礼遇规格的高低：互相碰鼻次数越多，时间越长，说明礼遇越高；反之，说明礼遇就低。据说碰鼻礼是毛利人自远古时期留传下来的独特见面方式。

渐行渐远的人类

奇特的埃特鲁斯坎人

早在公元前 1000 年左右，埃特鲁斯坎人就在意大利亚平宁半岛定居，他们最初的活动区域是在现今意大利的北部。公元前 8 世纪中叶，埃特鲁斯坎人已度过艰难困苦的创业阶段，开始进入繁荣时期。他们在意大利北部建立了伏拉特雷、塔尔奎尼亚、克卢苏姆等 12 座城市，并开始通过海外贸易与希腊以及西亚和北非的一些国家建立了联系。

公元前 6 世纪时，埃特鲁斯坎人所在地区的社会繁荣达到高峰。他们以意大利北部的托斯卡纳地区为中心，积极向半岛的中部和西部扩张，不仅征服了罗马城，而且占据了科西嘉岛。在这个时期内，埃特鲁斯坎人与希腊人和北非的迦太基人之间的文化、经济交往非常频繁，而希腊文明的积极影响无疑是促进埃特鲁斯坎人社会繁荣的一个重要因素。

后世的人们当然想从埃特鲁斯坎人遗留下的文字里领略这个民族在繁荣期所创造的文化奇观，但遗憾的是，他们的文字仅存于一些碑文之中。这些碑文经考古学家和语言学家考证，虽有一些字母与希腊字母相近，但基本语体却不属于印欧语系，并且没有其他已知的古代语言能与之进行类比，因此无人能够释读。唯一让人感到庆幸的是，从埃特鲁斯坎人遗留下的一些墓葬物中，可以窥见这个古代民族文明成就的光彩。

1831 年和 1836 年，在科内托和塞尔维特里发掘的两处墓葬中，人们分别看到了一个可与古埃及和古希腊的奇珍异宝相媲美的艺术世界。

在大量工艺品当中，制作精美、造型奇特的彩色陶瓶最令人称绝。其颜色有红、黄、蓝、灰、褐、黑、白多种，色调凝重，配色和谐，画面线条的运用十分活泼自如，构图的整体安排精致、讲究。

在表现的题材上更是不拘一格，从美丽端庄的女祭司、体魄强健的狩猎人、奔跑跳跃的青年男女至各种树木、花草、飞鸟和野兽，应有尽有。这些精美的工艺品，不仅说明埃特鲁斯坎人在公元前 5 世纪前后已在陶瓶制作方面达到了极高水平，而且也从侧面展现出其社会生活水准。如在科内托的一个墓穴中发现的一个两耳细颈酒罐上，就以绘画形式出色地表现了一次体育盛会的情景。

埃特鲁斯坎人的社会生活十分丰富。他们喜爱体育、音乐、舞蹈、习武和狩猎等，还经常举行盛宴和大规模的庆祝集会，具有豪爽、奔放、勇猛、热情的民族性格。埃特鲁斯坎人对妇女十分尊重，妇女与男子在社会地位上是平等的。

埃特鲁斯坎人经历了长期的繁荣后是如何衰落的？多数史学家认为，公元前 4 世纪，原居住在多瑙河上游地区的克尔特人侵入意大利北部，致使埃特鲁斯坎人失去了他们在意大利半岛上的领地而趋于衰落。还有的史学家认为，埃特鲁斯坎人统治的区域范围很广，但治理不善，他们对所征服地区居民的压迫政策导致当地民众起义，这是埃特鲁斯坎人衰落的原因。

更让史学家们感到困惑的是埃特鲁斯坎人究竟从何处而来？古希腊史学家希罗多德曾在他的著作《历史》中提出，埃特鲁斯坎人来自小亚细亚的吕底亚一带。他认为，这些小亚细亚的居民因遭到大饥荒而不得不出外谋生，后经地中海到达意大利北部的翁布利亚，并在那里定居下来。1 世纪，希腊另一位史学家狄奥尼斯奥斯认为埃特鲁斯坎人就是意大利最早的土著居民。18 世纪，又有一部分学者认为，埃特鲁斯坎人是从中欧地区向南越过阿尔卑斯山进入意大利定居的。以上关于埃特鲁斯坎人来源问题的观点，各有各的拥护者，至今仍没有定论。

塞姆人的故乡在哪里

塞姆这个名称来自《旧约全书》。据说，在远古时代，地球上曾经发过一次特大洪水，淹没了整个大地，有一个叫诺亚的人，由于平时对神虔诚，得到神的特别眷顾，事先获得通知，造了一条大船，将全家及各种走兽畜牲等载入，人类因而得以保存下来。诺亚有三个儿子，分别叫闪、含、雅弗，塞姆人就是其长子闪，也就是塞姆的后裔，因而所有的塞姆人都是同源的。

其实，塞姆人是指具有共同语源、属于一个语系的许多民族的总称。在19世纪，人们经过长期努力终于释读成功了古代通用于西亚地区的楔形文字，接着又对亚述－巴比伦语、希伯来语、阿拉米亚语、阿拉伯语和埃塞俄比亚语加以比较研究，才得知这些语言有着显著的类似之点，因此是同源的语言。于是，就将这些同源的语言归并为一个语系，用《旧约全书》上的名称闪（塞姆）来命名它，而属于这个语系的古今各个民族统称为闪（塞姆）族。

塞姆人不仅在语言上同源，而且在外貌上，在心理素质上，乃至宗教信仰方面，都有极相似之处，因此人们认为属于塞姆语系的古今民族，如巴比伦人、亚述人、迦勒底人、阿摩利人、阿拉米亚人、腓尼基人、希伯来人、阿拉伯人、埃塞俄比亚人等，他们的祖先在演变成不同的民族之前，在某个时期，必然居住在同一地方，构成一个古民族，即塞姆族。

这个古民族的起源地在哪里呢？

有一种比较流行的假设，认为塞姆人的第一个故乡在阿拉伯半岛。这个假设是由美国人类学家温克莱和凯坦尼首倡的，所以被称为温克莱—凯坦尼学说。按照他们的说法，阿拉伯半岛的土地原来十分肥沃，曾经是塞姆人的最早居住地。若干万年以来，由于雨量不断减少，气候日益干燥，河道干涸，大片大片的可耕土地变成了辽阔的沙漠。半岛生产力逐渐下降，而人口仍持续增长，出现了一次又一次的人口过剩危机，导致半岛上的塞姆人向邻近地区进行周期性的侵略和迁徙。

这样，叙利亚人、阿拉米亚人、迦南人（包括腓尼基人和希伯来人），最后是阿拉伯人，都陆续由阿拉伯半岛迁至肥沃的新月地带（今伊拉克、叙利亚、巴勒斯坦、黎巴嫩、约旦等地）。因此，历史上的早期阿拉伯民族，也许就是古代史中经过这些大迁徙之后的半岛上所剩人口的总称。

上述假设在考古学和文字学方面也可找到一些佐证。半岛上已经发现一些迹象，显示出原来有充盈水量但后来干涸了的河道，以及过去一度肥沃的土地。在文字学方面，阿拉伯文虽然是塞姆族文字中的一个支系，但在文法结构方面却是最古老的一个支系，所以它最接近塞姆族的原始语言。

意大利学者伊格纳齐奥·桂迪提出了另一种假设，他认为塞姆人的故乡是南部美索不达米亚，即在今天的伊拉克地区。他指出，塞姆人的各种语言对"河"与"海"都有共同的词汇，而对"山"或"丘"却无共同的词汇。这表明塞姆人的故乡是在有着河道和靠近海洋的平原地区，而不可能是山地与沙漠地带。

有些学者注意到塞姆族与哈姆族之间存在一定的联系，认为塞姆族和哈姆族曾在东非的某一地方共同构成了一个古民族，后来有一个支族从东非的一个海峡，可能是曼德海峡，渡海到阿拉伯半岛，就成为以后的塞姆族，所以东非应是塞姆族的第一故乡。此外，也有学者认为塞姆人的故乡是在小亚细亚的亚美尼亚地区。

消失的马卡人祖先

世界上有许多民族因人口众多，被人们所熟知，还有部分民族因人数稀少，远离人世，人们知之甚少。马卡人是美洲印第安人的一支，他们世代居住在美国华盛顿州西北角的奥吉特村。马卡人在欧洲和美洲东部移民到来以前，已经世世代代生息在这里了。

马卡人村落所在地比海平面高出不少，可以俯瞰广阔迷人的海滩。在离海岸约 4500 米的海面上有一列礁石，像一排栅栏，抵挡着太平洋海浪的冲击。马卡人在此以捕鱼为生。

2007 年 9 月 8 日，华盛顿州西北海岸的马卡印第安人部落曾用鱼叉刺杀了一头北太平洋灰鲸，被当地的动物爱好者控告。这种控告可能使他们面临一年的牢狱之灾及 10 万美元的罚款，但两年之内他们可能会重新获得捕杀权。

美国西雅图大学的人类学家泰德说，非印第安裔人往往把动物看成个体，而印第安裔人则把鲸、熊或者鹰看作更大整体中的一部分。泰德说，他们把鲸看作鲸"神灵"中的一部分，而不是鲸个体。

对此，有些人很难理解，而对于马卡人来说，捕杀一头鲸并不会有损整个鲸群体。这条信息表明，马卡人仍然生活在美国，并以自己的生活方式生存。20 世纪 30 年代，马卡人举村迁移到 20 千米外的一个村镇。马卡人虽然离开了自己的家园，但他们却始终没有忘记自己祖先的历史，尤其是关于那场大灾难的传说——许多年以前，天崩地裂，一座巨大的泥山从天而降，整个村庄一下子就被吞噬了，奥吉特村消失了。

1970 年冬季的一天，太平洋上的风暴掀起了罕见的巨浪。汹涌的巨浪以排山倒海之势冲向宽阔的海滩，奥吉特村旧址所在的海岸经受不住巨浪的冲击，有一部分泥土塌了下来。不久以后，有人在海滩上发现了一支划水用的短桨。华盛顿州立大学的人类学家多尔蒂教授听到消息后，凭着职业的敏感，怀疑那里就是马卡人传说中发生泥崩的地方，而那支木桨，也许是500年前马卡人划小艇出海捕鱼时使用过的。不久，在发现木桨的地方附近，又发现了几个鱼钩、一根鱼叉杆、一个残缺的雕花箱和一顶草帽。它们之所以历经数百年而没有损毁，是由于厚厚的泥层隔绝了外界的空气，未造成腐蚀。

更令人惊奇的是，岸边泥土崩塌后，露出一小段马卡人房舍的木墙，多尔蒂和他的助手们小心翼翼地用水把数以吨计的泥土冲走，慢慢地整座房子展露了出来。这所房子相当大，长约21米、宽约14米，内分几个单元，各有灶台和睡炕，看起来像几家人合住的。房内的用品中有一条残破的白色毯子，上面的蓝黑图案仍然清晰可见。

马卡人的生活器物都是木制的，甚至煮食的容器都是木制的。出土的物品中，有底部烧穿的木容器、精致的木雕碗、一张渔网和一些桤木树叶。树叶刚出土时呈绿色，暴露于空气中后，渐渐褪变为褐色。还有一个用松木雕成的鲸鳍，上面镶嵌了700多只海獭齿，颇为精致，这表明古代马卡人已具有相当高的工艺制作水平。

以上这些表明，这里曾有过一片广阔繁茂的森林，哺育了附近的居民。后来，也许由于植被破坏及森林过度砍伐，几代人不知不觉中酿就的灾难在一个早晨突然降临。暴风雨裹挟着泥崩掩埋了奥吉特村，现场的几具人骨，蜷曲着身子的小狗骨架，一把未雕刻完的梳子及地上未来得及清扫的木片，都表明当时突然祸从天降。睡炕上似乎没有睡人，也许灾难发生在白天，因而有些幸运的马卡人得以死里逃生，并以代代相传的方式把当时触目惊心的一幕传播了下来。

神奇的塔萨代人

在菲律宾棉兰老岛南部的原始密林中，高耸峻峭的天然岩洞里住着一支石器时代的遗民，即塔萨代人。他们是历史上古老部族中分离出来的最后一支人，世代居住在这片荆棘丛生的地区，与世隔绝，一直默默地生活到现在。当外界发现他们时，只剩下24人了。现在，菲律宾政府已经下令：任何人不得随便进入他们住地周围的 500 顷森林。

这些人始终过着原始的采集生活，他们没有狩猎的习惯，更不懂耕种。吃的是野薯芋等植物的根、果和花朵。他们能用手熟练地捕捉青蛙、小鱼等。得到食物大家均分，不足时让小孩先吃。他们能在树干、藤条上行走如飞，而日常使用的工具只有简陋的挖掘棍、石斧、石刀等。

塔萨代人集体穴居在岩洞中，靠钻木取火、取暖和照明，用树叶和竹筒贮存食物和水。没有衣服，男女都用树叶围腰。没有用于计算的数字和计时的方法。工具共同使用，没有私有观念。塔萨代人的发现，成为民族学家和人类学家最感兴趣的课题之一。

1986 年，有关塔萨代人这个民族的真实性引起了各种疑问，因为人们对其再次调查访问时发现，他们身着西方服装，使用诸如刀、镜及其他各种现代商品。因此，人们确信，有关塔萨代人的种族系属及文化背景的说法纯系一个骗局，其目的是借此耸人听闻的宣传手段，以便从塔萨代人的林地管理经营中获取利益。

两个脚趾的鸵鸟人

鸵鸟人这个词最早出现在非洲的传说中。据说，曾有两个旅行者在津巴布韦和博茨瓦纳交界的深山密林里亲眼看到并访问了这些两趾人。

两趾人皮肤黝黑，身体结实，他们与其他民族最大的区别在于脚不是 5 个趾头，而只有两个脚趾，并且整个脚看上去像鸵鸟的脚爪。部落中的大部分两脚趾人非常害羞，不愿和外界接触。他们生活在稠密的灌木丛林里，过着一种完全与世隔绝的简单游牧生活，但他们在其他方面和正常人并没什么区别。

据津巴布韦官方信息报道："根据 18 世纪葡萄牙对莫桑比克的殖民史记载，津巴布韦西南部两脚趾人是从莫桑比克的宛亚人中分离出来的。"

相传，在津巴布韦西南的一个土著部落中，第一个两脚趾的婴儿诞生时，部落中的人吓坏了，都以为这个孩子是被神灵降罪，为了赎罪就很快杀死了他。

之后一年，同一个母亲又生下了第二个两脚趾的孩子，他同样也没逃脱被屠杀的命运。可是，当第三个两脚趾婴儿降生时，人们开始觉得这可能是上天的赐予，是神灵决定让部落里的婴儿一开始就长成这个样子，所以他们让这个孩子活了下来。

从那时起，越来越多的两脚趾孩子出现在部落中，同族们便逐渐摆脱了不安和恐惧，认为这些两脚趾孩子和5个脚趾的孩子没什么不同。奇怪的是并不是所有家族的孩子都会是两脚趾人。

有的家庭一共5个孩子，头两个男孩子都长着很正常的脚趾，其他的3个孩子却是两脚趾人。在津巴布韦和非洲南部的内陆国博茨瓦纳现在生活着大约100个两脚趾人，他们对自己怪异的肢体抱着一种平常心态，而且他们似乎并不想恢复所谓的正常。在这些两脚趾人部落中，他们都是黑皮肤且身体十分健壮。他们的脚虽然从跖骨的部分就分成两部分，每一部分长成一个巨大的脚趾，然而它的坚强有力丝毫不逊于正常人的脚。

造成这种情况的是"龙虾脚爪综合征"，就是说他们的脚和龙虾的脚爪形象十分类似，所以他们有时也被称为"龙虾民族"。可是不管怎样，目前无论是称呼还是脚趾，都没有对他们的生存造成任何障碍，他们仍然在宁静的山谷中继续繁衍生息。

在我国广西钟山县也发现了两趾人家族。他们的脚板比正常人短小，两趾比正常人长一倍以上，两趾缝宽并且深，拇指细长，两趾向内弯曲，呈扳钳形。凡是两趾人的手都是畸形，并且形状各异，每只手有一指、二指、三指不等。

吴某是一个两指人，右手有两指，左手两指。吴某所生三男一女中，大儿子和女儿是两趾，二儿子和三儿子均正常。大儿子左手四指，右手正常，女儿则每只手只有一指。这个家族起源于吴某的祖母。祖母娘家姓董，董氏出生时就只有两趾。据了解，这个家庭并没有两趾遗传史。

董氏和吴某的祖父结婚后，所生二子一女均为两趾。现已遗传到第五代，共有14人。据调查，凡与两趾人通婚的都有两趾人后代。两趾人虽能遗传，但并不十分固定。吴某的父亲是两趾人，其4个子女中，两个为两趾，两个正常。这个家族中的两趾人除远行略逊于正常人外，智力和健康状况均正常，能正常从事生产劳动。吴某的外甥是两趾人，爱好篮球，并能写一手好字。另一个外甥虽脚为两趾，手也是两指，但抓黄鱼、泥鳅却比正常人还强。吴某的女儿吴小妹，每只手只有一指，但却并不妨碍做针线活。为什么会出现两脚趾呢？是基因变异引起的，还是自然的选择？相信随着科技的进一步发展，人们会找到真正的答案。

稀奇古怪的生灵

有着奇异眼睛的翼人

1966 年 11 月 15 日深夜，两对青年夫妇驾车经过西弗吉尼亚州快活角附近一座废弃的炸药工厂时，看到两只大大的眼睛，附在一个形似人体的东西上面。但这东西比人体要大，高约 1.8 米以上，一对大翅膀折在背上。目击者们都承认，这双眼睛具有催眠作用。当这只动物开始移动后，四个人被吓坏了，立即加速逃跑。

但他们在道路附近的一个山坡上又看见了同一或类似的动物。它展开了像蝙蝠那样的双翼，升到空中跟着他们。目击者罗杰·斯卡伯里对调查人员约翰·基尔说："这只鸟一直跟着我们，它甚至都不用扇动翅膀。"

目击者对治安官米勒德·霍尔斯特德说："它发出的声音就像高速放音乐时所发出的那种耗子般的尖叫声。它在 62 号公路上一直跟着我们直至快活角城。"

这两对夫妇并不是那天晚上唯一看到这只动物的人，另外四人声称不是一次，而是 3 次看到它！那天晚上的第三次目击案发生在 22 时 30 分。当时，家住西弗吉尼亚萨利姆郊外的建筑工人内维尔·帕特里奇正在看电视。突然屏幕上一片空白，一个人形物出现在屏幕上，同时电视机里传出"咝咝"的声音，音量不断加大，最后突然停止了。帕特里奇的狗班迪在门廊中狂吠，关掉电视后仍不停地叫。

帕特里奇走了出去，看到班迪正朝向 137 米外的草料仓大叫。"我于是打开手电筒向那个方向照去"，他对西弗吉尼亚作家格雷·巴克叙述着，"看到了两只红色的眼，就像汽车的后反光镜，但要比它大一些。"他当时肯定这不是动物的眼睛。班迪是一只训练有素的猎狗，它大叫着向这只动物冲了过去。帕特里奇叫它停下，但这只狗根本不听。他回到房中取枪后，觉得还是待在屋里为妙。夜里睡觉时他把枪就放在身边。

第二天早晨，他意识到班迪还没有回来。两天后，这只狗还不见踪影，这时帕特里奇从报纸上看到了快活角目击案的报道。

报道中透露的一个细节引起了他的注意：罗杰·斯卡伯里叙述说，当两夫妇即将进入快活角城前，曾经看到路边有一只大狗的尸体。几分钟后，在他们从城里返回的途中，发现那只狗又不见了。

帕特里奇立即想到了班迪，他再也见不到它了。那只狗留下的只有在泥地中的脚印。他回忆说："这些脚印组成了一个圆圈，好像这只狗正在追逐自己的尾巴，但班迪从未有过这种举动。"此外就再没有任何脚印了。

两个目击案之间还有一个联系。治安官霍尔斯特德开车到达那座炸药工厂时，他的那部警方无线电受到了奇怪的干扰。噪声很大，听起来像高速回放录音带的那种声音。他最后不得不关掉了无线电。

第二天，治安官乔治·约翰逊召开了一个记者招待会，于是这个故事一下轰动了全国。一个新闻工作者以《蝙蝠侠》中那个坏蛋的名字"翼人莫斯曼"为这只怪兽命名。

1966年11月16日晚，一男两女三个成年人，其中一个妇女抱着一个婴儿，在朋友家做客后正离开他家走回自己的汽车。

突然，什么东西从地面上慢慢地升到了空中。目击者之一的玛塞拉·贝内特女士受到惊吓，以致将怀中的婴儿都掉在了地上。

那是一个巨大的灰色物体，比人大，但没有头，而它的躯体上部却有两个大大的、发光的红圆圈。当它正打开背上那对巨大的翅膀之际，雷蒙德·万姆斯里赶紧抱起孩子并把两名妇女领回那所房子。

那只动物跟踪他们一直至门廊前，因为他们可以听到那里传来的声音，更可怕的是，他们还看到那双红色的大眼睛正透过窗户盯着他们。当警察赶到时，怪物已经走了。随后的几个星期里，贝内特女士心中都烦乱得不行，像其他那些见到翼人的目击者一样，最后她不得求助医生。

翼人目击案的主要调查者约翰·基尔写道："至少有100人曾见到过这种动物。"他把那些目击案汇总在一起，得出了这种动物的大致形象。

它站起来有1.5～2.1米高，比人的身体宽，两条腿像人，走起路来愚蠢笨拙，发出"吱吱"的声音，眼睛位于肩膀顶部，比它那巨大的身体看起来更为可怕。它的翅膀有些像蝙蝠，但在飞行中并不扇动它。

当它离开地面升空时，就像一架直升机那样径直升了上去。目击者们描述它的肤色是灰色或褐色。两个目击者说，当它在他们头顶上飞行时，听到了一种机械的"嗡嗡"声。

1967 年以后，除 1974 年 10 月在纽约州埃尔玛的一次目击报告外，翼人的目击案再也没有发生过。这个不明飞行怪物到底是什么呢？

深谷中的女人国

据《旧唐书》记载："东女国，西羌之别称，以西海中复有女人国，故称东女焉。俗以女为王。东与茂州、党项接，东南与雅州接，界隔罗女蛮及百狼夷。其境东西九日行，南北二十行。有大小八十余城。"

据史书记载，东女国建筑都是碉楼，女王住在九层的碉楼上，一般老百姓住四五层的碉楼。女王穿的是青布毛领的绸缎长裙，裙摆拖地，上贴金花。东女人国最大的特点是重女轻男，国王和官吏都是女人，男人不能在朝廷做官，只能在外面服兵役。宫中女王的旨意，通过女官传达到外面。

东女人国设有女王和副女王，在族群内部推举有才能的人担当。女王去世后，由副女王继位。一般家庭中也是以女性为主导，不存在夫妻关系，家庭中以母亲为尊，掌管家庭财产的分配，主导一切家中事务。

《旧唐书》关于东女国的记载十分详细，但是到了唐代以后，史书关于东女人国的记载几乎就中断了。难道东女人国的出现只是昙花一现吗？

有专家认为，唐玄宗时期唐朝和吐蕃关系较好，吐蕃从雅鲁藏布江东扩至大渡河一带。可是，到了唐代中期的时候，唐朝和吐蕃关系变得紧张，打了 100 多年仗。唐朝逐步招降一部分吐蕃统治区的少数民族到内地，把 8 个少数民族部落从岷山峡谷迁移至大渡河边定居，这 8 个部落里就有东女人国的女王所率领的部落。

至唐晚期，吐蕃势力逐渐强大，多次入侵到大渡河东边，唐朝组织兵力反击，在犬牙交错的战争中，东女人国的遗留部落为了自保就采取两面讨好的态度。后来，唐逐渐衰落直至分裂，吐蕃也渐渐灭亡。至后来的宋、元、明三代，对青藏高原地区的统治很薄弱，因此基本没有史料记载，直至清代才把土司制度健全。

由于东女人国的遗留部落有些靠近交通中枢，受到外来文化的影响，女王死后没有保留传统习俗，逐渐演变成父系社会，而有一些部落依旧生活在深山峡谷，保留了母系社会的痕迹。

这个地区处于高山峡谷之中，生产条件差，土地、物产稀少，为了适应当地生产环境的需要，至今仍旧保留着母系社会的痕迹。如果实行一夫一妻制，儿子娶妻结婚后要分家，重新建立一个小家庭，以当地的经济能力根本无法承受，生产资料分配不过来。而且由于地处封闭的深山峡谷，和外界交流几乎隔绝，不容易受到其他文化的影响。

北京师范大学文学院民俗学专家万建忠教授也认为，一定的生产力有一定的社会制度与之相匹配，在这种生产能力比较落后、相对封闭的地方，劳动强度不大，居民自给自足，男性的优势得不到充分的显示，因此女性掌握着经济大权和话语权。

另外，还有一种深层的社会心理因素，那就是保持母系氏族制度，表明了人们对过去的社会形态和社会结构的一种追念。

根据有关专家的考察，历史上的东女国就处在今天川、滇、藏交汇的雅砻江和大渡河的支流大、小金川一带，那里也是现在有名的女性文化带。而扎坝极有可能是东女国残余部落之一，至今保留着很多东女国母系社会的特点。扎坝过去是一个区，现在有 7 个乡，5 个乡在道孚县境内，2 个乡在雅江县境内，一共生活着近 1 万人。

专家在扎坝调查时发现，这里的女性是家庭的中心，掌管财产的分配和其他家庭事务，与东女国"以女为王"相似，有的家庭有 30 多个人，大家都不结婚，男性是家中的舅舅，女性是家中的母亲，年纪最大的老母亲主宰家中的一切。

这很明显是母系社会的残余，经过现代社会的冲击，已经和原始的母系社会不完全一样，只是保留了一些基本特点。

与世隔绝的米纳罗人

在喜马拉雅山南部克什米尔的赞斯卡谷地，至今仍生活着一个属于高加索人种的土著民族——米纳罗人的部落。由于当地山高谷深，交通极其不便，几乎与世隔绝，这个部落至今依旧保持着原始社会的形态。

　　从人种上来说，他们属于印欧白色人种。米纳罗人的眼睛有蓝色的，还有黄色、棕色和绿色的，鼻梁都很高，皮肤白皙。而大多数的亚洲人种都是黑眼珠、黄皮肤，米纳罗人与亚洲人种存在十分明显的差异。

　　米纳罗人没有文字，他们的语言可以分辨、记录下来的约 600 个单字，明显属于印欧语系。被称为"世界屋脊"的喜马拉雅山脉是构造复杂的褶皱山脉，喜马拉雅山南部的地势非常陡峭，有的山峰甚至高出河流平原 6000 多米，就像一道天然屏障。地形如此险恶复杂，再加上没有交通工具，里面的人出不来，外面的人也进不去，生活在赞斯卡谷地的米纳罗人自然就成了一个与世隔绝的民族。因此，在人类文明如此发达的今天，他们依旧保持着原始社会的生活状态，也就不足为奇了。

　　米纳罗人生活在母系氏族时期，实行一妻多夫制，女性在家里掌有绝对的权力。狩猎是她们最主要的生产活动，所获的猎物是维持其生命和赖以生存的食物。她们也会种植葡萄，并会酿制一种口味不错的葡萄酒；米纳罗人还饲养一些牲畜，并和牲畜共处一室。由于生活条件的限制，米纳罗人的卫生和医疗条件较差，女性在分娩的时候死亡率很高。

　　米纳罗人会在石头上画画，在山顶上建造石桌和石棚，用来判断季节的更替和循环；山崖下同样建有石桌和石棚，主要是用来祭祀。

　　这些习俗和欧洲新石器时代的民族风格十分相似，接触他们的研究人员甚至发现，这个民族连墓葬也保持着欧洲原始社会的风格。米纳罗人是印欧语系诸民族中唯一处于原始生活状况的一支，他们对于自己民族的历史有着惊人的记忆，先民的生活，他们道来栩栩如生。这大概是依靠整个部落的集体记忆而保存下来的。

　　但是，迄今还无法确知米纳罗人究竟是怎样从欧洲来到亚洲喜马拉雅山南部的，学者们就这个饶有趣味的问题提出了种种假说。有的认为，米纳罗人就是历史上著名的下落不明的以色列部落；有的则认为，他们是亚历山大大帝远征时留驻的希腊军团的后裔。但是根据希腊史书记载，当亚历山大大帝率军到达这一带时，已发现有白种人居住。当时的传说认为，他们是酒神狄俄尼索斯的后裔。看来，要解开这个谜，还有待进一步探索。

美洲发现的小人国

20 世纪 50 年代，几名联合国教科文组织派遣的地质学家，在南美洲安第斯山脉一个被莽林掩盖的山岩上，发现了几十个龛式洞穴。洞穴不深，但看得出已经历了漫长的岁月。扫去积起的尘土，现出几排雕刻精美的洞壁。但见这奇异的图画间，竟赫然摆放着人头般的头颅！这头颅比拳头大不了多少，其不仅五官具备，而且经过生理切片等检验，证明跟成年人的细胞组织一样……成年人的头怎么会那么小？这不可思议的事情把前去的专家弄糊涂了。世界上怎么会有这么小的人，这头颅属于哪个民族？龛又是谁建的？

更令人吃惊的是世界上还有高不及膝的小人妖。如早在 1934 年冬天，美国报刊曾报道过一件惊人的事情。

阿拉斯加州的两个职员，假日到洛基山脉的彼得罗山去采挖金矿。他们在陡峭的含金岩上拉响一个爆破筒，一时间飞沙走石、尘土漫天。待尘烟过去，炸开的岩壁上却蓦地露出一个高宽不过一米的窑洞，洞口搭着几根立柱，仿佛是探矿的坑道。洞内漆黑如墨，他俩赶紧打着手电往里探视。

这一看非同小可，把这两个美国人吓得目瞪口呆。原来洞里竟有一个高不及膝的小人端坐在石凳上，正睁着一双可怕的大眼紧盯着他们。他俩掉头就跑，以为碰到了印第安传说中的"巨眼小魔王"！可是，这只小怪物却并不追他们。他俩跑了一段距离后定了定神，壮着胆子再次走进洞中，才看清了那不过是一具干尸。

然而，人有这般矮小的吗？会不会是洛基山脉的一个新人种，还是几千年甚至上万年前的古人类？他们感到一阵莫名的兴奋与激动，用一块大手帕小心翼翼地把这干萎了的小人包起来，连夜下山，报告当地政府。

政府工作人员也非常惊奇，立刻把这似人似妖的怪物送到卡斯珀市医院去鉴定。医生们一打开手帕也吓呆了，一个护士甚至当场昏了过去。

后来，经过 X 射线透视以及多项化验，当地政府公布了这个惊人的结果：此小人身高 0.48 米，皮肤铜黄色，脊椎骨和四肢骨骼与人类的结构一致。左锁骨有明显重伤痕迹，身上还留存不少伤痕。牙齿整齐，犬齿尖长，可能习惯于掠食生肉。前额很低，头盖和鼻子也很扁，而眼睛却比人类的大。从整个体形及发育程度来看，这是个 60 多岁的男性成年人。

此事一传出，有关人妖的故事便有了新的传闻。原来在此之前，卡斯珀市的一个律师、一个买卖旧汽车的商人、一个矫形学专家和一个墨西哥牧羊人都曾有过小人国的惊人发现，可惜大都失落了。只有矫形专家理查德珍藏的一个人妖头颅，在他去世后，他女儿把它赠送给怀俄明州立大学作为研究之用，至今仍妥善保存着。其实，这些年来，科学家们沿着洛基山脉和安第斯山脉做了大量考察，都证实了这个木乃伊小人国的存在。

令人百思不解的是，既然小人国幅员辽阔，纵跨南北美两大洲的崇山峻岭，总应该有过极其繁荣鼎盛的时期吧！可是，他们是怎样建成这个辽阔国家的呢？为什么没有留下一点灿烂文化的痕迹？他们是什么时候灭绝的？假如还有生存在世的，又藏到哪儿去了呢？

学者们为此访问过住在这一带山区的印第安老人。很多部落都留下了小人国的种种传闻，索松尼族的印第安人还称小人为"尼米里加"，即吃人肉者。这些小人强悍不羁，背着整只鹿或山羊飞跑上山，如履平地，而且箭法尤其了得，喜欢在奔跑中发射冷箭，百发百中。他们常常带着用山羊角炮制成的弓，背着成筐剧毒的小箭，藏在草丛、石隙、洞口、树上，出其不意地伏击比他们高 4 ~ 10 倍以上的印第安人和猛兽。

一次，有 300 多个西奥兹族的牧民，骑马放羊时不小心闯进了小人国的领地，被小魔王们用毒箭围攻袭击，杀得人仰马翻，以致无一生还。阿拉巴霍族人与吃人小妖之战也总是败得那样惨，不但从未杀死或活捉过一个身长盈尺的小家伙，而且自己的种族却要濒于灭绝了。后来，洛基山峰火山爆发，小人国从地球上消失了。

更多的科学家却认为，小人国是不存在的，各地发现的干尸小人是一种人头缩制术造成的。西方有一位叫弗格留申的医学教授曾冒着生命危险几度深入南美密林，这才初步弄清了一些真相，小头颅不过是印第安希巴洛斯族特有医药缩头术的结果。原来，这个民族盛行一种奇特的殡葬仪式，族里人死了，祭师就把首级割下，用一种名叫"特山德沙"的神奇草药制剂浸泡，即可把头颅缩制成拳头大小，组织经久不衰。而有地位的酋长、元老死了，则全躯处理以供祭祀。种种说法使小人国之谜更显神秘，但至今其小人国的存在之谜仍没有被解开。

神秘的幽灵

　　英国人科里斯·布莱克雷在 1982 年拍摄过一张照片。初看这张照片，伦敦的圣·博多夫教堂毫无异常，但是如果仔细观察，你就会发现右侧楼台上有个奇怪的身影。难道这是一个幽灵？或者只是他弄虚作假的合成照片？尽管作者科里斯多次发誓没有对照片做过手脚，但事实上对同一幅胶片进行多次曝光，就有可能把两个完全无关的影像叠合在一起。这种做法就可以制造出照片上的效果，让人觉得确实有飘浮的幻影出现在教堂里。

　　在伦敦北部的埃菲尔德区，哈珀太太的住处曾经遭受过 1500 多起异常事件的骚扰。从 1977 年 8 月至 1979 年 4 月，怪事接二连三地发生：家具常常会自己移位，到处都会发出莫名的声响……安装在孩子房间里的摄像机更是捕捉到了一些奇异的画面：被单不知被谁掀开，大女儿像着了魔一样从床上蹿起。后来这些奇怪的现象渐渐减少，最终完全消失。

　　在一个暮色苍茫的傍晚，一个名叫费尔顿的英国地毡工参加完标枪比赛后，驾着小汽车往家里赶。突然，他发现路边站着一个面容憔悴、下巴很长的男人朝他伸出拇指，请求他停下车来带他走一程。费尔顿一向乐于助人，他把车子停了下来，让那人钻进了车子里。那人一言不发，只是用手指着前方。看着他这个模样，费尔顿也不好太多搭理他，只顾开着车子在凸凹不平的路面上前行。

　　好不容易过完这段崎岖的路段，费尔顿舒了一口气，拿出香烟，给坐在旁边的那位陌生人递过去一支，但他立即又停住了，而且惊得目瞪口呆，那个明明上了车、坐在自己身边的人不见了！这种幽灵乘客事件，在附近的村子里也曾出现过，甚至当地警察局也接待过好几个自称遇见过幽灵乘客的人。

　　这种幽灵乘客事件开始引起人们的关注，一些人开始探寻起它的底细来。有人认为，幽灵乘客不是有血有肉的实在东西，而是人们的一种幻觉，是受荒诞不经的民间传说的影响所致；有的人则认为，这是因为驾车人太疲劳了，才下意识地觉得有一个幽灵乘客坐在自己身边。

　　但是，更多的人却认为，以上的解释不能说服人，因为它不是个别现象，在附近的村子里已分别在不少人身上发生过，而且人们的幻觉是不可能维持这么长一段时间的。至于真正的原因是什么，直至现在，还是众说纷纭。

科学证明，所谓神灵附体现象是一种精神病理现象，其主要症状是身份障碍，即本人的现实身份由一种鬼神或精灵的身份暂时取代。患者多数性格外向、喜交往、重感情，还常有癔症性哭笑失常发作的历史。这种精神疾病的发病机理和病因目前还不十分清楚。

有人认为发生这种疾病是一种变换的意识障碍，具体表现为知觉、记忆、思维、情感、意志力等方面都存在障碍，如患者对主客观和现实的辨认能力明显减弱，受暗示性影响明显增强，过分依赖于巫师或心目中权威人物的意愿而被动地顺从并付诸行动等。至于发病原因有很多，如癫病发作、血糖过高或过低、脱水、药物的戒断状态、白日梦等。

［ 看清自己的生理 ］

人体就是一台运转的机器，各种组织和器官组成了人体，

每一个器官都有不同的功能，同时也蕴藏着许多奥秘。

许多难以破解的人体神秘现象证明我们对自身的了解还远远不够。

我们的身体到底是什么样的呢？认识生理现象，就是认识我们自己。

怪异的人体

人体的辉光现象

1911 年，英国一名叫华尔德·基尔纳的医生在用双花青素染料涂刷玻璃屏时，首次意外发现了环绕在人体周围宽约 0.015 米的发光边缘。

有一天，医院的理疗暗室里漆黑一片。基尔纳正透过双花青素染料刷过的玻璃屏观察病人的治疗情况。突然，一个奇怪的现象产生了，只见裸体病人的体表出现了一圈 0.015 米厚的光晕，它色彩瑰丽，忽隐忽现，宛如缥缈的云雾，又像凝聚的气体，使人感到神秘莫测。这就是人体辉光。

早在 1669 年，丹麦著名医生巴尔宁曾报道过一个惊人的消息：一个意大利妇女的皮肤会发出鲜艳的光芒。18 世纪，英国科学家普利斯里也记载了一名甲状腺疾病患者的汗水会发光的趣闻：在黑暗中，这个人身上被汗水浸透的衬衣好像被神奇的火焰笼罩着。

100 多年前的《英国技师》杂志上，记述了一名美国妇女脚趾发光的事例。有一次，她在入睡前突然发现，自己右脚四趾的上半截竟然会发光。她搓了搓脚趾，发出的光芒更强烈了。更使人难以理解的是，这名妇女右脚发光时，会散发出一种难闻的气味，甚至用肥皂洗脚，臭味和发光都丝毫不受影响。

人体辉光的颜色和形状会根据人的健康状况、生理和心理活动等的变化发生变化。通常，青壮年的光晕比老年人和婴儿的明亮，身体健壮者的比体弱者的明亮，运动员的比一般人的明亮。同一个人各部位的亮度也不一样，手和脚的光晕亮度较大，胳膊、腿和躯干的亮度小一些。

人体辉光是在特殊的外界环境中发出的，这是一种被动发光。人体会不会主动发光呢？会，不过，这是一种超微弱冷光。据测定，它的能量微乎其微，即一个人发出的超微弱冷光，相当于 200 千米外一只一瓦特灯泡向四周散射的光芒，对此，人的肉眼是看不见的。并且它会随着人的年龄增长、健康状况的变化，以及饥饿、睡眠等生理变化而发生相应的改变。当一个人死亡一段时间后，光环就会消失。

20世纪80年代后，日本、美国等国家相继使用高科技先进仪器对"人体辉光"进行研究，试图解开"人体辉光"之谜。

日本新技术开发事业集团采用目前世界上最高敏感度的用于微弱光检测的光电子倍增管和显像装置，成功地对"人体辉光"进行了图像显示，并把这种辉光称为"人体生物光"，同时把这一科研成果应用到了医学研究中。

他们对自愿受检的30位病人进行了生物学测试，其中有1岁婴儿至80岁老年人。测试结果表明，人体均能发出"辉光"。不过，在新陈代谢强度降低的情况下如甲状腺切除者、甲状腺功能衰退者及正常人在睡眠和夜间，生物光强度会减弱。

人体的自燃现象

人体自燃是指人体突然自发燃烧。古今中外，对人体自燃现象都有过报道。前几年我国也报道过类似的"局部自燃"现象。

2013年8月，印度一名3个月大的男婴自燃起火，这个男婴名叫拉胡尔，出生在印度廷迪瓦南村。他在9天大的时候身体第一次自燃起火，幸好及时被母亲扑灭。此后他又经历了三次自燃事件。

印度一儿科专家表示："这是非常罕见的案例，拉胡尔可能患有一种被称为'人体自燃症'的罕见疾病。他皮肤毛孔中会分泌可燃气体和液体。对于这种病我们没有专门的治疗方法，只能按烧伤进行救治。"目前，出于安全考虑，拉胡尔被置于水桶中，旁边还放有灭火器，医生建议其父母应尽量避免其在太阳下活动，而且要穿上特制衣服。

1990年4月15日上午8时，湖南省有一个年仅4岁名叫康江的小男孩，屁股发出的火烧穿了裤子，类似事件接二连三地发生。当时医院诊断为静电反应，于是将他放在一个无金属无静电的房间，谁知无济于事，照烧不误。

1994年1月12日，青岛医学院附属医院收治了一位名叫孙彦虎的儿童，他能把穿在身上的衣服、袜子烧成焦糊状。某天早晨起床时，他母亲看见他的枕头又被烧了一个洞。

1966年12月，在美国宾夕法尼亚州波特城，一位老人正在自己家里的推车上坐着，突然自燃，整个人体除半条腿外，全部化为灰烬，可老人所坐推车支架下的胶垫却完好无损。

1986年3月26日傍晚，美国纽约州北部的消防员接到报案，请他们去调查一起让人摸不着头脑的火灾。一个叫乔治·莫特的人上床睡觉的时候还是好好的，一个原本有80千克重的人，最后被烧得只剩下1000克的骨头，可是，火却没有把房子烧掉。

2002年元旦，在比利时布鲁塞尔北面，阿黛儿·瓦达克和家人一起从海滩捡了一些贝壳后正开车回家时，突然发现自己的大腿冒出火焰。她从腰部到膝盖被严重烧伤。医生至今无法查明起火的原因。

人们发现，在人体自燃的时候，往往周围的易燃物都不会大面积燃烧。按照一般常识，将人体化为灰烬需要相当高的温度，绝对足以点燃周围的易燃物，可事实上却并非如此。这实在让人难以理解。

人体为什么会出现自燃现象呢？有些科学家认为，人体自燃与体内过量的可燃性脂肪有关，如果体内积累过多可燃性脂肪，到一定时间，就会自发燃烧起来。有些科学家认为，人体内可能存在一种比原子还小的"燃粒子"，当燃粒子积累到一定数量时，有可能引起自燃。

有些科学家认为，人体自燃可能是由于人体内磷积累过多，进而形成一种"发光的火焰"，到了一定时候，火焰就转变成燃烧的大火，从而把人烧成灰烬。有些科学家认为，人体内存在某种天然的"电流体"，这种电流体达到了某种条件时，可能造成体内可燃性物质的燃烧。这些观点还缺少令人信服的实验证据，因此人体自燃现象仍是一个待解之谜。

奇怪的人体变化

美国纽约有一名51岁的黑人妇女，名叫文蒂，她出生在一个纯粹的黑人家庭，祖祖辈辈从没有与白人发生过婚姻关系，她长着一身黑人特有的乌黑油亮的肌肤。两年前，文蒂不幸染上了一种无名怪病，在因病情恶化而被送进医院急救手术时，文蒂的心脏突然停止了跳动，经医生竭力抢救，才使她得以死里逃生。

可是，经过抢救之后，文蒂身上的皮肤逐渐绽裂、剥落，并重新长出一层白色的新皮肤。当她病好出院时，全身皮肤都变成了白色，成了一个彻头彻尾的白种女人，而且至今也没见她恢复本色。

生活在美国佛罗里达州印第安裔的家庭妇女凯蒂十分奇特，她的下唇左侧与舌头之间会神奇地冒出一小片、一小片金光闪闪的铜铂。每当凯蒂处在恍惚状态时，除了口中会冒出铜铂外，她的脸上、前胸、腹部、大腿处也会发生这种情况，冒出铜铂的皮肤周围随即会出现红润的颜色。

凯蒂的这种奇特功能前所未闻，使得从事研究超常现象的舒华兹医学院的博士称奇不已。她皮肤冒铜铂的现象是毫无预感的，随时随地都会发生。冒出来的这些铜铂，其中铜的成分占98%、铂的成分占2%。这些奥秘至今也未能揭晓。

人的肉身为什么不腐

790年，91岁高龄的无际禅师感觉自己活不了多久了，于是返回湖南衡山的南台寺，停止进食，嘱咐门徒将他平素收集的100多种草药熬汤，他每日豪饮10多碗。饮后小便频繁，大汗淋漓。门徒纷纷劝阻，大师只是笑而不语，继续饮用这种芳香的汤药。

一个月后，他变得面色红赤清瘦，两目如炬。有一天，他口念佛经，端坐不动，安详地圆寂了。又过了一段时间，禅师的肉身不但没有腐烂，而且芬芳四溢，门徒及当地善男信女大感惊诧，认为这是禅师功德无量的结果，便特地建了寺庙敬奉。1000多年来，香火旺盛不辍。20世纪30年代，军阀割据，战乱频繁。日本间谍渡边四郎将无际禅师的肉身偷运到日本，安置在东京郊外的一座地下仓库里。现保存于日本横滨鹤见区总特寺的我国唐代高僧无际禅师的肉身，历经多年仍保存完好，被学术界视为世界奇迹。

专家指出，木乃伊的保存是人工药制的"躯壳"，并不稀奇，但暴露于空气中的肉身千年不朽，实为世界一大奇迹。经检查，禅师腹内无污物，体内渗满了防腐药物，嘴及肛门均被封住，这些都是肉身不朽的几点原因。

禅师肉身千年不朽的根本原因到底是什么，还有他临终前饮用的大量汤药究竟是些什么草药，人们对此就不得而知了。

谈笑色变的笑死症

人常说，"笑一笑，十年少"，于是，在生活中多些笑声、多些开心，早已是人人共求的一件美事。然而，在另一个种族"莫歌族"里，笑对他们而言却成了一种严重的威胁，他们会因大笑而致死，这种怪异现象被称为"笑死症"。

莫歌族，至今还是一个原始部落，他们仍过着原始社会石器时代的生活。在这里，大笑成了他们的悲哀，人们个个都畏惧笑，甚至憎恨大笑。因为，在他们的同伴或家庭中，因大笑而致死的人已达数千人之多，这不能不令他们"谈笑色变"。

最早发现莫歌族有这种怪病的是一位到那里寻金的德国人。他亲眼看见两名莫歌族人莫名其妙、无缘无故地哈哈大笑，笑声停止后，他赶紧过去看大笑的人，结果大笑者已经停止呼吸了。

后来，有两名科学家听说后，便深入此地进行考察研究。两位科学家选择了一个好时机，来到新几内亚的莫歌族部落的居地，深入实地考察，果然他们也目睹了"笑死症"。

那是在一次莫歌族人的婚礼上，两位科学家亲眼看到一位跳舞的少女，跳得正开心，突然狂笑起来，不知是因为太开心、太高兴还是受到刺激，她不但狂笑不止，还以超人的力量挥起木棒，狠狠地将一名猝不及防的莫歌族战士的脑袋击碎，战士倒地身亡，她自己也因为狂笑而死掉，这令两位科学家目瞪口呆。

时间一年年地过去了，科学家及有关的专家一直在探索研究，然而至今却找不出令其发笑致死的病因，"笑死症"仍然是一个无法解释的谜。

不可思议的潜能力

俄罗斯的第一个国际象棋世界冠军亚历山大·阿廖欣拥有超常的记忆力，他能够记得并复述他以前下过的任何一盘棋。1932年阿廖欣下了一场与32个人同时对阵的"盲棋"。

埃里温人谢尔盖·加里比扬在1990年的一次实验中，记住并几乎无误地重复了所告诉他的1000个外语生词。这些词属于不同的语言：阿拉伯语、乌尔都语、高棉语、孟加拉语、英语、达里语、德语、世界语、意大利语，这些语言他均不懂。记者们给加里比扬起了个外号叫"记忆力先生"。

著名科学家约费院士凭记忆使用对数表，在这些对数表中有3000万个数字。11岁的南斯拉夫少年鲍里斯拉夫·加江斯基在一分钟里求出了数字34851736845436145 8872的22次幂的根，他可以解出任何一道如此复杂的算式。能够进行如此计算的人被戏称为"计算器"。这些人的超能力从哪里来，至今科学工作者还没有给出令人信服的答案。

心理暗示死亡

美国的心理学教授杰姆斯·克拉特曾说："有几个大学生与一名年轻人开玩笑，把他的双手和双脚捆起来，再把眼睛蒙住，然后抬到一条已经废弃不用的铁轨上。当时，这名被绑者并不知道自己卧伏的铁轨已废弃不用了。正好远处一列火车呼啸而来，又飞驰而去，开始他还拼命挣扎，后来就不动弹了。当那群青年跑过来给他松绑时，他已经死了。"

一个美国电气工人，在一个周围布满高压电器设备的工作台上工作。他采取了各种必要的安全措施来预防触电，但心里始终有一种恐惧，害怕遭到高压电击而送命。有一天，这位工人在工作台上碰到了一根电线，立即倒地而死，身上表现出触电致死者的一切症状：他的身体皱缩起来，皮肤变成了紫红色与浅蓝色，但是验尸的时候发现这位工人并非因电击而亡。

电业部门也证明：当这位工人触及电线的时候，电闸没有合上，电线中并没有电流通过。这位工人其实是被自己害怕触电的自我暗示杀死了。

非洲刚果有个黑人青年在朋友家做客，朋友准备了一只野鸡作为早餐。那个青年的部落习俗严禁吃野鸡，他就问朋友早点是不是野鸡，那朋友答不是野鸡，他便享受了一顿美味的早餐。

数年后，他们两人再次见面。那位朋友问他想不想吃野鸡，青年回答说那是不可能的，因为巫师曾经多次郑重地警告过他，绝不可以吃野鸡。朋友听了哈哈大笑，接着告诉他：那次早餐吃的正是野鸡。青年不听这话还好，当他确定朋友说的话都是实情后，立即全身发抖，不到24小时便死去了。

苏联也报道过类似的事例：有一个人被无意中关进了冷藏车，第二天早上，人们打开冷藏车，发现他已死在里面，身体呈现出冻死的各种症状。但奇怪的是，冷藏车的冷冻机并没有打开制冷，车中的温度同外面的温度差不多，按常规这种温度是绝不可能冻死人的。有人认为，当这位死者被关进冷藏车之后，他就不断地担心自己要被冻死，这种意念对他的身心发生了影响，于是他就真的死了。

从生理学角度解释关于暗示使人致死的机理，与极度恐惧和极度愤怒引起的生理反应相似，两者都会使肾上腺素分泌增加，并且减少身体某些部位的血液供应。这样便可以确保肌肉获得充分的血液以加强肌肉的效能，可在生死关头奋力搏斗或逃生。

这种应激反应有利也有弊。因为血液供应减少时，红细胞输送的氧气也会相应地减少，毛细血管如果缺氧，血浆就会较容易地渗入血管周围的组织。倘若恐惧或愤怒状态延续过久，全身的血液流量便会减少。血液流量减少，会使血压降低，而血压降低会严重影响那些负责维持血流循环的器官的功能，于是血液流量再减少，进一步降低血压。如果任其发展下去，就会导致恶性循环，从而致命。至于死者并没有遭受电击或受冻，为什么会出现与触电致死或受冻致死一样的特征，今天的科学尚无法彻底解释。

奇怪的梦游

印度人潘狄特·拉姆拉卡被称为梦游冠军，他能在毫无意识的情况下离开床，沿着一条危险的山路走 1.6 万米。还有一位妇女在梦游状态中发现自己的家燃起熊熊大火，情急之下把自己的孩子从窗户扔了出去，悲惨结果可想而知。

有一些梦游者，为了阻止自己的行为，他们通常在睡前把门锁好，并且藏好钥匙，插好窗户，安上各种装置以便随时叫醒自己，然后再把自己捆在床上。可是在他们睡着后，仍能用一种奇特的方法来摆脱所有束缚，走到户外去。对此，专家们也不知是何缘故。当事人可以在行动中从事很复杂的活动，会开门上街，拿取器具或躲避障碍物，而不致碰撞受伤。活动结束后，再自行回到床上继续睡眠。当然，也有少数儿童由于脑部感染、外伤或患癫痫、癔症时，也可能发生梦游现象。

成年人发生梦游，多与患精神分裂症、神经官能症有关。梦游只要不是脑器质性病变引起的便不需治疗。如果频繁发生，可请医生用些镇静剂。恐惧、焦虑容易使梦游症加重，这就要想方设法消除恐惧、焦虑心理。

研究表明，梦游主要是人的大脑皮层活动的结果。大脑的活动，包括兴奋和抑制两个过程。通常人在睡眠时，大脑皮质的细胞都处于抑制状态之中。倘若这时有一组或几组支配运动的神经细胞仍然处于兴奋状态，就会产生梦游。梦游行动的范围往往是梦游者平时最熟悉的环境以及经常反复做的动作。

据统计，梦游者的人数占总人口的 1% ~ 6%，其中大多是儿童和男性，尤其是那些活泼与富有想象力的儿童，大多都出现过数次。而患有梦游症的成年人大多是从儿童时代遗留下来的。如果将仅出现一次梦游的儿童也算进去，梦游的出现率约为 25%。一般来说，儿童梦游不算什么大毛病，相比之下，成人梦游少得多了，但成人梦游则是一种病态行为。

梦游必须同时进行心理治疗和药物治疗，要排除不良的精神因素，消除焦虑、恐惧和紧张的情绪，改善其环境，使之劳逸结合并进行体育锻炼。同时，还要根据其不同年龄辅以适当剂量的镇静、安眠药物进行治疗。

人脑收音机

　　人脑里怎么会有收音机呢？不过世间确有此事。有一天，美国佛罗里达州迈阿密医学院的三年级学生利格特，接待了一位精神病患者。这个病人向利格特报告说，他听到自己头脑里有电台播放的音乐声，这使利格特十分惊奇。

　　据了解，这位 58 岁的病人曾经参加过越南战争，在他头颅里至今仍留着 10 片碎弹片。他因精神压抑和头疼而进入当地退伍军人管理局的医院，医院对他的神经系统进行了彻底检查。这位病人说，他听到他头脑里的电台商业广告和乡村音乐的响亮声音。

　　尽管声音有时是含混不清的，但他能分辨出是音乐、新闻还是广告。

　　利格特要求这个病人辨别是哪个广播电台，他旋转收音机的调台按钮，然后喊起来："就是它！"

　　利格特一看，原来是迈阿密的 WQAM 广播电台。头脑里为什么会有电台播送的音乐呢？美国一位生物学家认为，人头骨里的生物化学流传能对金属弹片产生反应。塞利格曼博士说："那是有了大致相当于铝矿晶体的东西，这种东西在 50 年或 60 年以前的晶体管收音机里是常用的。"不过，这种解释正确与否，至今仍是未解之谜。

世界奇人神童

　　保加利亚的苏菲雅·伯科音是个两个月的女婴，体重只有 5000 克，却能说 8 国语言，包括法语、英语、西班牙语、俄语、阿拉伯语中的一种方言、立陶宛语、拉丁语、保加利亚语。据苏菲雅的父母介绍，她刚出生两个星期时就能开口说出比较完整的句子，中间还夹着好几种外语词汇。一个月大时，就能同父母对话。

　　报道说，许多杰出的学者、专家尤其是语言专家对苏菲雅的语言能力大为震惊，不过，到目前为止他们无法找到原因。

施云泰莉在 8 个半月时就已跻身巴黎莫连奴马戏团的表演艺人行列。她可以站立在爸爸的手掌上、小马的背部或转盘上，以显示她站立高处、处变不惊的胆色和天生异乎常人的平衡能力。

施云泰莉似乎天生是个表演者，继承了爸妈的表演细胞。她的爸爸菲腊是马戏团旋转木马的台柱，妈妈嘉泰亚是歌舞女郎，也是娱乐世家的第四代。很明显，小泰莉将会接她的班成为杰出的表演者。

小泰莉对高度似乎没有感觉，一点都不害怕，这是马戏团演员最难克服的困难。她 5 个月大时就能在地上站稳，于是她的父亲在她 6 个月时就训练她站在转盘上，由小狗在下面负责慢慢转动，她不但不害怕，反而觉得是一种享受。小泰莉最喜欢与小马宝加一起演出，她和小马就像一对合作多年的老艺人那么默契，令人不可思议，因而马戏团班主查理经常称赞她。

只有 12 个月大的瓦西亚·雷生科夫，在他父亲的牵引下，到莫斯科的冰水池里畅游了 15 小时 2 分 28 秒。他这种马拉松式的游泳，已记录在《吉尼斯世界纪录大全》里了。瓦西亚是在装满水的浴盆内出生的，刚出生还没睁开双眼就能像鸭子一样在水中游泳了。瓦西亚喜欢赤裸着身子在冰水里畅泳，所以即使洗澡，他也喜欢冷水浴。

姬丝图 4 岁就成为赤脚滑水的好手，3 岁时就能脱离滑水板以每小时 50 千米的高速赤脚在水上滑行。她的成绩得到美国滑水协会的承认。在 1988 ~ 1989 年的《健力士世界纪录大全》里，她被列为最年轻的赤脚滑水选手。不过这位高约 1 米、体重仅 20 千克的美国小精灵似乎并不关心什么是世界纪录，她只知道自己是出色的滑水好手，当有人问她："你与父亲哪个滑水滑得好？"她总是说："我，因为我是世界上最出色的。"

世界人体奇观

我们每个人的舌头都长在嘴里，位于消化系统的门口，舌头的表面上那些裂纹以及形状各异的小凸起有大量的味蕾，可以让我们尝到食物的滋味。

然而，英国一位 27 岁的女士布莱莫曼却可以用脚尝到各种东西的味道。有一次，布莱莫曼在劳动中，赤着的双脚无意中踩到了翻倒在庭院中的辣椒水，她马上用餐巾纸擦干净。几秒后她的脚上突然燃起火苗，不久，嘴里便有了辣椒的味道。

又有一次，布莱莫曼把巧克力糖浆倒入一个罐中，把双脚伸进去，结果嘴里出现了香甜的味道。几天以后，布莱莫曼女士竟然尝到了自己穿在脚上的鞋袜味，这种味道可不是巧克力的味道，万般无奈的她只好用塑料袋先把脚裹起来，然后再穿上袜子。但在家她还是要赤脚干些事情的，因而尝洗澡水、地毯和其他脏东西的味道也是难免的。

医生分析说，布莱莫曼患有一种奇怪症，使脚上皮肤毛细孔长出味蕾。许多人都不相信，世界上竟会有像布莱莫曼这样脚底长舌头的人，但的确有其事。

伸出双手，每一个人都可以看到自己手指头上凸起的纹线，这就是指纹。仔细观察，可以发现小小的指纹也分好几种类型：有同心圆或螺旋纹线，看上去像水中旋涡的指纹叫斗形纹；有的纹线是一边开口的，像簸箕似的，叫箕形纹；有的纹形像弓一样，叫弓线纹。个人的指纹除形状不同之外，纹形的多少、长短也不同。

然而，奇怪的是在我国台湾台北县有祖孙三代人黄灯灶、黄振添和黄保祖竟然都没有指纹。黄氏家族和常人不同的是，10个手指皮肤平滑，仅在右手大拇指掌心面的指尖中间有 3 条平行的长约 0.01 米的纹理。

这是台湾地区首次发现的无指纹家族。生理学家认为，指纹有三个作用：一是它构成粗糙的表皮，加大摩擦，便于抓拿东西；二是构成皮肤组织，可以加强刺激神经末梢，使手指触觉更敏感；三是发挥汗腺作用。但是，黄灯灶说，他用手抓拿东西并没有不方便的感觉，出汗也正常，干其他事也和常人一样，而且健康状况良好，没有感到与别人有什么不同。

在波尔多有一位名叫拉维尼的中年男士，他的 10 个手指从一出生就都像大拇指一样长，非常奇特。拉维尼在一家电脑公司任职，每天走在街上都招来怪异的目光，不过他已习以为常。

让他苦恼的是，他的 10 个手指不能像常人一样灵活自如地运用，像系鞋带、扣纽扣以及拿笔杆这类别人轻而易举的事，他都需要妻子玛莉苏菲的帮助，至于其他日常生活琐事，他倒是可以应付自如。令人难以置信的是，拉维尼的 10 个手指印一模一样，许多人看了都不敢相信自己的眼睛。

世界奇人怪食

1975 年 6 月，在吉林省吉林市丰满区旺起镇四方村，有位名叫王彪的农民得了风湿病，虽经多方医治，但没有明显效果。1984 年 6 月，他的父亲听一位老中医讲，常年吃毒蛇可使此病根除，就让儿子上山捉回几条。开始，王彪用火烧熟吃，但感到不带劲，后来干脆活吃，而且越吃越有瘾。王彪吃活蛇，开始许多人听了不太相信。后来，他就在公开场合做吃蛇表演。

他 3 年共吃了活毒蛇 1890 多条，不仅病全好了，而且很少感冒，力气也比以前大多了，体重由 62 千克增至 69 千克。新闻界不少人士到他家采访，有关专家对他生吃活蛇也很感兴趣。

黑龙江省林甸县的王军，是个非常能吃辣椒的怪人。一天，他到市场去买尖椒。"你的辣椒辣吗？"王军问。

"辣不辣你尝一尝。"卖辣椒的人说。

王军蹲下就尝起来，一连吃了 30 多个，卖者一看遇到奇人，连忙说："朋友，不要尝了，我服了。"

又有一次，他到饭店就餐，桌上的辣椒几口就被他吃完了，他又跟服务员要辣椒，服务员端出小半碗辣椒粉，眨眼工夫他又吃完了。过了一会儿王军又要。服务员很奇怪，心里想半碗辣椒粉哪里去了？返回厨房又端出大半碗，往桌上一放说："吃吧！"王军拿起筷子几口又吃完了，服务员见状吓呆了。据说，王军一天能吃 1 千克尖椒，一年要吃掉 350 多千克尖椒。

湖北省公安县孟溪乡三岗村有一个 5 岁的女童，终年以稻草为食，尤其爱吃烂软的稻草，她一根一根地吃，一天到晚不停嘴，连续吃了 3 年多，从来没有感到过不舒服。

事实上，这个奇怪的女童出生时和正常的婴儿一样，没有异常现象，但出生后不久，她突然患了 8 个月的病，病好以后，就什么也不想吃。一次，她看见村子里的一头牛吃稻草，就顺手扯了几根放到嘴里嚼，没想到越吃越想吃，后来就干脆当成主食吃了起来。

当年，这个 5 岁的女孩身高 0.8 米，体重 17.5 千克，相貌正常，能走动，不过不会说话，智力也极其低下。她的母亲带她去多家医院检查，医生都没有诊断出她的病因。

江西省玉山县樟村乡程汪村，有一位 18 岁的男青年名叫曹荣军，他吃砖成瘾，每天要吃 500 克左右的砖头，至 2013 年已有 8 年的历史。

8 年前，刚满 10 岁的曹荣军得了一场大病，一难受起来就得将砖头放在嘴里嚼，病愈后竟上了瘾。他吃砖 3 年后才被周围人发现，于是他干脆不分场合将砖头大口大口地咀嚼起来。

人们问他什么味道，他笑着说："很好吃，就像吸烟上了瘾一样，隔一两小时不吃，就有点难受。"

世界奇人奇能

一个被称为小于的少年具有透视功能。有一次科研工作者请他现场透视一个黑色公文包中的物品，他看了一会儿说，包里有 3 块手表。但打开一看，包里只有两块表。小于又看了一下，口气更坚决地说是有 3 块手表！而且还说出了不在包内的那块手表的牌子和形状。

实验组负责放表的人听后大吃一惊，他说他起先确实放了 3 块表，在测试前 5 分钟临时改变主意，把小于刚才讲的那块手表从包里拿了出来，当然他是无意的，没想到小于竟能"看"到放入后又取走的物品。小于这一特异功能被称为"辨认遗留信息"或"辨认残留信息"。

本·安德伍德是出生在美国加州的一个男孩，在他两岁时，被诊断双眼患了视网膜癌。为了挽救他的生命，他的母亲不得不同意医生将其两个眼球摘除。

从此以后，本·安德伍德成了一个盲童，可是他却能和所有少年一起滑板、投篮、打电子游戏，以及在学校组织的晚会上跟女同学跳舞。他是如何做好正常孩子可能都做不好的事的呢？

原来，安德伍德的眼睛虽然看不见，但他的大脑非常灵敏，足以让他对周围的环境了如指掌。据说，他是用"回声定位法"作为感知世界的主要方式，安德伍德先是用舌头发出一连串的声音，然后用耳朵听这些声音碰到物体后发回的回声。

他发出的声音就像打响指一样响亮，根据回声的不同而判断前面的物体是什么：当回声柔和时，那是金属；当回声发闷时，那是木质的物体；当回声尖利时，那是玻璃。那么，距离又是怎么判断的呢？安德伍德告诉人们，是根据回声的大小高低来判断的，而且准确无误。

盲人心理学家、盲人回声定位能力培训教师基什确认，安德伍德的这种技巧确是"回声定位法"，蝙蝠和海豚也具有这种回声定位能力。基什还说，许多盲人都有这种听回声的能力，但都比较有限。

凯文·理查森在南非约翰内斯堡附近一家保护野生动物的公园里工作，他能够和世界上凶猛的食肉动物非洲狮打成一片，一起嬉戏玩耍。他可以整夜与它们待在一起，从不担心自己会遭到攻击。凯文·理查森的这种奇妙本领不仅对狮子奏效，对其他动物，比如猎豹、花豹甚至土狼也是如此。

凶猛的狮子是他最喜欢的动物，他们会在一起嬉戏打闹，彼此安抚和拥抱。这让人难以想象，对于大多数人来说，这是一项异常危险的工作，但凯文·理查森却非常痴迷。

凯文·理查森在大学里研究过动物，他认为要想融入动物之中，得从它们的孩童时开始，之后还得在保护区当巡逻员，以便和它们建立亲密关系。他结交动物的方法与众不同，他不是训练它们，而是关爱和相信它们。

凯文·理查森对保护区出生的大多数动物了如指掌，他会模仿狮子的每一种声音和姿势，他的交往秘诀是学会不抵抗这些动物，并且伴随和顺从它们。

凯文·理查森说，如果有小狮子扑向你，随便让它们扑就是了。这些小家伙们的凶险性比大狮子小得多。如果它们轻轻地咬你一口，不要抵抗，否则它们会更加死命地咬你十口。当它们长大成年时，与它们接触要更加频繁、更加亲密，以后它们就会相信你，把你当作朋友了。

丹尼尔·布朗宁·史密斯出生于美国南部的密西西比州，是迄今为止世界上身体最柔软的人，也是五次吉尼斯世界纪录的创造者。史密斯小时候跟姐姐打闹突然从床上坠落，一个劈叉掉在地上。姐姐当时吓坏了，马上叫来爸爸，而他自己却丝毫没有感觉到疼痛。他爸爸见此情景，非常惊讶，专程去图书馆查看了资料，才知道自己的儿子其实是患了一种非常罕见的基因变异症，叫爱唐综合征，主要症状就是关节超级灵活。

从4岁开始，从史密斯身上看到商机的父亲，就开始对他进行各种各样的柔术训练。略大一点，史密斯就开始登台表演。他能钻进16厘米×16厘米×20厘米的盒子里，还能够轻松地穿过一个网球拍边框大小的东西。因为这项特异功能，他多次参加篮球和棒球运动，以及很多真人秀节目。

世界奇人怪事

在韩国首尔的马路上，一位姓朴的 72 岁老人表演了用双耳拉动汽车的节目，吸引了许多人前来观看。这位古稀老人把两根绳子系在自己的两只耳朵上，而绳子的另一端则拴在重约 1200 千克的汽车上，老人不断地喊叫，便能倒退着拉动汽车。据说这位老人的耳朵有特殊的力量，他的一只耳朵能把两只装有 34 千克的水桶轻而易举地提起来。直至现在，人们也不知道这两只耳朵为何有如此大的力量。

2007 年 8 月 30 日，在马来西亚 50 周年独立日前夕，拉莎克里斯南·维鲁在旧吉隆坡火车站，用牙齿拖动重达 297.1 吨的火车向前行进 2.8 米，打破了自己先前创造的世界纪录。

拉莎克里斯南·维鲁的神奇之处在于，他能将自身的力量都集中于身体的一个部位，瞬间成为可拖动火车的大力士。据说，拉莎克里斯南·维鲁在14 岁时，就向一位印度大师拜师学艺，学会了这项神奇的技能。拉莎克里斯南·维鲁声称，他的这个超能力来自专门的练习，他每天早上 4 :40 准时起床，首先要做下颌运动，然后练习举重，最后还要跑至少 25 千米。据了解，拉莎克里斯南·维鲁还是一个严格的素食主义者。

70 岁高龄的马来西亚退休承包商刘守林有一种奇特的本领，他的腹部能吸附起任何铁器。有一次，他无意中将几个铁质物品抱到自己的腹部，竟发现它们都紧紧地贴附在腹部，不会下落。他又找来几个铁块、铁丝、铁器餐具，都无一意外地贴在了他的身上。当地媒体都在头条位置报道了他的本领，但谁也不知道，他这种本领到底是如何形成的。刘守林还发现自己的 3 个儿子、两个孙子都拥有这种天赋。

迪安·卡纳泽斯是美国著名的长跑选手。他曾连续 50 天在美国 50 个州跑了 50 个马拉松，约 2110 千米。2008 年，他获得穿越智利阿他加马寒漠、中国戈壁沙漠、非洲撒哈拉沙漠、南极冰原四大荒漠挑战赛总冠军。

在加州旧金山大学分校，科学家们让迪安·卡纳泽斯接受了一系列高强度运动测试。在电子显示器中从侧面的截图可以看出，他脚跟落地后的过渡，还有奔跑的步伐非常有力、坚实。

测试显示，迪安·卡纳泽斯的健康水平等同于任何一个优秀的奥运选手。

迪安·卡纳泽斯后来在接受记者采访时说："我从小就喜欢跑步，后来我上了大学、有了工作，按道理说我应该满意，但我内心深处却很痛苦。我恨我的工作，恨我那时的生活！30 岁生日那天，我跟兄弟们一起去酒吧喝酒，心中非常烦躁，于是我对兄弟们说'嘿！你们喝吧，为了庆祝我 30 岁生日，今晚我要跑 30 英里。'在大家惊愕的目光中，我走出酒吧。当时，我连跑鞋都没有穿，出门就跑了起来。不可思议的是，跑在马路上，我的心情非常愉快，那晚改变了我的一生。从此以后，我就爱上了跑步。"

迪安·卡纳泽斯不仅热爱跑步，还热爱生活，热爱生命。有一次，为了挽救一个等待心脏移植的婴儿，他创造了 80 小时 40 分钟跑 350 英里的奇迹。2006 年，他被选为《时代》周刊年度 10 位影响世界的人物之一。

人体的疑问

人为什么会痛

很少有人没有经历病痛的折磨。牙痛、头痛、胃痛……如此种种，五花八门。痛是人生的磨难之一，据医学专家研究和分类，痛有 1000 多种。

有的痛，如牙痛，虽然当时很可怕，但病好了，痛也就过去了。然而有些痛却不会过去，长年累月地折磨着人。仅在美国就大约有 3600 万关节炎患者、7000 万长期背痛患者、2000 万偏头痛患者，还有其他各式各样的长期病痛患者，最可怕的是癌症患者，随时都在与痛为伴。

痛本来是人身上生病的一种警报系统，它可以提示人们对疾病的注意。如果生了病一点都不痛，那才是灾难呢！在我国和外国都发现过没有痛觉的孩子，这些孩子在骨折和烫伤时也不知道痛，这很容易发生危险。

是什么使痛发生？为什么它突然来到，而事先没有预兆？为什么它有时不会消失？这些问题至今无人能解释清楚。据一位脑科专家的研究，有些痛能在神经系统中留下长远的印象，即使致痛的原因消失了，但痛觉还会遗留下来。要消除这样的痛，简直同消除记忆一样困难。在古埃及，这样的痛被解释为神怪和鬼魂在作祟。近代有关痛的知识是几十年前开始被发现的。现代科学对痛的解释是这样的：

痛的信息是由一些原本贮存或靠近神经末梢附近的某种化学物质放出的。在这些化学物质中，包含着痛的神经化学物质，它由于某种接触，能够将痛的信息传到脑子里去。据一些专家研究，痛也是一种非常复杂的经验，痛在心理上还是身体上有时很难分清。

一个来自美国的新兵，首次到太平洋岛屿上作战。当一发炮弹落在他身边爆炸时，他感到一阵剧痛。担架把他送到医护站，经过医生检查，他身上没有一点伤，只是携带的水壶被弹片击破了，这样他又被送回前线。

在又一轮的激战中，炮弹的爆炸声更猛烈了。突然间，他又感到头部开始疼痛，这次有血流出来了。第二次他被抬到医护站，经医生检查伤并不重，只是脸上有破碎的弹片嵌入，取出和包扎后，他又回到前线。

这一次，他所在那个连的士兵几乎全部阵亡了。第三次，他的脚被炸断了，奇怪的是，这次他一点痛的感觉也没有了。专家对此解释说："痛的程度因个人的感受而异。"恐惧、焦虑、紧张、灾难的预期，有时会使疼痛加剧，但如果有某种强烈的动机，也可把痛感压下去。

人为什么会有记忆

记忆是连接一个人的过去、现在和将来的"精神桥梁"，记忆的丧失将导致自我的丧失、个人生活历史的丧失以及与他人持续交往能力的丧失。虽然每个人不可能都活在记忆里，但没有记忆的人生肯定是不完整的人生。那么，人为何会有记忆，记忆又是如何产生的呢？

2005年9月15日出版的国际神经科学顶级刊物《神经元》刊登了中韩科学家对记忆的最新研究成果。复旦大学神经生物学研究所"长江学者"卓敏教授、李葆明教授和韩国国立汉城大学姜奉钧教授领导的研究团队首次发现，大脑前扣带皮层神经元 NR2B 受体在记忆形成过程中起着至关重要的作用。

科学家用小鼠和大鼠做实验，应用遗传学手段把前扣带皮层神经元 NR2B 受体的合成降低，或通过药理学手段把前扣带皮层神经元 NR2B 受体的活性阻断，发现神经元之间的信息传递可塑能力显著变差。相应地，这些动物不能形成恐惧记忆，它们对曾经遭受过电击的实验环境一点也不感到害怕，而正常老鼠则会显得惊恐万分，这一研究成果使人们对记忆的形成机制有了进一步的了解。

人脑中的海马区域被科学家认为是产生记忆的地方，而这些记忆痕迹需要被搬到大脑皮层的各个地方安置下来，才算形成真正的记忆。在这个过程中，前扣带皮层神经元 NR2B 受体与恐惧记忆的形成关系密切。

　　脑功能的实现是建立在神经元与神经元之间的"突触"连接和信息传递基础之上的。神经元和神经元之间的信息传递能力并非一成不变，而是具有巨大的可塑性。神经元活动增加，例如经常学习，神经元和神经元之间的信息传递能力就会相应的增强。

　　每个人心中的某个角落总隐藏着某些挥之不去、刻骨铭心的记忆，而这种记忆往往和悲欢、恐惧等事件密切相关。近年来，探求人恐惧记忆的产生与储存方式一直是全球脑科学研究的核心问题之一，它被称为"需要当代爱因斯坦的四大科学领域"。

　　该项研究的参与者、复旦大学神经生物学研究所教授李葆明博士介绍说，长期以来，国际脑科学界普遍认为人的大脑杏仁核是恐惧记忆建立的神经中枢，而他们经过一年多的试验研究发现，脑功能的实现是建立在神经元与神经元之间的连接和信息传递的基础上的，而在人脑的前扣带皮层，一种名为 NR2B 的神经元受体在这一过程中起到了关键性的作用。通过遗传学或药理学手段作用于 NR2B，可以明显地改变恐惧记忆的产生与形成过程。这一发现对将来人类发现大脑秘密提供了又一把钥匙，也为研发防治一些精神疾病如抑郁症提供了便利。

人的潜力有多大

　　一位飞行员因飞机故障迫降了，正当他在地面察看飞机起落架时，突然有头白熊抓住了他的肩头。飞行员在情急之中，竟然一下子跳上了离地两米的机翼。令人不可思议的是，他是穿着笨拙的皮鞋、沉重的大衣和肥大的裤子跳上去的。

　　一位 50 多岁的妇女在烈火蔓延之际，抱起一个超过她体重的装有贵重物品的柜子，一口气从 10 楼搬到了楼外的地上。等到大火被扑灭后，她却怎么使劲儿也搬不动那个柜子了。

　　炼钢炉前，炼钢工人挥汗如雨。正常人究竟能承受多高的温度呢？英国皇家学会医学博士布勒戈登就这个问题亲自进行了一次试验。他们钻进一个正在加热的密闭房子里，温度逐渐升高，甚至超过 100 度，他在那里待了 7

分钟，感觉呼吸尚好。后来他感到肺部有压迫感，心里有焦虑感。他走出热房子，自己数了数脉搏，每分钟跳 144 次。若不是他亲自进行试验，谁会想到人体能承受这么高的外界温度呢？

人的大脑约有 140 亿个神经细胞，而经常活动和运用的不过 10 多亿个，还有 80% ~ 90% 的神经细胞处在休眠状态，尚未很好地发挥作用。美国一位科学家认为，健康人的大脑，如果一生中始终坚持学习，那么它所容纳的信息量可达到 5 亿多册书的内容。

人的毛细血管占全身血管总长度的 90%，它的血容量比动脉里的血要高600 ~ 800 倍。但是，在一般状态下，只有 1/5 至 1/4 的毛细血管开放，其余全部闭合没有发挥作用。人体肺脏中的肺泡，经常使用的也只是其中的一小部分。不论是血液循环系统，还是呼吸系统，潜力都是很大的。通过锻炼身体，可以发挥潜力，提高肺活量，增大血管容积。

人在遇到紧急情况时会发挥平时所没有的力量，如为了救人，一个弱女子猛地掀起了重物；一个老婆婆在夜间碰上恶狼，结果将狼打死；一个人背起很重的箱子……这都是人体潜力在紧急关头发挥出来的结果。

原来，人体的肌肉和肝脏里平时贮存着大量的"三磷酸腺苷"，简称ATP，这种 ATP 就是能量的来源。

在正常情况下，人体只需要一部分 ATP 提供能量就可以了。一旦遇到紧急情况，大脑就会发出命令，让全身所有的 ATP 立即释放出来。命令下达后，身体能量剧增，就能应对各种紧急情况。

科学家估计，目前世界上大约有 50% 以上的疾病不需要治疗就会自愈，这也被认为是人体潜力的作用。这种潜力包括人体免疫系统的防御作用和自身稳定作用等。能不能让更多的疾病不经治疗而自愈呢？这是现代医学需要探讨解决的问题。比如癌症，现在被认为是不治之症，可是也有靠人体自身免疫力使癌细胞消退的例子。人体使癌细胞消退的关键在哪里？这还是一个谜。

人可以貌相吗

我国的相面术把人的脸形和五官形态与人的贵贱等联系起来，这是过分夸大心智对外貌的作用，陷入唯心的境地。从这点看，俗话所说的"人不可貌相"是有一定道理的。然而，从某种意义上来说，人却是可以貌相的，因为一个人的外貌除了爸妈给的以外，也受各种环境条件及个人心理素质等方面的影响。

因此，可以说，人的外表，尤其是人的脸部是其过去已接受的各种信息共同作用的结果。科学家可以从不同角度得到他们所需要的第一手感性知识。可以认为，脸是人类的"族谱"。人类学家根据人的体表特征，如皮肤和眼睛的颜色、头发的颜色与形状、头骨的类型、鼻子的高低、嘴唇的厚薄及身材的高矮就可以判断其人种和"籍贯"。

比如，生活在欧洲、北非、西亚、北印度及美洲的多是白种人。这些地区太阳光微弱，紫外线也弱，因此当地人皮肤中的黑色素含量低，肤色白皙；他们的头发质地柔软，为亚麻色，略微有点透明，这样的头发容易吸收太阳光；他们的鼻子狭而高，并显著凸出，鼻子纵径大于横径，这样鼻黏膜面积相对大些，有助于温暖、湿润地吸收寒冷、干燥的空气，使肺得到保护。就同一人种而言，由于居住的地理环境不同，脸部特征也有所不同。如生活在我国东北地区人的脸形一般是上下部较宽大，也较长，肤色较白；而福建、广东等南方一带的人，脸的上下部较窄，也较短，肤色也较黑。

医生认为，脸是人体病兆的"晴雨表"。我国传统医学说，"头为精明之府"，12经脉，365络，"其气血皆上注于面"。在中医的"望、闻、问、切"四诊中，"望"列首位，而"望"主要是指望脸。近来新兴的交叉学科——全息生物学，也认为脸部是整个人体的缩影，贮存着身体各部位的信息，这进一步证明了中医望脸的科学性与正确性。

中医极为重视人脸的气色。正常人气血旺盛，面部光泽红润，而患病后或为苍白，或为红赤，或为萎黄，或为青紫，或为暗黑。

同时，面部的五官形态对于诊断也十分重要。如鼻根部低下、眼梢外斜、眼珠圆、半张着口、舌尖常伸出口外，这多是先天性神经系统发育不全的痴呆人症状；面部肌肉虚肿、色苍白、脸宽、眼睑增宽、表情迟钝，则多见于黏液性水肿患者。

心理学家认为，脸是人心理的透视镜。拿破仑曾说过"人在 40 岁以后要对自己的脸负责"，这句话具有一定的科学性。人的心理状况对外貌的影响是通过脸部肌肉的活动来实现的。在人类发展史上，表情最初具有适应的意义。

达尔文在《人类和动物的表情》一书中指出，现代人类的表情和姿态是人类祖先表情动作的遗迹，这些表情最初曾经是有用的，如愤怒时咬牙切齿、鼻孔张大等表情是人类祖先在与野兽搏斗中的适应动作。经过长年累月的使用，这些表情被遗传下来。

人的大脑结构之谜

从 20 世纪开始，随着医学解剖技术的日益成熟，就有人幻想从天才人物的大脑中提取智慧素。如果这些智慧素能够提取并移植的话，将给人类带来巨大的益处。从哪儿寻找智慧素的"标本"呢？人们的目光自然地就投向 20 世纪最杰出的科学巨匠——爱因斯坦。

1955 年，76 岁的爱因斯坦与世长辞了，全世界都怀着惋惜的心情注视着这颗巨星的陨灭。一个由美国第一流脑外科专家组成的班子对他的大脑施行了手术，解剖的结果令人非常失望，他的大脑无论从表面皮层的结构、化学成分及容积大小来看，都跟普通人没有两样。爱因斯坦的智慧究竟在哪里？智慧素到底是否存在？人们又走入了迷宫。

应该承认，人的大脑是一切物质中结构最复杂的东西，脑神经学家经过近一个世纪的努力才基本掌握了它的基本形态。大脑进行诸如感觉、表达、记忆以及理解、推理、判断、想象等思维活动的基本组元是脑细胞，也叫神经元，估计有 1000 亿个，这个数字几乎跟整个银河系中的星星数相仿。每一个神经元平均含有 1 万个突触，也就相当于 1 万条线路。整个人脑就相当于一台拥有 1000 万亿条线路容量的高度精密的电子计算机，其复杂、庞大的程度是任何人造电子计算机望尘莫及的。

因此，人的大脑可以说是世界上最大的仓库，它接受和贮存的信息等于俄罗斯图书馆总贮存量的 $10^{12} \sim 10^{15}$ 倍，只是由于各种原因的影响，人脑接受信息的有效能力只占它总能力的 1% 左右，也就是说，人类还有无限的潜力可以挖掘。

与电子计算机一样，人脑活动时传递信息的媒介也是脉冲电波，即把来自外界的一切刺激、感觉、形象或抽象的概念先翻译成脉冲信号。可是在神经元之间传递的时候，这种脉冲电波却要变成化学物质的形式，这就是智慧的核糖核酸。它是决定神经元之间信息传递能力的要素，也是人脑智慧的物质基础。

在同样条件下，每个人的智慧核糖核酸的合成能力并不一样，有的人强，有的人弱，这就是天资的差别。然而，后天的不断学习和训练可以明显提高人脑合成智慧核糖核酸的能力，否则智慧核糖核酸也会退化分解。人们常说的"人脑越用越聪明""勤奋出天才"等道理就出于这里。

现在，全世界的图书每年以50万种速度递增，科技杂志上的文章每年超过400万篇，面对这个汹涌澎湃的知识洪流，科学家正在积极研究提高人脑接受信息的能力。

科学家在研究中还发现了一种有趣的现象，就是大脑与地球有着奇妙的对应。那么，人们是否可以从研究地球入手，来挖掘人脑的智慧素呢？从外形来看，地球、大脑都是圆球体。从数学角度来看，一定面积的曲面所围成的立体中球的体积最大，圆球状使它们能容纳最多的东西。力学上也证明圆球状其力学性能最好。当然圆球状也最为对称、优美。

地球表面高山起伏、丘陵逶迤，多像大脑皮层的凸凹褶皱。地球表层是由若干块"板块"相嵌合而成的，大脑的脑壳中间也有若干缝隙，一如"板块"拼合。

地球与大脑在其内部结构、性能上的对应相似更是精彩。科学家已揭示，人脑分为左右半球，它们各有特殊功能又相互配合。左脑具有语言的、理念的、分析的和计算的能力，即具有分析性机能；右脑具有形象的、音乐的、综合的和整体的能力，即具有综合性机能。而地球也分为"两大块"：东半球与西半球。

从地理上看，西半球的特征为"大海"，东半球的特征为"大陆"；从文化上看，人类文化有东方文化与西方文化，亦可分为"大陆文化"与"海洋文化"。西方人的思维特征呈"分析型"，逻辑思维、抽象思维突出，西方文化如海洋具"流动性"，侧重"分"、求异、重个体、重理智，又被称为"种原文化"，正与左脑的分析性机能对应一致；东方人的思维特征呈"综合性"，直觉思维、形象思维突出，东方文化像大陆具"稳定性"，侧重"合"、认同、重整体、重道德，又被称为"人文文化"，又恰与右脑的综合性、整体性机能对应一致。

地球上的人如大脑细胞，脑细胞产生思维，人产生文化。

西方人主要是白种人，东方人主要是黄种人。人类学家发现，白种人中O型血者比例很大，黄种人中B型血者居多。心理学家指出，O型血者有着清晰的逻辑思维，B型血者思维富于浪漫色彩。

于是大脑与地球、大脑智慧与地球文明有如下的对应重叠：地球与大脑在形态结构上对应、特征功能上对应，呈现一种本质上的同型性、同构性，即地球智慧圈是一个大脑构型。

现代科学研究正在揭示地球结构、地球文明与人脑结构、人脑思维一致性的某些内在联系。地球是有机体，地球在不断演化，具有自我调节能力，地壳、海水均有新陈代谢的特征。地球上地震敏感点和敏感带很像人体经络的穴位，存在相互感应。人脑电磁波频率大多在100赫兹以下，这与地球1～100赫兹的电磁波有关。人脑基本节律α波稳定在8～13赫兹内，地球上产生的一种休曼共振波，其频率也恰好为8～14赫兹。

于是，地球学家说："把地球作为人的世界去了解它。"心理学家则说："人脑可能是整个地球，甚至整个宇宙的全息照片。"那么，科学何时才能通过解读地球从而解开人脑的智慧之谜呢？我们拭目以待！

人有第三只眼吗

在神话传说中，许多神仙有3只眼睛，除正常的一双眼睛外，另有一只眼睛长在额头上，而且这只眼格外有神力。《西游记》中的二郎神就是用这第三只眼看出小庙是孙悟空变的。《封神演义》中的闻太师也是3只眼。民间传说中的"马王爷"同样有3只眼。

神话归神话，自然与现实不同。不过，也许你想不到，其实你、我、他，虽然不是神仙，却同样长着3只眼。

希腊古生物学家奥尔维茨在研究大穿山甲的头骨时，发现它两个眼孔上方还有个小孔，呈品字形，这引起他很大兴趣，经过反复研究，他发现这是一个退化了的眼眶。

这个发现在生物界引起了震动，各国的生物学家纷纷加入研究行列。结果发现鱼类、两栖类、爬行类、鸟类、哺乳动物甚至人类，都有3只眼睛。

我们通常忘记了自己的第三只眼，或是从来没有想过它的存在，这是因为这只额外的眼睛已离开原来的位置，深深地埋藏在大脑里，位于丘脑上部，并有另外的名字"松果体"。

在大多数脊椎动物中，例如蛙第三只眼见于颅顶部的皮肤下。蜥蜴的第三只眼虽然被鳞片遮盖着，但也能在皮下找到。科学家发现，冷血动物把第三只眼当作温度计了，可以测量周围的温度。在两栖动物中，第三只眼可根据光的强弱调节皮肤颜色。

而人的第三只眼已经变成专门的腺体，而且很独特，除了松果体以外，再也没有其他腺体具有星形细胞，这不是普通的细胞，它在大脑半球中含量十分丰富。至于腺体和神经细胞为什么如此盘根错节地缠绕在一起，人们还不太清楚。

现在第三只眼的功能和眼睛相比虽是"差之千里"，但还是有点"藕断丝连"，松果体对太阳光十分敏感，它通过神经纤维与眼睛相联系。

当太阳光十分强烈时，松果腺体受阳光抑制，分泌褪黑激素（melatonin）则少；反之，碰到阴雨连绵的天气，松果体则分泌出较多的褪黑激素。

褪黑激素有调节人体内其他激素含量的本领，当阴天时，松果体会分泌出较多的褪黑激素，而甲状腺激素、肾上腺素的浓度相对降低，这些激素是唤起细胞工作的，若相对减少，人就显得无精打采、萎靡不振；天气晴朗时，松果体受到强光的抑制，体内其他激素增多，人就显得生机勃勃、情绪良好。

另外，通常人晚上的血压比白天低，这也是因为晚上没有阳光，人的褪黑激素增加，压抑了其他激素的缘故。在人和动物身上的实验表明，尽管松果体的功能可能随时间的推移发生变化，但是从生到死，它一直在积极地起着作用。

人为什么要眨眼

人们常把短促的时间称为"一眨眼的工夫"。一个人一天平均眨眼 15000 次，每次眨眼的持续时间不超过 0.1 秒。人通过眨眼可以保持眼球表面的洁净和明亮。但是，如此频繁地眨眼仅仅是为了保护眼睛吗？科学家对此进行了研究，新的研究成果告诉我们，眨眼与心理密切相关。

世界上最早将眨眼与心理联系在一起的是爱丁堡大学的科学家庞德和肯尼

迪。他们确认，一个人不论在戈壁滩上跋涉，还是在热带雨林中穿行，其眨眼的速率不变。也就是说，眨眼与气候条件无关，但与完成的不同任务和疲劳有关。

科学家对从事视觉活动的人进行了认真的研究，那些在迷宫中寻找路线或在两条平行直线之间画另一条直线的人眨眼很少，而疲劳过度者、发怒者、兴奋者的眨眼则十分频繁。由此可以判断，眨眼与思维存在某种联系。后来，随着心理学家和神经医学家对眨眼的进一步探索，眨眼的奥秘逐渐被揭开。

研究者使用红外线、照相机和电极测量了各种人眼睛周围神经和肌肉的电脉冲，发现当一个人处于警觉、厌烦、焦虑、专心致志等不同状态时，眨眼速率及持续时间明显不同。有趣的是眨眼恰好发生在停止观察和开始思考的瞬间。

研究者证实，阅读小说的人与谈话的人相比，前者每分钟平均眨眼6次，后者为12次。在市区街道上开车的汽车司机的眨眼次数明显少于行驶在城外高速公路上司机的眨眼次数。最能说明问题的是，如果司机意识到与一辆高速开来的车潜伏着相碰危险时，其眨眼次数几乎为零。

其次，眨眼还是焦虑的"晴雨表"。初学驾驶直升机的飞行员比教练员眨眼次数多；心烦意乱的妇女比内心平静的少女眨眼次数多；面对声色俱厉的律师提问的证人比面对态度温和的律师提问的证人眨眼次数多。这些都与焦虑有关。

眨眼还反映在神秘的人体记忆中。令人惊异的是眨眼恰好发生在大脑认为不再有新信息、记忆形成的时刻。在生活中如果稍加注意，你就会发现关于眨眼的有趣现象。比如，当你的目光看到一行字的末尾，或者你还没有看懂而返回重读前面的句子时，你立刻会眨眼。此时，大脑似乎命令你在各个重要"站台"暂歇，而眨眼则是这个停歇的重要标志。于是，有人形象地称这种眨眼为"思维标点"。

他们把低空飞行的飞行员和城区汽车司机短暂而不太多的眨眼叫作"逗号"，将持续时间长而频繁的眨眼称为"句号"。前者似乎把眼前移动的景物分成可以处理的各个单元，后者则表示要对吸收的信息再进行贮存或思考。脑电波的测量也完全证实了这种假说。

眼睫毛生长之谜

简单来说，睫毛的生命周期是人体所有毛发中最短的，有限的生长活动时间使它不能像头发那样会长得非常长。睫毛生长在眼睑的边缘，仔细观察会发现上眼睑和下眼睑的睫毛呈 2 排至 3 排的分布。上睫毛比较长，平均8 ~ 12 毫米，下睫毛稍短，为 6 ~ 8 毫米。

睫毛同我们身体上的其他毛发一样是从毛囊中生长出来的，这个微型组织的生发周期可分为三个阶段，即生长期、消退期和静止期。生长期时的毛囊细胞分裂非常旺盛，毛发也会持续地增长。消退期的毛囊细胞停止分裂，毛发自然也就不再生长。到了静止期，毛囊开始萎缩，这时毛发就开始脱落。头皮上的毛囊生长期可达 2 ~ 6 年，所以头发可以长得很长。睫毛毛囊的生长期非常短，只有 1 ~ 6 个月，因而睫毛的长度有限。

但是，短短的睫毛对眼睛有重要的保护作用，上下眼睑的睫毛不但具有遮光、防止灰尘、异物进入眼内的功能，而且外界物体触碰到睫毛后，会立即引起闭眼反射，从而保护眼球不受外来物的伤害。

哪只耳朵听得更清楚

人在听声音时，一般都是用两只耳朵一起听的，这样可以听得更清楚，而且听到的是立体声，并可以辨别声音的方向和远近。如果单用一只耳朵，那么哪只耳朵听得更清楚些呢？

这个问题与左撇子、右撇子还有关系呢。在世界人口中，左撇子只占10%，其余的人都是右撇子。右撇子大脑的左半球接收和处理语言信息更为活跃，在他们身上可以观测到"右耳效应"。也就是说，在轮流用左、右耳通过耳机听词语时，右耳能更快地领悟词义，更容易记忆单词。

苏联医学科学院西伯利亚分院生理研究所的研究人员证实，神经官能症患者情况正好相反，他们左耳听力更好。研究人员进行了临床试验，参加试验的有健康人、患病期不同的神经衰弱患者。

研究人员设计了一个试验，参加试验的有两组人员，一组为健康人，另一组为患病期不同的神经官能症患者。接受试验的人轮流用左、右耳听了数十个单词，接着在一分钟的时间内大声重复他们记住的那些词。词语意思可分为中性词和带有情感色彩的词。

试验中，研究人员对受试者进行了生理检查——测定了他们左、右手手背上皮肤电流反应的振幅。研究发现，在大脑左半球更为活跃时，左手皮肤电流反应的振幅增加，而右手则降低。所以，通过皮肤电流反应测验，可以知道大脑皮质两半球中哪个半球在这一时刻更为活跃。

科学家在接受试验的健康人身上观测到"右耳效应"——发现他们能更好地记忆由右耳听到的词，这时带有强烈感情色彩的词的记忆效果比中性词好。也就是说，左半球更为活跃地加入了口头信息处理。减弱的右手皮肤电流反应也与此相符合。而在患有神经官能症者身上则观测到不同情况。那些患病不到两年的人对中性词和微弱情感词，仍然保持着"右耳效应"，而患病期越长，"右耳效应"就越弱，与之相对的，"左耳效应"就表现得越清楚。在患有约5年的神经官能症的受试者身上，不论是对强烈情感词，还是对微弱情感词，右半球都更为活跃地工作。患有慢性神经官能症而又疏于医治以至患病6年多的人，左耳甚至能更好地接受中性词。这说明，神经官能症患者的大脑右半球更为活跃。

这就证明，在神经官能症的病情加重，病情持续未得到改善时，大脑皮质左、右半球间的职能关系会发生变化，左、右半球的"义务"也进行了互换，从而影响到左、右耳听力的变化。

人为什么打哈欠

打哈欠是人们自觉困倦时不自觉地张口深呼吸的表现。人的身体在极度疲倦时，嘴会自然张开，深深吸气，然后呼出，这是血液内二氧化碳增多，刺激脑部的呼吸中枢而引起的生理现象。它是人类身体的一种有益的生理性反应，可以帮助人们缓解疲劳。

哈欠开始时，由于口腔和咽喉部肌肉强烈收缩，口腔强制开大，与此同时，胸腔扩展，双肩抬高，肺能吸入较平常更多的空气。呼气时，大量二氧化碳也随之被排出。当血液中二氧化碳浓度降到正常范围后，不再刺激人体的哈欠反射，于是人便不再打哈欠了。

据调查，病重的人很少打哈欠，精神病患者几乎从不打哈欠。对此原因，目前尚不能予以确切解释。哈欠多在长时间处于慢或浅的呼吸之后发生，引起哈欠的常见原因有过度疲劳、紧张、久坐、专心致志地做作业或阅读、腰带束得过紧、房间过热、通风不良等。

人们在离开电影院及其他游乐场所时常会打个哈欠，这不是厌烦的表现，而是由于静坐过久，浅呼吸的时间较长的缘故。哈欠除了可补充所需的氧气外，还有其他一些作用，如可以松弛紧张、消除疲劳、放松肌肉等，飞机降落时打哈欠能帮助平衡中耳内的压力。另外，打哈欠还有利于养护眼睛，德国保健协会建议，长时间面对电脑的人，如果想让眼睛休息一下，打个哈欠应当是最为方便和有益的。最佳的打哈欠方法是伸一伸懒腰，张开嘴巴，下巴左右移动，就像骆驼吃东西的样子。

打哈欠是人类身体的一种有益的生理性反应，不要认为在公众场合下打哈欠有伤大雅，因而拼命予以抑制，也不要误认为打哈欠是一种疾病信号，从而忧心忡忡，如果你不断地想打哈欠，说明你疲劳了，应该适当地活动一下或休息一会儿。哈欠一打，眼睛里总会泪水汪汪的，为什么人打哈欠时会流泪呢？

人的眼泪时时刻刻都在分泌，在眼球表面流动。可是平时分泌的泪液很少，而且是紧沿着眼球表面和眼皮里面微细空隙中流动，所以你不会觉得泪水在流动。

然而，在你眨眼的一刹那间，这些眼球表面的泪水就被吸到眼泪的"下水道"，就是鼻泪管里去了。别小看这条不太长的细管子，它却是眼泪通到鼻腔的唯一要道。泪腺不断分泌泪水，鼻泪管不断排泄泪水，所以平时人是不会流泪的。

人在打哈欠时嘴巴张得很大，尽可能多地让气呼出体外，为的是呼出二氧化碳，吸进氧气。随着打哈欠的动作，一股气体有力地从嘴巴呼出，面颊部、舌和咽喉部肌肉紧张收缩，这时口腔及鼻腔的压力增大，结果就会阻挡鼻泪管排泄泪水，"下水道"不通，泪水流不下去，积在眼睛里的泪水就越来越多，直到最后夺眶而出，流到脸上来了。

掌纹与健康

掌纹就是指手掌上的纹线。手掌纹线是由粗的"线"和细的"纹"组成的，"线"是在母体中先天生成的，不易改变，它反映身体先天的状况，假如"线"改变了，体内脏器就一定发生了极大的变动。"纹"则多是后天的，因物理变化和化学变化的因素造成，容易改变。

掌纹的纹理走向较复杂，主要有 3 条大纹：始于拇指与食指间的虎口向腕侧包绕整个大鱼际的大纹，即生命线；与生命线同起点或分开起点斜向延伸到小鱼际的大纹，即智慧线；从小指根下发出直趋食指根部的大纹，即感情线。这 3 条线人人都有，此外还有些辅助线，有的人不存在，如起于近大鱼际、斜行向小指根部的方向延伸的健康线等。掌纹中所包含的信息远比一枚指纹包含的信息丰富，利用掌纹的纹线特征、点特征、纹理特征、几何特征，基本上可以确定一个人的身份和健康状况。因此，从理论上讲，掌纹具有比指纹更好的分辨能力和更高的鉴别价值。

掌纹中最重要的特征是纹线特征，而且这些纹线特征中最清晰的几条纹线基本上是伴随人的一生不发生变化的，它们在低分辨率和低质量的图像中仍能够清晰地辨认。点特征主要是指手掌上所具有的和指纹类似的皮肤表面特征，如掌纹乳突纹在局部形成的奇异点及纹形。点特征需要在高分辨率和高质量的图像中获取，因此对普通人使用价值不高。

纹理特征，主要是指比纹线更短、更细的一些纹线，这类纹线在手掌上的分布毫无规律。掌纹的特征还包括几何特征，如手掌的宽度、长度和几何形状，以及手掌不同区域的分布等。

医学统计结果表明：在生命线的起始部或前 1/2 部分出现类似椭圆形纹线，常常表示消化系比较薄弱，较易患消化性溃疡病、慢性胃炎以及消化不良或肝胆疾病。如果感情线达到食指下方，智慧线达到小鱼际上，则表示可能患高血压病。如在生命线上有数量不一的小横纹切过，则表示有神经衰弱或有较大的精神压力、多愁善感、比较神经质……

人们在日常生活中，疾病会不断地侵害身体，掌纹也会随之不断地发生改变。当某些疾病康复不完全时，手掌上对应的病理纹也就不会完全消失。

日久天长，掌纹会变得杂乱无章，通过对手掌形状、颜色、纹理、指甲、皮纹的观察，一般可以达到诊断身体疾病和疾病隐患的目的，另外，还可以通过手掌的穴位刺激，直接起到调理肌体的功效。

常见的手纹形式有箕形纹和斗形纹。此外，还有一种不常见的纹理呈波浪状的弓形纹。手纹对于判断遗传疾病也有重要的参考价值。

正常人反箕纹出现率为 5.6%，先天愚型患者约有 2/3 为通贯掌，无名指和小指是反箕纹；弓形纹正常人出现率为 4.8%，而染色体畸形的遗传病患者，其手掌也多为通贯掌，指纹有多个弓形纹，甚至 10 指都是弓形纹。

惯性左撇子好不好

在生活中，有人习惯使用右手，称为右利手；有的人习惯使用左手，称为左利手，也叫左撇子。现代解剖学告诉我们，人脑 12 对神经在脑中是交叉排列的。右利手的人大脑左半球发达，左利手的人大脑右半球发达。人的语言、逻辑、读写是由脑右半球指挥的，因此称为"主侧半球"或"优势半球"。

据统计，约 70% 的人写字、绘画、刷牙、扫地等习惯用右手，约有 20%的人能左右开弓，约 10% 的人在生活中习惯用左手。在世界名人中，左撇子比比皆是。著名的艺术家米开朗琪罗、达·芬奇、毕加索和喜剧大师卓别林都是左撇子。在奥运会上大显神威的乒乓球和击剑运动员中有一些也是左撇子，第 22 届奥运会上 4 名击剑冠军中有 3 名是左撇子。

国外有些科学家经研究发现，左撇子似乎比经常用右手的人聪明些。左撇子还有某些优势。据法国科学家研究，人体右侧神经中枢对信号传递比左侧快。同时，若发生中风，右侧肢体瘫痪的概率大大高于左侧。

一些从事幼儿医学研究的专家发现，生来左撇子的儿童若是被父母强行左改右，容易产生言语不清、阅读困难、智能发展缓慢等后果，而且成年后患神经官能症和精神分裂症者，高出不改者五六倍，也比一生下来就是右手的高出两倍。

人体幽香何处来

我国历史上曾有一些女性，因体中有幽香而得到帝王之宠，如西施、杨玉环等。西施是我国古代有名的美女，她的身上因为能散发香气，所以被越国大夫范蠡选中，施展美人计，把她送给吴王夫差。吴王被西施所倾倒，特为她修了香水溪、采香径、百花洲、玩花池、碧进泉、美人宫等，每天在芬芳馥郁的气氛中与西施玩乐，连朝中之事也不顾了。10 年后吴国被越王勾践所灭，吴王也自杀于姑苏城。

我国唐朝第六代皇帝玄宗，于温泉宫遇一美姬，她香气袭人，玄宗为之沉醉，占为己有，封为贵妃，此人便是杨贵妃。玄宗为杨贵妃修了一浴池，放上香水，供贵妃洗浴。贵妃患有多汗症，出的汗可湿透香帕，玄宗感到她的汗都是香的，因此为她修了一座沉香亭。

清代的香妃是新疆喀什人，因体有异香，一下子就迷住了乾隆皇帝，被封为容妃，恩宠不衰，在皇宫中度过了 28 个春秋。

在国外，香女其实也很多。布鲁塞尔一家美容中心曾邀请 10 个国家的妇女做了一项别出心裁的体味检测试验。首先让她们用特制的肥皂擦洗身体，然后让其运动出汗，再用有关仪器检测，结果发现这些妇女所属的国家不同，香味也不尽相同。

例如，法国女性有酪香味，英国女性是藕香味，瑞典女性带木槿香味，德国女性散发出香木味，而美国女性则是藻香味等。关于体香的来源，历来说法不一。有性香说，有丁酸酯香说，还有饮食习惯说。

湖北武汉一位女性曾在武汉大学人民医院做过检查。专家发现，她身上散发出的气味类似檀香的香气，香气的来源是因皮脂腺异常分泌。但在国外，关于体香的成因一直难以定论。

一种学说认为，香女的体香来源于她们体内蕴藏和释放出的"性香"。这种性香是女性体内雌二醇等与某些饮食中化学成分作用的结果，通常随着年龄增长而发生变化，到了青春发育阶段则更为浓郁诱人，异性感受最为明显。另一种学说认为，人体分泌的汗液中有一种成分叫丁酸酯，汗液中这种物质多了会发出臭味，唯有其浓度适中，才是女性别具魅力的体香。而比利时的一位专家对某些人种的饮食习惯与人体气味进行研究后发现，体香和饮食习惯有着不解之缘。这和我国古代人的认识不谋而合。

矛盾的白痴天才

国外文献记载了这样一个白痴天才的病例。他在学校里学习成绩很差，智商仅为 50（正常人为 90 ～ 110），然而他具有不同寻常的能力，几乎不假思索就能说出 1880 ～ 1950 年任何一天是星期几。

他所喜爱的一项娱乐就是去问人们的生日，然后告诉对方去年和明年他们的生日是星期几。然而他却连辨别人长幼的基本能力都没有。他能正确地运算 10 ～ 12 个两位数的加法，却不知道 20 比 8 大，甚至连数字的含义是什么都不懂。换句话说，他能快速地进行许多运算，但却不知道数学的有所区别的原理。

我国也发现了一例女性白痴天才。患者降生数月后，即全身抽搐，其后半年又两次住院，病愈后动作迟缓，身体衰弱，4 岁时才开始学说话。医生诊断她是低能儿。12 岁时她闭门不出，却对家里的几本字典爱不释手。整天翻看，于是查检字的能力日益增强，查字速度非常快。

上海市精神病院研究所鉴定，她的智商为 64，测量人类反应速度的反应时间为 680 毫秒，常人为 200 ～ 230 毫秒。

考核白痴天才分两次进行：第一次从实验登记册名单上挑选 56 个较常用的字，让她从《学生字典》中查找，只见她不翻字典，不到 3 分钟就一一注明这些字在字典上的页码，准确率达 93%。

第二次难度增加，从一本专业书上摘抄一段话，共 68 个字让她查。尽管这段话中有好多字她不认识，但她还是用同样的方法和速度查完了，准确率达 75%，平均查每个字的时间仅用 3 秒。

为什么会这样，有的学者认为，这是一种智力发展严重不平衡的结果。白痴天才在某些方面有超群的能力，对智力结构的其他方面产生了排斥性，压抑了其他智力的发展，导致了一种畸形的智力结构。

这种人的特殊才能的形成是脑内的一种强化机制的作用，其大脑神经系统存在一种奖赏系统，它强化了某些智力方面的发展，如时期推算、音乐记忆等，却忽略了其他。

其本人对强化的行为感兴趣，就像抽烟、喝酒一样，而不断地强化就使白痴天才脑内形成了一种高度自动化的模块，就像计算机程序一样，通过不断强化，对此程序不断地扩充，最后形成了令人吃惊的特殊才能。

流行病学调查报告认为，白痴天才的家属中也有超人的突出才能现象。有人认为，这种非同寻常的超常能力，与其说是智力开发的结果，还不如说与遗传因素有关。尽管有这样或那样的解释，白痴天才之谜依然扑朔迷离，成了脑科学和心理学研究的热门课题。

女性长寿的秘密

据统计，全世界女性的平均寿命比男性长 3.5 年。在一些发达国家，男女平均寿命的差距更大：芬兰为 9.1 岁，法国 8.0 岁，美国 7.9 岁。只有个别国家，如印度、约旦等国，女性的平均寿命比男性略短些。

长期以来，女性比男性寿命长的原因一直是生理学家和遗传学家争论不休的问题，其解释也是多种多样。

英国兰卡斯特大学的一项研究指出，从基因角度可以解释男女寿命的差别。他们在进行动物实验后发现，线粒体基因中存在一些仅会损害雄性寿命的基因变异，长期积累，就会拉开雄性和雌性的寿命差距。此外，人体内有一种参与修补脱氧核糖核酸的基因，与 X 染色体有关。我们知道，染色体是细胞核中载有遗传信息，即基因的物质，在显微镜下呈圆柱状或杆状，主要由脱氧核糖核酸（DNA）和蛋白质组成。

人体内每个细胞内有 23 对染色体，包括 22 对常染色体和一对性染色体。性染色体包括 X 染色体和 Y 染色体。含有一对 X 染色体的受精卵发育成女性，而具有一条 X 染色体和一条 Y 染色体者则发育成男性。这样，对于女性来说，正常的性染色体组成是 XX，男性则是 XY。

这就意味着，女性细胞分裂产生的卵子都含有一个 X 染色体；男性产生的精子中有一半含有 X 染色体，而另一半含有 Y 染色体。精子和卵子的染色体上携带着遗传基因，上面记录着父母传给子女的遗传信息。同样，当性染色体异常时，就可形成遗传性疾病。

人体内参与修补脱氧核糖核酸的基因与 X 染色体有关，而女性的修补基因又多于男性，当女性感染疾病时，其身体内部的修补基因就能更好地维护自己的健康，使其身体更容易康复，缺少病菌侵袭的机体肯定比男性更健康，因而她们也就更长寿。

丹麦哈维德夫医院的科学家对4万名中风患者进行了调查，并考察了性别对中风后存活概率的影响。结果发现，女性中风后的存活概率比男性高25%。调查还表明，在严重疾病、车祸及外伤的恢复过程中，女性也能表现出更快、更强的康复和再生能力。

有人试图从身体高矮的角度来寻找女性长寿之谜。美国一个科研小组通过调查发现，身材高大者不如矮个子长寿。这是因为矮个子的肢体比较短小，按人体比例计算，他们的内脏器官相对更大一些，功能也更强一些，容易完成全身的新陈代谢。而通常女子的身高都比男子矮，所以在同等条件下，女子的能量消耗比男子少8%～12%，寿命也因此较长。但是，如果按照这种理论，我们人类的身高一代高于一代，则意味着人类的寿命也应不断缩短，可是事实上，人类早已经告别了"人生七十古来稀"的时代，寿命较之过去已有了很大的延长。

专家指出，不少男人生病了不愿去医院，而是自己默默硬撑着。数据显示，女性每年看病的次数比男性高出28%。而且，大多数女性希望自己年轻、漂亮，这种欲望也会给身体带来良性影响，比如注意饮食健康、生活有规律等。但是男性截然不同，他们吃饭狼吞虎咽、久坐不动、过度劳累、熬夜等，这些都是缩减寿命的元凶。

很多男性每天办公坐着、开车坐着、看电视坐着……久坐对男性健康影响很大，会增加生殖道感染的概率。另外，不少男人每天工作十七八个小时，半夜不睡觉，这也是寿命缩短的原因之一。

美国医学博士弗雷则提出一种新的观点，他认为，女子寿命之所以长，主要是因为她们比较爱哭。美国明尼苏达州圣保罗拉姆齐医学中心的生物化学家发现，与其他外分泌过程一样，压力所生成的眼泪有助于去除人体应激激素和毒素，同时让人的精神得到松弛。另外，眼泪中含有的溶菌酶能在5～10分钟的时间内杀灭90%～95%的细菌。如果抑制眼泪流出，它们就会积聚在人体内引起某些疾病，而世界上大多数民族的男儿都"有泪不轻弹"，所以寿命就短。

冷冻的人体能存活吗

1967 年，美国加利福尼亚大学的心理学家佩斯福特教授在他患肺癌逝世之前立下遗嘱：死后立即将他的遗体冻结，以待治疗肺癌的特效药发明之日，再将其遗体解冻治疗，使遗体复活。

根据他的遗言，人们在他遗体的血管中注入防冻甘油，然后将遗体置入零下 196 摄氏度的液氮中密封冷冻至今。以后陆续又有人加入了死后自愿冷冻的行列，等待着以后的复活。

人生前就冷冻起来能复活吗？这是目前科学无法解释和预料的问题。人身体里的水在冰冻之后体积会增大，就可能将细胞膜撑破，而细胞外面的液体冻结，则会使细胞受到挤压，或破裂、或变形。

此外，细胞外液中钠离子的浓度比细胞内的高得多，当细胞外液出现冰晶时，渗透压的作用易造成细胞脱水，最终导致细胞死亡。

因此，冷冻人的关键之一，就是冻结的速度要快，这样将可能避开结冰的过程，不致伤害细胞。现在的冷冻法，一般是将准备冷冻的物体直接置于液氮中，使温度骤降至零下 196 摄氏度。

不过，即使这样也很难避免出现部分冰晶的可能。因此，如果真的要冷冻活人的话，还需要在人体组织中加入甘油和葡萄糖，而且这些冷冻保护物质的浓度应和冷冻速率相吻合。

人体的器官能再生吗

有一些生物具有非凡的修复本领：被切断的蚯蚓可以重新长出另一半身体，蝾螈可以重新长出被截断的四肢。相比而言，人类的再生本领似乎就差了一点。没有人可以重新长出手指，骨头断了也不能长出新的骨头。稍微令人安慰的是肝脏，被部分切除的肝脏可以恢复到原来的状态。那么，器官再生是由什么决定的呢？

在自然界，蝾螈、斑马鱼和多鳍鱼都具有组织再生能力。2016 年，英国科学家对这三种生物体内的胚芽细胞的形成过程进行了系统的研究，胚芽细胞是分析肢体再生能力的第一步，科学家发现这 3 种生物中存在一种共同的基因组，它们都受到一种基因调节网络的控制。

这种基因调节网络具有较短的基因物质序列，对于基因表达调控具有重要作用。研究小组识别发现了蝾螈、斑马鱼和多鳍鱼肢体再生能力具有重要意义的 10 种基因调节网络，其中有 5 种基因调节网络在肢体再生期间开启，而其他 5 种则关闭。

研究负责人、英国生物科学家本杰明·金说，他们发现人体存在 4 种基因调节网络。此后他们将进一步揭晓激活人类等生物的肢体再生能力的办法，设法使用类似的遗传机制，找出有助于加速治愈和取代受损组织的方法，最终揭晓是否该基因机制可使人类再生出肢体组织。这个方法同样也可以用于再生截肢的受损神经组织。

本杰明·金说，事实上，我们识别了 3 种具有不同类型附体的肢体再生生物的基因信息，这表明自然界存在一种共同的"基因指令"，可以调控所有动物，其中包括人类的再生能力。但是，这些基因在人体的活跃性非常低。

科学家的研究令人体器官的再生出现了曙光，但从他们的介绍中，我们知道，人体器官的再生还有很长的路要走，它还需要更多的科学家付出更多的努力才能实现。

人体的透视

人体飘浮怪术

　　1910 年，英国著名探险家彼得·亚巴尔到缅甸北部丛林考察探险，在一座边远山区的大寺院里认识了一位修行老僧。这位老僧每天早晨都在寺院门前静坐 10 多分钟，然后盘坐的身体慢慢升空，在深山的丛林上空飘一圈，这才慢慢地落到地上。

　　亚巴尔被这一神奇情景惊呆了，他用照相机从不同的角度拍摄了这位修行僧在空中飘浮的镜头。回国后，他在英国《卫报》发表了自己拍下的照片以及自己看到这位僧人升空时的情景。

　　当时有些英国科学家不相信，认为亚巴尔是出现了幻觉，中了一些宗教巫师卖弄的障眼法伎俩。亚巴尔坚决否认，他认为自己当时头脑绝对是清醒的，目睹的情景真真切切。这位僧人在做人体高空飘浮时，并没有邀请他观看，是他偶尔碰上的，因此根本没有什么障眼法之说。

　　印度物理学家辛格·瓦杰巴博士观察、研究人体飘浮术多年，也接触过几位有此功能的人。令他奇怪的是这些人都隐居在深山大泽之中，从不愿展示自己，过着与世隔绝的生活。他们的行为方式及逻辑思维与现代社会格格不入，如果让他们讲解此功是如何练成的就更困难了。

　　瓦杰巴博士曾用几种现代物理探测仪器来探测其中的微妙，均无结果。越研究他越感到这是奇妙的神话，令人难以理解。所以，瓦杰巴博士认为：印度军事家想把人体飘浮术用到军事作战方面，那是令人不可思议的幻想，要揭开此谜尚需要更长的时间。只有当人类的科技水平能真正发现、挖掘人体内潜在的特殊功能，才能揭开谜底。

　　印度的军事学家早就注意到人体飘浮术确实存在，并且在设想把它用于军事作战。组织一支"超人"的军队，那就不怕敌方的地雷、坦克、导弹、轰炸机的攻击，随时可以突击到敌人的后方击败对方，也就不必再花更多的钱研制尖端武器。印度的一些科学家认为：这样的设想很难实现，因为当今科学家尚弄不懂人体飘浮是如何形成的。

除了当今为世人所了解的4种力量，万有引力、电磁力、强相互作用、弱相互作用外，我们只能假设还有第五种力量。这第五种力量又是如何从人体产生的？又如何推动人身升空？至今仍然是一个谜。

如果人体飘浮术确实存在，物理学原理就彻底被推翻了。当然如今的科学水平尚不能解释自然界中的所有特异现象，特别是瑜伽术的超越冥想功，更难用科学的道理去解释。正如许多不可思议的现象一样，"人体飘浮"至今尚未找到合理的解释。有人认为，人体飘浮者其实是借助外力或小道具，进行飘浮；又或是运用小法术，令观众产生幻觉。但事实到底是怎样的，谁也说不清楚。

头发中的奥秘

拿破仑是法国历史上叱咤风云的人物，关于他的死因，一直是个谜。

20世纪60年代，瑞典牙科医生、业余病理学家伏素夫伍德用现代科学技术对拿破仑的一根头发进行了化验，发现这根头发每克中砷的含量竟高达10.38微克，比正常人高10多倍。砷是有毒元素，它的化合物三氧化二砷就是砒霜，有剧毒。直至现在人们还对他的死因仍抱有怀疑态度。

每根头发都有毛囊。毛囊底部为一乳头状的突起，这便是制造头发的工厂，毛囊里面有血管，以供给能转换成头发细胞的原料。在乳头状的表面，新细胞将旧细胞挤出以增加头发的长度，当头发长到使其尖端突出头皮毛囊时，头发就变硬了。

头发每天都在生长，生长速度与年龄、健康状况有关。人的头发有一个生灭的循环历程，每15分钟，头上的头发有90%在生长，而10%则处于休止状态，这10%的头发将维持到3个月以后渐渐脱落。

人类的头发还有一个与其他动物不同的特征，就是没有"触觉"或"毛感"，如猫的触须极为敏感，而人的头发却没有这种功能。

人的头发抗拉力很强，尤其中国人的黑发抗拉力更强。如杂技团的飞技表演家利用自己的头发将身体悬在空中表演。另外，人的头发还极有弹性，在断裂之前，可拉长 20% 左右。

人的大脑机能

每个称为神经元的神经细胞就是一个工作单位，这种大脑最初级的单位的机能仍未清楚。大脑的能量似乎更多地来源于神经之间的相互作用，而不是来源于神经元本身。神经元不但接受电化学冲动，还同时释放能量，使各种信息得以在神经系统传递，这些冲动由一个神经移向另一个神经，通过大脑迅速地传递各种信息。

人体的中枢神经系统——思维和行为的控制室，不仅指大脑，还包括脊髓，来自大脑的各种指令和人们产生的各种感觉通过脊髓得以连接。大脑最显著的外部特征是构成大脑的两个软半球，左右半球分别控制对侧躯体的各种活动以及接受来自对侧躯体的各种感觉。

皮质下的白色物质构成两半球，两半球通过数种连接组织而相互沟通，最大的连接组织称为胼胝体。跨越两半球的大部分信息是通过胼胝体传递的，人类的胼胝体估计含有 100 万根纤维，而信息的传递就是依靠这些纤维进行的。小脑位于大脑半球下面，它在大脑与脊髓之间起着至关重要的连接作用。小脑的主要作用在于协调肌肉的运动并决定肌肉运动的快慢。小脑也有两个半球，与平衡和肌肉协调有关。

脑干深埋于大脑与小脑下面，有专门调节心跳、呼吸、血压等人体基本生命活动的中枢，脑的这部分与大脑的最下部——下丘脑有许多联系，下丘脑似乎与人的情绪变化有非常重要的关系。

人体的覆盖物

细胞再生的自然过程在短短数周内就可以供给人们 1.86 平方米极为精美的新皮肤。新生的皮肤取代了那些在洗澡、运动等活动中经受摩擦、不断老化的皮肤。皮肤具有一定的湿度，并防止占体重60％的水分被挥发。它是抵御污物和细菌的屏障，与位于其下面的脂肪层一起，构成人体的外表并发挥承受撞击的缓冲作用。皮肤还具有良好的弹性，是人体理想的覆盖物。

　　皮肤分3层：外皮层、真皮和皮下层。所有皮肤的重要结构都位于相对较厚的真皮中。当外层细胞消耗殆尽，新生的细胞就从真皮中外移。在整个生命过程中，真皮与外皮间的细胞新陈代谢过程从未停止。

　　外皮层下分布着数以百万计的神经末梢，许多神经末梢具有特殊的结构，借以分辨来自皮肤的各种感觉。这些"感受器"至少可分辨出5种感觉：痛感、热感、冷感、压力感和触感，每一种皮肤感觉都是部分或上述全部5种感觉的混合体。在诸如指尖或嘴唇的敏感区域，每平方厘米的外皮都存在着200多个触觉"感受器"，而在诸如肩膀等不敏感区域，每平方厘米表皮所存在的触觉"感受器"则只有敏感区域的1/50。

嗅觉的奥秘

　　传统的生理学常常把人类的嗅觉看作正趋向退化的原始感觉，如今，一系列新的研究使生理学家对嗅觉刮目相看。

　　研究者认为，嗅觉可能是人类最重要的感觉，许多关于嗅觉的谜团正等待人们去揭开。据统计，大约每15个脑外伤病人中就有一人会丧失嗅觉。此外，流行性感冒、脑瘤、过敏性变态性反应、老龄化等原因也会造成部分或全部、暂时或永久的嗅觉丧失。

　　研究结果证明：人们享用各种食物时，至少有3/4的美味感觉来自嗅觉，只有1/4来自味觉。这是因为食物的各种香气通过嘴巴背后的鼻咽直接进入鼻腔，被大脑感知。一旦失去嗅觉，美味佳肴就会大为失色。倘若你把鼻子捏住，就很难说出是在吃一片苹果还是一片生马铃薯。

　　脊椎动物的嗅觉感受器通常位于鼻腔内由支持细胞、嗅细胞和基细胞组成的嗅上皮中。在嗅上皮中，嗅觉细胞的轴突形成嗅神经。嗅束膨大呈球状，位于每侧脑半球额叶的下面；嗅神经进入嗅球，嗅球和端脑是嗅觉中枢。对昆虫而言，它们的触角有嗅毛。外界气味分子接触到嗅感受器，引发一系列的酶级联反应，实现传导。

有趣的是雄性家蚕只能嗅到雌性的外激素，并且相当灵敏，只要一分子的外激素就能引起它的神经冲动。警察追捕逃犯时，警犬是得力的助手，它依靠敏锐的嗅觉，可以发现逃犯留下的微弱的气味，从而找到逃犯。嗅觉是一种原始的感觉，人类不像一些野生动物需要依靠嗅觉生存。按照进化法则，人类的嗅觉应该逐渐退化，变得越来越不灵敏，然而事实并非如此。

在美国费城进行的人类嗅觉灵敏度实验，其结果令人吃惊：人可以用嗅觉区分两只外貌完全一样的老鼠，这两只老鼠各方面的遗传特征几乎完全一样，只是染色体上有一组基因不同。

这样细微的遗传差异，即使用最先进的分析仪器也难以鉴别，可是人却能用鼻子嗅出它们尿液的不同。人类为什么会保持这样敏锐的嗅觉？这是一个谜。

在生活中，不论是什么气味，香的或臭的，甜的或酸的，都一股脑儿进入人的鼻子，我们无法选择。而气味总是与记忆相联系的，没有记忆，气味将变得毫无意义。嗅觉和记忆在大脑中是怎样联系的？科学家们至今仍不太清楚。

研究者还发现，嗅觉和记忆的联系虽然紧密，但人们对嗅觉的记忆并不很精确，这一点不像视觉和听觉。当我们看到一张陌生的脸时，立刻可以断定这是从来没有看到过的，而当闻到一种从来没有闻过的气味时，却常常觉得似曾相识。为什么人对嗅觉的记忆不如对视觉的记忆精确？这又是个有趣的谜。

再识器官功能

儿科专家们普遍认为，扁桃腺在阻止细菌和其他异物进入肺脏和消化系统过程中发挥着有益的作用。扁桃腺曾经被认为是既多余又令人讨厌的典型器官，现在专家们建议，只有在扁桃腺已成为重复感染病灶的情况下，才该考虑予以摘除。

不久前，在进行腹腔外科手术时，许多外科医生总是漫不经心地顺手摘去健康的阑尾，作为"送给病人的一件小礼物"。然而，现在一些医生却更相信，阑尾在人体免疫系统中发挥着某种作用。外科医生已不再利用这一方便的机会迫不及待地把它摘除掉了。

长期以来许多医生一直认为，胸腺是无用的器官。现在才知道，尽管在发育期后，胸腺的作用可能相对减小了，但它对胎儿和婴儿白细胞抗体的生长具有重要作用。

也许，最令人感兴趣的"无用"器官是神秘的松果体，甚至这个名字都存在争议。许多科学家曾提出，它是否也像其他真性腺体那样分泌着某些物质，认为它是无用的退化器官，但是经过科学家的研究证实松果体具有调节生殖的作用。松果体中的血清素与大脑其他部位的血清素之间是否存在某种关系，目前还不得而知，但这种可能存在的关系值得进一步探索。

解密人体密码

人的大脑不包含头骨重量大约有 1400 克，比恐龙的大脑还重。一条 9 米长的恐龙，大脑只有核桃般大小，约 70 克。人的大脑包括 80% 的水，其中 25% 被用于有氧及糖分的体内循环，以补给营养。人发育到 18 岁时，脑袋就不会再长了，据估计，脑细胞每天要死亡约 10 万个，一个人的大脑储存信息的容量相当于 1 万个藏书为 1000 万册的图书馆，最善于用脑的人，一生也仅使用掉脑能力的 10%。

人每天从皮肤的汗腺排出的水分至少也有 0.5 升，最大排汗量可达到一天 10 升，每小时排汗量最大可达 2 升。随着季节的更替，人体的排汗量也会发生很大差异：盛夏时，一个人平均一天的排汗量可达 4 升至 5 升；春天及秋天，一天的排汗量是 0.8 升左右；冬天出汗量不大，但至少也会排出 0.5 升，相当于 3 大杯水。

舌头由 17 块肌肉组成，所以异常灵活。看似灵巧的舌头，实际丈量起来也不小，长 0.09 米，重 50 克。你知道舌头上有多少味觉，布满了多少味蕾吗？有医生说，人类的舌头有 500 种不同的味觉，舌头上的味蕾有 1 万个，每个味蕾带有 50 个味细胞。人在品尝食物时，会动用到舌头上的 9000 个味蕾。

一个人在 24 小时内吞口水的次数大约为 580 多次，这是因为即使不吃东西，我们也得不断地把口腔分泌的唾液吞进去。而且在不同场合，吞口水的频率也不同：坐着看书时，每小时吞口水次数达 37 次；说话时唾液增多，吞口水次数更高。人的一生中会产生 2.36 万升唾液，足够装满两个奥运会游泳池。

有人估算，一个人平均一天会小便 5 次，每次大约持续 20 秒。也就是说，一个人一天会小便近 2 分钟，一个月是 1 小时，每年则是 12 小时，那么一个人一辈子约有 36 天用来小便。

从解剖学看，人体共有 600 多块肌肉，它们大大小小、长长短短、能伸能缩、配合默契，为人的每一个动作提供动力，因此有人把肌肉称为人体的发动机。据统计，如果 6 平方厘米的肌肉同时收缩，就能举起 20 ~ 60 千克的东西，如果全身的 3 亿根肌肉纤维朝一个方向一起收缩，会产生 25 万牛顿的力，能够举起约 25510 千克重的东西，抵得上一台起重机了。

有人估计，人的双手能做出上亿个动作。一只手有 8 块腕骨、5 根掌骨、14 根指骨、59 条肌肉和发达的神经、血管系统。人的手十分灵巧，一秒内，人的手掌可以转动好多次。人的一生中，除了睡觉以外，双手几乎从不休息，手指屈、伸至少 2500 万次。科学家发现，乌龟的寿命可长达 177 年，因为它每分钟心跳只有 6 次，一生心脏的跳动次数约为 5.6 亿次。

令人惊奇的是，所有哺乳动物一生的心跳次数基本上是一样的，为 7.3 亿次左右，而人一生的心跳总次数为 25 亿 ~ 30 亿次。

渐老渐衰的器官

人到 20 岁后大脑开始衰老，随着年龄增长，大脑中神经细胞的数量逐步减少。出生时神经细胞的数量达到 1000 亿个左右，但从 20 岁起开始逐年下降，到了 40 岁，则开始以每天 10000 个的速度递减，从而对记忆力、协调性及大脑功能造成影响。

英国神经学家表示，尽管神经细胞的作用至关重要，但事实上大脑细胞之间缝隙的功能退化对人体造成的冲击最大。大脑细胞末端之间的这些微小缝隙被称为突触，突触的职责是在细胞数量随年龄的增长变得越来越少的情况下，保证信息在细胞之间正常流动。

随着生成胶原蛋白的速度减缓，加上能够让皮肤迅速弹回去的弹性蛋白弹性减小，甚至发生断裂，人在 25 岁左右皮肤开始自然衰老。女性在这一点上尤为明显。由于死皮细胞不会很快脱落，生成的新皮细胞的量可能会略微减少，皮肤上便有了细纹和褶皱。

人到 35 岁后骨骼开始衰老，儿童骨骼生长速度很快，只要两年就可完全再生，成年人的骨骼完全再生则需要 10 年。25 岁前，骨密度一直在增加，但是自 35 岁起骨质开始流失，进入老化过程。骨骼大小和密度的缩减可能会导致身高降低，以及椎骨中间的骨骼萎缩或碎裂。

人到 40 岁后眼睛开始衰老，老视情况比我们预想中出现得早，一般人从 40 岁开始就变成了远视眼。这是因为，随着年龄的增长，眼部肌肉变得越来越无力，眼睛的聚焦能力开始下降。

人到 40 岁后牙齿开始衰老，人变老的时候，唾液的分泌量会减少。唾液可冲走细菌，唾液减少，牙齿和牙龈更易腐烂。牙周的牙龈组织流失后，牙龈会萎缩，这是 40 岁以上成年人常见的状况。

人到 40 岁后心脏开始衰老，从 40 岁开始，心脏向全身输送血液的效率大幅降低，这是因为血管逐渐失去弹性，动脉也可能变硬或者变得阻塞，造成这些变化的原因是脂肪在冠状动脉的堆积。

人到 50 岁后肾脏开始衰老，肾脏过滤量从 50 岁开始减少，肾可将血液中的废物过滤掉，肾过滤量减少的后果是，人失去了夜间憋尿功能，需要多次跑卫生间。75 岁老人的肾过滤量是 30 岁壮年的一半。

人到 55 岁后肠开始老化，健康的肠可以在有害和"友好"细菌之间起到良好的平衡作用。肠内友好细菌的数量在我们步入 55 岁后开始大幅减少，结果使得人体消化功能下降，肠道疾病风险增大。随着年龄增大，胃、肝、胰腺、小肠的消化液流动开始下降，因此发生便秘的概率便会增大。

人到 70 岁后肝脏才会变老，肝脏似乎是体内唯一能挑战老化进程的器官，因为肝细胞的再生能力非常强大。如果不饮酒、不吸毒，或者没有患过传染病，那么一个 70 岁捐赠人的肝也可以移植给 20 岁的年轻人。

解密人体怪现象

眼皮跳与神经传导异常有关，导致眼皮的肌肉发生轻微的抽动。研究发现，全身疲劳、紧张、眼睛疲劳、营养不良、咖啡因、过度饮酒都会增加眼皮跳的发生。幸运的是，眼皮跳通常都不是大问题，可以自行缓解。

来自英国皇家医学院的研究显示，从一出生，人体的外耳廓就处于快速生长状态，一直持续至 10 岁左右，此后每年增长 0.22 毫米。其他研究还显示，耳垂自身也在不断增长中，男性的耳垂要比女性大，而由骨和软骨构成的内耳则长。

大笑之后有人会流出眼泪，专家对此尚未找到确切原因，唯一可能的解释是，哭和笑是相似的心理反应，两者都发生在强烈的情绪来临时，都会持续一段时间，都不能即"开"即"止"。人们通常会把哭和悲伤联系起来，事实上，流泪是一个非常复杂的人体反应，疼痛、悲伤甚至极度欢乐都会流泪。研究证明，笑和哭都可以缓解压力，所以当大笑之后又哭起来，这也是件幸运的事情。

切洋葱时很多人会流泪，但大部分人不知道为什么。原来，切开的洋葱会释放一种酶，产生刺激性的气体，此时大脑就会给泪腺发出信号，让它制造出更多的眼泪以冲刷掉这些气体，以免灼伤眼睛，这是人体的一种自我保护反应。美国威斯康星州麦迪逊大学园艺学教授高曼博士指出，为缓解这种不适，可以在切洋葱之前将其冷冻，因为低温可以令酶的释放速度变慢。此外，洋葱的底部含酶最多，可以最后切。

当人体感到寒冷或者害怕时，身上会起一层鸡皮疙瘩，这是因为在每根汗毛的下面都有一块小肌肉，叫作竖毛肌。当它们收缩时，就会在皮肤表面凸显一个小隆起，同时上面的汗毛也会竖起来。穿得暖和一些，让自己身处安静的环境中以及避免惊吓，都可以减少产生鸡皮疙瘩。

活动关节时，例如掰手指关节，有时会听到"嘎巴"的一声，这是因为在关节腔中存在一些起润滑作用的液体，其内溶有气体。当活动关节时，就会把这些气体从液体中挤压出来，从而发出声音。经常掰手指关节虽然不会导致关节炎，但会令握力下降，应改掉这个习惯。

人为什么有时会产生麻木感？原来，感觉异常和麻木是流向神经的血流受阻所致。如果坐姿不舒服，并且坐了很长时间，或者只是双腿交叉一种姿势坐了很长时间，这时身体的某个神经可能因受压过大，与大脑的联系被打乱，导致足部麻木。这种情况与身体局部区域因受伤或其他原因发炎，长期压迫神经产生的情况不同。

人体的"肥皂"

　　人体中有一种天然的肥皂，它担负人体内的去污、清洁作用，它叫胆汁酸。胆汁酸是一种甾类化合物，结构很庞大。当它和人体里的金属离子结合时，甾体部分可以溶解有机化合物，而羟基部分可以溶解无机化合物，并且能产生比肥皂还多的泡沫。它能把内脏、肠胃中没用的油污冲刷掉，所以胆汁酸是名副其实的人体中的"肥皂"。

　　另外，胆汁酸和由它形成的盐还能帮助人体消化器官消化脂肪。

　　新合成及再循环的胆汁酸被分泌至胆管，以防止肝内高浓度的胆汁郁积。胆汁酸的主动运输是调节胆汁酸形成及流动的一个重要因素。

　　胆汁酸的分泌也高度影响着胆固醇、磷脂、胆红素分泌入胆汁。胆汁酸主动运输所产生的渗透压导致水和电解质分泌入胆管增加，从而使胆汁流过胆管的量增加。

　　胆汁酸在胆囊中所储存的浓度是正常浓度的 5 ~ 10 倍。进餐后，胆囊在胰酶分泌素作用下发生收缩，在收缩过程中，胆囊的作用像马达，驱动肠肝循环。通常情况下，在进餐消化后 30 分钟内，十二指肠中的胆汁酸浓度会急剧升高。

人体警报装置

　　淋巴结为什么能对人体的某些疾病部位发出警报呢？这与它的功能有关。淋巴结的功能主要是通过淋巴管收集人体各部的淋巴回流，过滤淋巴液，消灭细菌，清除细胞残体和其他异物；另外淋巴系统还常成为癌转移的通路。

　　当细菌、异物或癌细胞通过淋巴结时，淋巴结内的细胞就会同它们作战。在作战过程中，淋巴结发生的变化，就构成了报警信号。

　　正常人体浅层的淋巴结像米粒一样大小，一般我们不会触及，它们质地较软，光滑且可移动，如果淋巴结出现肿大、疼痛、压痛、质地变硬或变软，与周围组织粘连，也不再像以前那样光滑，有破溃或触及波动等，那么这些就都是"淋巴结警报"。

不同部位、不同性质的淋巴结异常有不同的意义。肿大是淋巴结异常中最常见的现象。颌下淋巴结肿大多可引发口腔、面颊、咽峡扁桃体炎症或白喉、猩红热及淋巴结自身病变等；耳前淋巴结肿大，常是眼睑、颊、耳颞部发炎引起的；枕部淋巴结肿大，常常是因为头皮有了炎症；左侧锁骨上淋巴结肿大，多见于胃癌、肝癌、胰腺癌、胰体癌、结肠或直肠癌；右侧锁骨上淋巴结肿大，多见于肺癌、食道癌；腋下淋巴结肿大，常见原因为乳房、上肢等部位发炎。

人体生物钟之谜

万物之灵的人类，同样受着生命节律的支配。什么是人体生物钟？有人把人体内的生物节律形象地比喻为隐性时钟。

科学家研究证实，每个人从诞生之日直至生命终结，体内都存在多种自然节律，如体力、智力、情绪、血压、经期等，人们将这些自然节律称作生物节律或生命节奏等。

人体内存在一种决定人们睡眠和觉醒的生物种，生物钟根据大脑的指令，调节全身各种器官以 24 小时为周期发挥作用。

在日常生活中，人体的生理会发生有节律的周期性变化，如正常人的呼吸是白天快、夜里慢；体温在清晨 2 时至 6 时偏低，17 时至 18 时偏高；脉搏在早晨比较平稳；血压一天有两个高峰时段：晨起和傍晚前。人体的排尿量和尿的成分，也会随着昼夜而发生周期性变化。人体内细胞的分裂、血液成分、眼内压和瞳孔的光反射等，都有昼夜周期性变化。

通过研究和探索，科学家终于揭开了其中的奥秘，原来在人体内有自己的"时钟"，人们称它为生物钟。人体在生理上的有节律变化都与生物钟有密切关系。

人们还发现，运动员的成绩好坏也有一定的规律性。夕阳西下时，跳高运动员常能轻快地跳过较高的高度；体操运动员和举重运动员往往在晚上 19 时至 21 时感到精力特别充沛。这种兴奋状态是怎么产生的呢？科学家认为很可能与生物钟的作用分不开。

　　科学家还发现，人体的衰老也是受生物钟控制的。有人通过实验证明，在人体的细胞内有一个"钟"，规定着它们在死亡前要繁殖多少次。可见人体内的生物钟的巨大作用。

　　随着研究的深入，人们发现，不仅仅人类，微生物、植物及动物等生物中，都有生物钟存在。那么，生物钟的本质又是什么？它究竟在生物体的什么地方呢？

　　通过实验，一些科学家认为，生物钟是生物体内固有的，是生物在几百万年乃至上千万年的进化中，宇宙的自然节律在生物体基因上刻下的深深烙印，因此也是可以遗传的。生物钟还不受环境中各种因素变化的影响。

　　但也有些科学家持不同意见。他们认为，生物钟是生物体的生理功能对外界环境某种信号的反应，因此是受外力调节的。

　　生物钟到底是什么，科学家并没有统一的看法。人体的生物钟藏在哪里，是如何起作用的，也还不十分清楚。可以说，对生物钟研究的序幕才刚刚拉开，生物钟的机理仍然是个谜。

　　在未来的航天时代，如果人们远离地球，生物钟是否还能起作用？如果不起作用的话，是否会给人类带来致命的影响？这一系列奥秘都有待科学家去探索。

[史前世界什么样]

史前是人类的原始状态，

而有些史前文明遗迹却大大超越了当时的人力之所及，

就连现代科技也难以解释。

是什么力量使得史前文明高度发达？

破译史前文明之谜，就能寻找到人类发展的神秘力量，

或许能带给我们某些启示。

史前文明现象

史前人类化石的发现

考古学家在美国得克萨斯州的瑞拉克西河河床中发现了生活在 6500 万年前的恐龙的脚印，同时还发现在恐龙脚印化石旁 0.45 米的地方，有 12 块人的脚印化石，甚至有一个人的脚印叠盖在一个三趾恐龙脚印上。

把化石从中间切开，发现脚印下的截面有压缩的痕迹，这是仿制品无法做到的，显然不是假冒的。

另外，在附近同一岩层还发现人的手指化石和一把人造铁锤，有一截手柄留在铁锤的头上。这个铁锤的头部含有 96.6% 的铁、0.74% 的硫和 2.6% 的氯，这是一种非常奇异的合金，现在都不可能造出这种氯和铁化合的金属。一截残留的手柄已经变成煤，要想在短时间内变成煤，整个地层要有相当的压力，还要产生一定的热量才行。如果锤子是掉在石缝中的，由于压力和温度不够，就不存在使手柄煤化的过程。这说明岩层在变硬、固化的时候，锤子就在那儿了。

发现人造工具的岩层和恐龙足迹所在岩层是一致的，而其他岩层都没有恐龙足印和人造工具，这说明人类和恐龙的确曾生活在同一时代。

1913 年，德国科学家在坦桑尼亚峡谷发现一具完整的现代人类骨骼，它处于约 100 万年前的地层中。西班牙古生物学家在西班牙北部布尔戈斯省阿塔普埃卡山区，发现了 30 万年前的史前人类骨盆化石、股骨，以及一些石制工具。1965 年，考古学家在肯尼亚发现一件经鉴定为 400 万年前的人类上臂肱骨化石。美国加州大学的教授称，此肱骨和现代人的肱骨几乎没有任何差别。1972 年，在肯尼亚的一个湖中发现的大腿骨化石与现代人类形态十分相似，其年代是在 200 万年前。

1976 年，考古学家在坦桑尼亚北部、东非大裂谷东线，一个叫利特里的地方发现了一组与现代人特征十分类似的脚印，这些脚印印在火山灰沉积岩上，据放射性元素测定，火山灰沉积岩已有 340 万 ~ 380 万年的历史。脚印共两串，紧挨着平行地分布着，延伸了约 27 米。

这些足迹的软组织解剖特征明显不同于猿类。重力从脚后跟传导，通过脚的足弓外侧、拇指，最后传导到脚大拇指，脚大拇指是向前伸直的；而猩猩及南方古猿直立行走时，重力从脚后跟传导，但通过脚的外侧传导至脚中指，并且脚大拇指向侧面伸出。

2010 年 9 月 7 日，中科院地球环境研究所研究人员发现一具身高为 1.93 米的人类骨骼遗存，是目前发现的史前人类化石中个体最完整也是身高最高的。这具史前个子最高的人类化石是由中科院地球环境研究所祝一志研究员、陕西省考古研究所杨亚长教授共同在陕西省商南县过风楼遗址发现的。

形态学研究表明，该人骨为男性，年龄 16 ~ 18 岁，体质特征与现代南亚蒙古人种最为接近。研究人员对这一人类骨骼进行了详细的研究，结果显示该古人类生活在 4200 年前龙山文化时期，与周边出土陶器的时代可以进行良好对比。这具龙山文化晚期"小巨人"遗骸的发现，无疑为我国史前人类的体质人类学研究提供了宝贵材料。

据祝一志研究员介绍，目前还有一些疑问不能解开：

其一，由于从"小巨人"遗骸上看不出生理性病变的任何迹象，像小巨人这种身高是否属于正常？抑或是一种病理现象？

其二，小巨人年纪尚轻，但其死因尚不清楚。

其三，小巨人头骨右侧顶骨上有 3 个钻孔，显然是有意为之，但当时钻孔的真正用意是什么？他们推测当时的医生已经能够进行头部手术治疗。

2010 年，在江苏宜兴竹海深处，一个巨大的地下溶洞被发掘。截至 12 月 19 日，溶洞平行发掘延伸长度超过 200 米，并出现与主洞相连的 5 个侧向旁支洞穴。

在溶洞清淤和掘进过程中，首次发现史前骨化石以及史前人类生命活动痕迹，江苏省有关地质专家初步认为洞顶岩石的形成起码已有 3 亿年，从溶洞的平整度和延伸长度分析，国内地下溶洞罕见其例。

施工人员在距洞口约 150 米处的一个支洞洞口处发现了 20 多块骨化石，它们看上去像头盖骨、牙齿、四肢骨等。这些骨化石，外表大多呈白色；四肢骨看上去特别粗壮；牙齿表面洁白光滑，每粒牙齿宽约 4.5 厘米、高约 2 厘米。

景区管理处请无锡市考古研究所专家进行了实地考证，考古人员初步判断它们至少是 1000 万年以前的动物或人类化石，如果古洞里发现的骨化石属于大型远古动物，说明当时的溶洞空间很大。因为在几万年前的旧石器时代，人类使用的是石器，很难在野外把猎获的大型动物分割，有些动物是活着弄进古洞的。

当然，这一切均为推测，这些远古骨化石的来源是否有其他原因，要等进一步发掘后才能定论。

解密史前冰人的奥秘

史前冰人是目前为止人类发现的最早且保存最好的人类遗体，由于是在阿尔卑斯山的奥茨地区被发现的，它也被命名为奥茨。目前，奥茨被保存在意大利波尔查诺博物馆的无菌玻璃箱里。

史前冰人不仅栩栩如生地向现代人类展现了 5000 年以前的人类的相貌形体，而且还完完整整地展示了 5000 年前人类的衣着、工具、食物和药品。史前冰人的一切都充满了神秘性，比如说他是谁？他是怎么死的？他为什么是那样的姿势？他为什么出现在阿尔卑斯山上？

我们先来看看奥茨是如何被发现的。

1991 年，奥地利人赫尔穆特·西蒙和妻子在徒步攀登阿尔卑斯山时，在海拔 3210 米的避风处休息，突然发现透明的冰层下面飘浮着一具人的尸体，尸体的脸部朝下，姿势扭曲。他们认为这可能是一二十年前不幸遇难的登山者，回到旅馆后，西蒙夫妇通知旅馆的老板报了警。

而随后的挖掘发现却让科学家和奥地利政府大喜过望：这不仅仅是一具古人类的尸体，而且还是一具 5000 前的人类尸体，因为死后不久就被冰雪冷冻，冰人的皮肤毛孔仍清晰可见，科学家以发现地名奥茨为冰人命名。在挖掘奥茨的同时，考古学家还在奥茨尸体的附近发现了大量散落的衣物和器具，经鉴定这些东西都属于奥茨所有。

为了不伤害奥茨，奥地利政府动用了直升机、冷冻设备和众多科学家来搬运他，耗资 100 多万美元。从此围绕着奥茨的研究开始在世界范围内兴起，至今依然方兴未艾。

奥茨的年龄为 46 岁左右，黑色及肩长发，蓝色眼球，身高约 1.6 米，体重大概 50 千克，身体姿势扭曲，左臂顺着右肩头指向右上方。奥茨身上有多处伤痕，手上有一道严重的割伤，3 根肋骨被折断，还有肠道寄生虫和跳蚤。另外奥茨身上还有很多类似于刺青的点状图案。

奥茨身上的衣物是迄今为止发现最早、保存最完整的新石器时代的衣服，包括一顶帽子、三层衣服和一双靴子。奥茨的帽子是由熊皮经缝纫而成的，帽子两侧还有两片应该是下巴托的皮带。

奥茨最外层的衣服是一件草编斗篷，类似于我国古代的雨蓑，系在脖子上，长度及膝。草编斗篷的内部是一件鹿皮斗篷，没有袖子，毛皮朝向内侧，据推测，在热的时候这件斗篷还可以把毛皮朝向外面穿。

奥茨没有穿裤子，而是穿了两个毛皮护腿，从脚腕遮盖到大腿部，比较宽松，利于活动。一大片围裙状的鹿皮缠在腰上，盖住要害部位，长度到膝部。奥茨的靴子引起了研究者的较大兴趣，它具有很好的保暖和保护性，在高山上还能防水。底部较宽，说明是专门在雪地行走用的。鞋底用熊皮制成，鞋面则是鹿皮制成，鞋底部塞满了草以便保暖。

奥茨身上携带的器具对于研究新石器时代人类的技术水平有很大的价值。他身上携带的物品包括一把铜斧、一把未完工的大弓、一个盛满了箭的箭袋、一把匕首、一串干蘑菇和一个登山背包，还有一个贴身杂物袋，里面盛有燧石等 3 个打火用具、一把骨锥和一条火绒。奥茨身上最令人吃惊的莫过于那把铜斧，因为科学家们一直以为人类在 4000 年前才掌握这样的熔炉及成型技术。据推测这把铜斧应该是奥茨的武器。

奥茨的弓也引起了研究者极大的兴趣，它是用紫杉木制成的，比奥茨自己还要高，但是令人感到奇怪的是，这把弓并没有完工，还不能使用。奥茨的箭长一米左右，质量很轻且制作非常精美，箭竿上的羽毛呈螺旋状，使得箭射出后在空中可以旋转前进。

奥茨的匕首就像瑞士军刀的雏形，它的横截面是三角形的，匕首上的残余物显示匕首曾用来刮过动物的皮毛和草。另外，匕首上还有另外两个人的血迹。奥茨的登山包呈 U 形，由两块松木短板和一根榛木棒组成，用草编的绳子背在背上。

科学家通过对奥茨的肠道检查发现，奥茨死前的最后一餐包括鹿肉、山羊肉、蔬菜和谷物。另外在奥茨的胃中还发现了 6 种苔藓碎片，其中包括一种有止血作用的泥炭藓。科学家认为，可能是奥茨受伤时用来疗伤用的，直至今天还有医生用苔藓代替药物。奥茨胃中还有一种苔藓，科学家认为可能是奥茨用来包裹食物的。不过，科学家还不知道为什么奥茨会吃另外4种苔藓。科学家认为，奥茨身上携带的干蘑菇应该是他用来治疗寄生虫的药物。蘑菇里含有抗生素，有杀菌作用，可以当作药物使用。不过有时蘑菇还会使人产生幻觉，因此这些蘑菇也可能是被奥茨当成兴奋药物使用的。

奥茨身上有很多类似于刺青的点状痕迹，都在穴位附近，科学家认为这应该是针灸痕迹，用来缓解奥茨的关节炎症状，奥茨贴身杂物袋里的骨锥有可能就是针灸用的针。针灸是古代我国流行的一种医疗技术，而5000年前的人类奥茨就懂得针灸，这让科学家们感到惊异。

通过奥茨所拥有的衣饰行装以及食品药物，科学家推测他应该是当时拥有社会地位的人，那么奥茨有没有后代呢？当今世界还有没有奥茨的血脉流传下来呢？

2006年，科学家曾试图用从奥茨小肠中提取的DNA线粒体检测寻找奥茨的后代。检测结果显示，奥茨属于K_1血统，大约8%现代欧洲人属于K单倍型类群，意味着他们有相同的女性先祖。K单倍型类群被划分成K_1和K_2血统。2006年以前对现代欧洲人的研究已识别出K_1血统下的3个分支，但是奥茨的线粒体跟K_1血统的3个分支都不符合，因此科学家认为奥茨属于史前时期的K_1的一个未知分支，但是现在这个族群已经不存在了。

基因血统是会随着时间改变的，线粒体的DNA并非从母亲到孩子一代代遗传的基因序列，因为孩子对于父母的基因是随机选择性继承的，也就是基因漂变，所以很多血统分支最终可能会灭绝。

不过，研究者托罗尼说："奥茨属于已经绝种或非常罕见的K_1第四分支的可能性极小。"他认为更可能是冰人奥茨的某种基因突变，清除了当前用于辨别K_1分支成员的唯一基因标记。

研究人员已经开始从奥茨骨盆的骨骼里面提取DNA进行研究，有了全基因组图谱，就会有更多机会解开奥茨的身世之谜。

既然奥茨是被奥地利人西蒙夫妇发现，好像情理之中，奥茨应该属于奥地利，但不幸的是，奥茨是在阿尔卑斯山上奥地利和意大利的分界线附近发现的，经实地考证此地属于意大利国境，离奥地利国境仅100多米，因此意大利决定要回自己的文化遗产。

不过，联合国教科文组织也有规定"在遗产所属国允许的情况下，进行科考活动的考古学家首先发现的遗产可以归本国所有"，但是显然意大利不承认他们允许这种考察活动。

最后，双方经过激烈的争执后达成协议，将奥茨保存在它的发现地——意大利南提洛尔自治省的考古博物馆里。不过，奥地利因斯布鲁克大学的科学家们可以对其进行研究与维护。

科学家对冰人奥茨的死因进行了多种猜想，但这些猜想都不能证实奥茨的真正死因。其中比较有名的猜想有如下几种：

猜想一：奥茨在跋涉途中遭遇了突如其来的暴风雪，也许是某种疾病或伤痛使他耗尽了体力。虚弱无力的他坠入睡梦之中，再也没有醒来。这种说法基于冰人的身体没有被野兽侵犯的痕迹，所以他们推断他的身体很快就被落雪覆盖，否则早就成为野兽的囊中之物了。

猜想二：奥茨在战斗中受伤，或登山中摔倒之后，被冻而死。经 X 光扫描显示，冰人右肋有骨折点。搏斗导致肋骨骨折，抑或从高处坠落，他是直接因伤致死，还是死后骨折，答案不得而知。

猜想三：奥茨实为一名祭司，从事降灾祈福。一般而言，祭司需到高山上，接近神灵的地方主持祭祀，而奥茨身上诡秘的文身、白色大理石珠、皮革流苏，都可以支持这一观点。据文献记载，光滑或精饰的石头在远古时期具有特殊的神力。

随着研究的进行，猜想一一被推翻。研究者在冰人的直肠中发现了角树花粉，花粉的保存难以置信的完好，这说明花粉是在植物初开花时被摄入奥茨体内的。当地的角树花期是每年 3 ~ 6 月，由此推论，奥茨应逝于春末夏初，遭遇暴风雪的理论不攻自破。

随后进行的 X 光射线检测表明，冰人右肋的骨折并非发生在其生前，而是死后在重压之下变形所致。猜想二遂被推翻。2001 年，由于研究人员在奥茨的左肩发现一个箭头，手掌和胸部有擦破的伤口，猜想三也被推翻。真相越来越扑朔迷离，冰人的死因成为难解之谜。

1 亿多年前的蜘蛛化石

2011 年，美国古生物学家在中国内蒙古境内发现了迄今最大型的史前蜘蛛化石。据古生物学家介绍，这一史前蜘蛛化石保存极为完好，蜘蛛大约生活于 1.65 亿年前的侏罗纪时代，当时正是恐龙主宰地球的年代。

目前，专家已经识别出这只蜘蛛的确切属类，甚至还可以辨别出这是一只成年雌性蜘蛛。研究人员将这种大蜘蛛命名为"侏罗纪蜘蛛"，这也是迄今发现的最大型史前蜘蛛化石。这只蜘蛛与现代的蜘蛛后裔体形大小相当，身体长 0.025 米、宽约 0.0125 米。它生活于我国北方的森林中，当时当地的气候比现在要温暖得多。

大蜘蛛是一种巨型蜘蛛，目前还生活于地球上，这一发现意味着大蜘蛛应该是人类已知跨越最长年代的蜘蛛种类。

雌性大蜘蛛是如今存在于地球上的最大型织网蜘蛛，身长可达 0.05 米，腿部跨度可达 0.015 米，雄性的体形则相对较小。它们中的雌性可以织出与众不同的蛛网，蛛网宽度可达 1.5 米，蛛丝呈金黄色，在阳光下像黄金一样闪闪发光。

古生物学家通过对这只蜘蛛进行微观检验发现，蜘蛛腿部末端像刷子一样的长毛清晰可见，这些都是大蜘蛛的显著特征。这一蜘蛛化石的挖掘发现了许多史前动物的化石，如火蜥蜴、小型原始哺乳动物、昆虫和水生甲壳类动物等。在侏罗纪时期，这个化石层位于一个火山区的湖泊中。这一时期的蜘蛛化石非常罕见，因为蜘蛛类节肢动物脆弱的身体在地质变迁过程中极易被破坏。这只史前蜘蛛化石的形成过程极有可能是这样的：在一次火山喷发过程中，蜘蛛的身体瞬间被火山灰掩埋，因此它才不会腐烂，从而保存完好至今。

2004 年，英国研究人员在英联邦赫里福郡附近进行考古研究时，在地质年代为志留纪的火山灰岩层中，意外发现了距今已有 4.25 亿年的海蜘蛛化石遗迹。海蜘蛛是一种软体节肢动物，到目前为止在世界各地海域中仍有广泛分布。海蜘蛛的形态非常奇特，它有一个长长的鼻子和一个额外用来交配、孵卵的分支翼结构。由于这种生物肢体构造结构特殊，近两个世纪以来，科学界对海蜘蛛与陆地蜘蛛、蝎子等昆虫之间是否有直接生物进化关联一直争论不休。从以往发现的化石记录来看，这些物种的生理构造精细、自然肢体结构脆弱，很难看出它们之间的进化关联信息。

美国耶鲁大学生态学院的地质学及地球物理学教授德里克·布里基斯称：此次找到的化石应该是迄今为止所发现年代最早的远古成年海蜘蛛化石样本，其中还完整保存着大量极具科研价值的信息。在 4 亿年前的一次火山爆发过程中，火山灰烬将当地的海洋生物包裹了起来，大量远古生物就像被迅速装进混凝土浇筑模型中一样。火山灰中的空穴部分后来被碳酸盐物质填充密封，这才使得其中的生物被完好保存至今。

藏在琥珀中的动物

　　古生物学家在一个有 1 亿年历史的琥珀中发现了哺乳动物的毛发。由于琥珀中这些毛发被完整地保存下来，在显微镜下，毛发内部结构清晰可见。尽管此前曾发现过更古老的平面古生物毛发化石，不过这一发现是已知的最古老的立体毛发标本。

　　这一琥珀是 2010 年在法国南部夏朗德省发现的，科学家在琥珀中还发现了苍蝇的蛹。保存在琥珀中的哺乳动物毛发同今天的哺乳动物毛发非常相似，这表明哺乳动物的毛发结构和形状在很长的时间段内并未发生过改变。一位发现了这些保存在琥珀中的哺乳动物毛发的科学家说："我们发现的最早的平面毛发印迹是在侏罗纪中期。"侏罗纪从 2 亿年前至 1.45 亿年前，随后是白垩纪，白垩纪一直持续至 6500 万年前。

　　这位科学家说："我们的标本是已知最古老的哺乳动物毛发标本，我们可以通过它来研究古生物毛发的表皮结构。"科研人员将这一发现发表在一本杂志上。

　　科研人员研究发现，其中一个毛发片段 0.0024 米长，0.000032 ~ 0.000048 米粗；而另一个毛发片段长 0.0006 米，0.000049 ~ 0.000078 米粗。通过对这些毛发的仔细分析，科学家发现它们的表皮结构同今天的哺乳动物毛发的表皮结构非常相似。

　　科学家认为，拥有这种毛发的哺乳动物应该只有老鼠大小，因为在 1 亿年前的白垩纪中期，哺乳动物形体都很小，其种类并不多。不过这种动物的身份无法确定，它可能是一种普通哺乳动物或有袋类哺乳动物，后者的胚胎会在保育袋内发育，比如今天的袋鼠就是此类动物。在发现琥珀的地层上部还发现了一种史前有袋类动物的 4 颗牙齿，科学家说："一种假设是这些毛发属于这种有袋类动物或者和它相近的物种。"

　　这些毛发是如何被保存在琥珀中的？科研人员提出了三种可能性：一种可能是，这一琥珀包裹住一只史前哺乳动物尸体的一部分，琥珀中还有苍蝇蛹能够支持这一观点；第二种可能是，苍蝇在这只动物死尸上产下了卵，或者是一种树生动物物种被树脂粘下毛发，并保存起来；还有一种可能是，这种史前哺乳动物来吃昆虫，结果毛发被粘在树脂上，并封存至今。

科学家说，发现琥珀的地方 1 亿年前的气候是亚热带气候，当时到处是针叶树林，树脂经常会从树上掉下来，包裹住一些动植物，经过岁月的洗礼，最终变成了琥珀。

2009 年，科学家在缅甸胡康河谷的一座矿山中发现一块 9700 万年至 1.1 亿年前的琥珀，其中包裹着一只长相奇特的远古苍蝇。它的头上长有 1 个角并且生有 5 只眼睛，其中有一对巨大的复眼，与今天的很多昆虫类似。研究人员表示，当时胶黏的树液滴落到这只苍蝇身上，使其生动逼真的细节特征得以保存而后逐渐硬化。

这种新发现的物种能够让科学家更好地了解古代生态系统以及动物居民的细节。这种苍蝇被称为独角蝇，其他一些怪异特征包括 S 形节状触角、异乎寻常的长腿以及退化的颚。长腿可帮助它们在花朵上爬行，退化的颚则导致它们只能啃咬非常小的食物颗粒。在独角蝇腿上发现的花粉粒说明这种昆虫主要以花朵为食。

在恐龙仍旧生存的时代，独角蝇的这种怪异可能有其合理的一面。研究人员说："那是一个白垩纪初期即将结束的时代，当时大量进化适应正在上演。角和多只眼睛让这种昆虫在非常微小的花朵上能获得一种优势，但随着体积更大的花出现，这种优势不复存在，它们也因此走向灭绝。独角蝇是白垩纪时期的古怪动物之一，它们显然在进化道路上走进了死胡同。"

2008 年，在英国肯特郡，一名业余动物化石收集爱好者——37 岁的科林伍德在一块琥珀中意外发现了一只非常罕见的史前盲蜘蛛，距今至少已有 4000 万年的历史。他是在一块两英镑硬币大小的琥珀中看到这只蜘蛛的，并马上意识到这个发现不同寻常。随后他就通知了英国自然历史博物馆。

博物馆化石专家安德鲁·罗斯说，这个发现非常惊人。英国自然历史博物馆保存着 5000 多块琥珀，其中很多都有昆虫包裹在里面。科林伍德把这块琥珀捐赠给该博物馆以对其具体年代进行精确鉴定。对了解人类从未见过的远古世界至关重要的一个原因是大部分化石都是 2D 结构，而琥珀是 3D 结构，即使是动物最细小的刚毛也能清楚看到。

发现的最罕见的一个琥珀，里面是一整枝花。琥珀及其内含物不仅漂亮，而且对研究过去的生命至关重要，是通向过去的一扇窗户。琥珀为科学家和公众提供了一些线索，使他们能够更好地了解人类出现的早期世界及其之前的世界。

石头里的青蛙之谜

1733 年 5 月，建筑师约翰·格罗贝里去瑞典万林格博的采石场视察时，两名工人告诉他一个令人吃惊的消息。在开采位于地下 3 米多深的大块砂岩时，其中一个工人发现在刚刚砸开的一块大石头中有一只大青蛙。

格罗贝里跟着他们下到了采石场，眼前的景象令他大为震惊。

最靠近青蛙身体的岩石有一部分非常疏松并且是多孔的，已被敲击的力量震破，印在上面的青蛙的身体轮廓也被毁坏了。那只青蛙处于昏睡状态，嘴巴上有一层黄色的薄膜。建筑师对神秘青蛙研究了一会儿后，因为疏忽，那只青蛙被那个采石工用铁铲打死了。

下午，格罗贝里把这只青蛙的尸体带给斯德哥尔摩的一些学者进行研究。后来这一发现被登在了《学会会刊》上，并且激发了洞中青蛙版画的产生，画中呈现了发现青蛙的采石场景象。

之后，格罗贝里先生关于青蛙的文章被翻译成德语、荷兰语、法语和拉丁语，引起了欧洲学者对掩埋着的蟾蜍和青蛙的极大兴趣。事实上，在此之前就已有类似事情发现了。

罗伯特·波尔蒂教授是牛津大学阿什莫尔博物馆的第一个负责人，他在《斯坦福自然史》一文中阐述了"洞中蟾蜍"的案例，这种现象在不列颠群岛已被广泛知晓。其中一个是关于路中间给路人歇脚的大型石灰岩，人们一直对从石头里发出的叫声感到疑惑，最后决定把它破开。波尔蒂教授说："在敲开的石头中发现了一只和人的拳头一般大小的蟾蜍，它像是被困多年，现在才被释放到大空间里成长一样，行动起来富有生机。"

另外，书中记载了另一个更令人震惊的信息，教堂塔顶的一块石头掉下来砸碎后，一只活生生的蟾蜍跳了出来，但这只蟾蜍在呼吸到空气后就死了。

1862 年秋天，万国博览会在伦敦克伦威尔路开幕。一个展区陈列着来自英格兰和威尔士矿区的地矿标本，其中有一块从昆提勒瑞煤矿开采来的大煤块。当这个大煤块被劈成两半时，人们发现里面有一只活青蛙。参观者们都丢下那些地质标本，来看这只来自威尔士的"煤中之蛙"。1865 年，《科学美国人》杂志上的一篇文章描述了一位名叫摩西·盖恩斯的银矿工人从一块直径为 0.6 米的石头中发现了一只蟾蜍。

文章写道："那只蟾蜍体长 0.07 米，长得很胖，它的眼睛约有一美分银币那么大，比我们日常所见的体型相仿的蟾蜍的眼睛要大很多，人们试着用小棍儿碰它，想让它蹦一下，可它却完全不予理睬。"

1876 年，南非的《埃腾哈赫时报》报道了一些伐木工人的经历：他们在把一棵树锯成木板时，在树干的深处发现了一个洞，里面有 68 只小蟾蜍，每只的个头和葡萄差不多。它们呈淡棕色，接近黄色，非常健康，若无其事地四处蹦来蹦去，包围着它们的则是结实的黄色木头。

1770 年 9 月，法国勒兰希市堡垒的石墙里也发现了一只活蟾蜍，这引起了人们对掩埋的蟾蜍之谜的更大兴趣。

法国科学院的雷诺先生把石洞里的蟾蜍描述成是自然史上最令人迷惑的谜团之一，并敦促他的院士全力解决这个使自然学家困惑的谜团。

于是很多关于洞中蟾蜍的实验开始了。他们把一只蟾蜍放在一个用石膏或砂浆密封的花盆中，然后埋在花园里，过了一段时间后，把花盆挖出来放出蟾蜍，看看动物是否还活着。动物学家的实验表明即使蟾蜍在密封的花盆里待 20 年，在打开花盆时它仍可以充满活力地跳出来。

实验得出的结论是在没有食物和水的小洞里，蟾蜍能够长生不死，但是它们为何能生存下来还是个待解之谜。发现这些动物的人几乎一致表示，没有任何小洞、裂门或缝隙能让它们进入这些事物内部的囊穴。并且，洞穴的大小总是刚好能容纳身处其中的动物，有些洞穴壁上甚至还留有该动物的印痕，就像这些事物是浇铸在它们身上一样。

人们对这种不可思议的现象难以解释。它们靠什么存活？在石穴里如何活动？地质学家说石块在数千年前就已经形成，那它们该有多少岁了？许多类似的问题仍有待解答。

已经灭绝的史前动物

生物的进化是一个很复杂的过程，无不经历了由简单到复杂、由水生到陆生、由低等到高等这样一个漫长的演化过程。但是这个进化过程并不是一帆风顺、直线上升的，而是曲折地螺旋式上升的，它的每个循环在生物史上都是一次飞跃。

在漫长的历史长河中，所有的动物都会随时间的改变而发生变化，而这种变化是一个非常缓慢而又渐进的过程，这在生物学上就叫作进化。

而今，许多动物都不复存在了，因为它们的后代在自然条件的影响下经常发生变异，适应自然条件的动物可以生存、发展，而不适应自然条件的动物则被淘汰，这种适者生存的过程就叫作自然选择。那些被淘汰的动物的遗体在大自然环境的作用下，以石头的形式保存下来，就形成了化石。现在，化石成了科学家研究古生物的主要依据。地球上最初的动物都是生活在海洋里的原生动物。到距今 6 亿年前才出现水母、珊瑚和蠕虫等软体动物。又经过无数年的进化，海洋中才出现鱼类。

大约距今 3.6 亿年前，两栖动物才首次登上陆地，进而有了爬行动物。又过了约 1 亿年，恐龙才出现，地球上呈现出最繁荣的景象。至第三纪时，地球上的物种丰富起来，与现代的物种差不多。到了第四纪时，原始人类出现了，他们聪明能干，不仅会用语言交流思想感情，还会使用和制造工具。

地球的历史至少有 46 亿年了，而人类的历史只是其中的一小段，在人类出现以前的那段时间即史前时期，地球上有些什么动物呢？为什么曾一度称霸海洋的三叶虫会突然销声匿迹？为什么曾称霸陆地的恐龙也会突然灭绝？这都是未解之谜。

怪诞虫与欧巴宾海蝎一样，生活于大约 5.3 亿年前的海洋之中，最早发现于加拿大，是寒武纪最著名的动物。怪诞虫属于叶足动物门，头很大，躯干背侧具有 7 对斜向上生长的强壮的长刺。由于其长相怪异，科学家们无法确定它们究竟哪一端是头哪一端是尾。它们长有 7 对脊骨，体形像虫子，身体顶部有 7 根带叉的触角。长有球状物的一端看起来像头部，但没有发现眼睛和嘴巴。身体另一端长有一根长长的管子并卷曲于背部之上，可能是嘴巴或肛门。

大陆鲨化石最早出现在二叠纪早期，是生活于中等水深中的肉食性动物。大陆鲨的前齿形成一个螺旋，约有 180 多颗，每个单齿由根部上直立的三角形组成。这个动物的牙齿和下颚是连接着的，它有很多牙齿，也在不断地更换牙齿。体长有 3 ~ 4.5 米。

三叶虫最初出现在寒武纪初期，当时居海洋的统治地位，但到了中生代时已完全灭绝，现在我们只能看到它们的化石。三叶虫的样子奇特，身体分成头、胸、腹三部分。贝壳则有 3 个叶体，两叶位于纵向轴叶的每一侧，因此被称为"三叶虫"。

甲胄鱼是最古老的脊椎动物，生活在距今4亿多年到5亿多年的古生代时期。它们中的大多数身体前段包着坚硬的骨质甲胄，形似鱼类，但没有成对的鳍，活动能力很差。

猛犸象生活在距今20万～1万年前的第四纪冰川地区外缘的冻土苔原地带，它们是适应寒冷气候的动物，全身覆盖着暗褐色的毛。

始祖鸟生活在距今1.44亿年前，科学家从化石上看到始祖鸟有清晰的羽毛印痕，而且分为初级和次级飞羽，还有尾羽。它们的前肢进化成飞行的翅膀，后足有4个趾，3前1后，这些特征都与现代鸟类相似。

石爪兽生活在1200万年前，体形与现代的马差不多，脚上有爪，形状像石块，所以称为石爪兽。

2011年11月15日，贵州省务川自治县大坪镇甘禾村鹿池头组村民田秋强在挖地基放炮时，炸开一个深约3米的大洞。出于好奇，两村民用梯子下到溶洞中，只见该洞属于典型的喀斯特地貌，洞深约300米，到处是晶莹剔透的石头，像牙齿，但已明显石化，白得有点像瓷器。两村民在洞中继续寻找，又发现一大块牙齿化石，这块化石都由成排的牙齿组成，化石长约20厘米、宽约10厘米、重约500克。他们还发现了一些头骨一样的东西和几块已钙化的小块古生物化石。

随后，这两名村民向务川自治县文物保护中心报告了此事。11月23日上午，县文物保护中心工作人员实地考察后，判断这些化石属于大型古生物化石。考察人员还从洞里找到了几枚牙齿、腓骨和一些骨头碎片。

务川自治县是仡佬族聚居地，2004年贵州省考古专家在务川自治县发现了丰乐院子等史前文化遗址，估计遗址文化为旧石器晚期——新石器时期，距今1万年左右。该遗址的发现，填补了黔北地区史前人类活动的历史，这也说明在务川这片土地上，古人类早有活动。

古生物学家在美国怀俄明州发现了"史前巨蚁"的化石，体型像蜂鸟一样大，推断约出现在5000万年前，应在地球较为温暖时，穿越陆桥，来回于北美及欧洲之间。

西蒙弗雷泽大学的研究人员表示，这是第一次出土如此完整的史前巨蚁化石。他们认为，这个化石来自怀俄明州一个很有名的考古地点——绿河组。当时他们一眼就看出这个化石的不寻常之处，身长0.05米，除了体积惊人以外，也与曾在史前德国一带出没的巨蚁类似。而最令他们百思不得其解的是，这史前巨蚁为何在大西洋的两端消失了？

科学家表示，体型巨大的蚂蚁多在气候炎热的地方出没，而这史前巨蚁生活在"始新世"时期的初期，当时各大陆彼此间的距离较近，海平面也低，甚至可以穿越北极，从加拿大多伦多走到伦敦。当时的北极不如今日如此寒冷，最冷月份的气温也不过8摄氏度左右，此温度不至于让蚂蚁冷死，因此研究人员推断，史前巨蚁应是在这段时间里"跋涉"于两大陆之间，不过研究人员仍不确定史前巨蚁到底是起源于欧洲还是北美。

古怪之城未解之谜

在过去很长一段时间里，位于幼发拉底河和底格里斯河之间的美索不达米亚，被认为是世界上最早的城市发源地。4000年前，苏美尔人来到这里定居，并建立了吾珥、乌鲁克、伊里都、拉格西、尼普尔及其他城市。然而，在20世纪50年代，《圣经》所记载的耶利哥古城被发掘出来，考古学家惊异地发现这是一座有9000年历史的古城。此后，陆续又有其他史前城市遗址被发掘。

1961年，英国考古学会安卡拉分会另一位考古学家梅拉特在土耳其发掘出另一个远古城市，即沙塔胡克，其年代为公元前6250年，也就是说它也有将近9000年的历史。这是考古史上的又一次重大发现，它震惊了世界考古界。

这两座有着9000年历史的古城属于新石器时代，它们的相继发现打乱了原来的历史，推翻了关于世界上最早的城市始于苏美尔人的观点。这两座远古城市遗址中出现的众多谜团已引起人们的极大兴趣，其中沙塔胡克尤为重要。虽然到目前为止，这座城市的遗址只有部分出土，但它已经成了考古资料的丰硕宝库。

沙塔胡克古城遗址地处土耳其平原中央，海拔900余米，长达470米，由于只有一部分出土，很难计算出原城的大小。据专家推测，这个面积宽广、人口比较稠密的城市或许会有6000～10000人。

若与苏美尔人建造的那些占地数百亩、居民数万人的城市相比，这些新石器时代的城市相对较小，然而其建筑技巧却很独特，与以前出土的古代城市几乎完全不同，其城市布局、市民交往方式、城市交通等都为后人留下了千古之谜。

几千年来，世界上所有的城市在城外都建有护城墙，城内建有街道，这是最基本的城市布局。然而，沙塔胡克城的面貌截然不同，既没有城墙，也没有街道，只有建造在一起的一堆房子，屋屋相连，唯一的进出口是房顶上方的开口。所有的房子都是平顶的，居民全靠平台式的房顶来往。房屋均为长方形，非常适合居民的需求。

这样的城市，有史以来在全世界所有城市中可以说是独一无二的，古代各国典籍中也都没有这样的记载。它的基本构思完全背离了人们常见的古代城市的观念，令人百思不得其解。

有的考古学家认为这是由于当地缺乏石料，有人却认为是出于安全需要。因为一旦遇到敌人来攻击，居民只要把梯子拿开，敌军就难以进入。在沙塔胡克城近千年的历史中，都没有遭受过劫掠的痕迹，大概这种布局的设计起了很大的作用。

假如是这样，这种城市布局应该很快会被其他城市效仿，为什么没有其他任何类似的古代城市呢？这样怪异的城市究竟是哪一个民族建造的？如果是当地居民，那么这种城市布局为什么没有流传下来？如果是游牧民族，那么沙塔胡克城为什么会存在近百年之久？

考古学家测定沙塔胡克城的占地面积为206亩，而现已出土的仅为18亩。城市出土的起居室已有139间，考古学家鉴定其中40间为神殿或祭室。因为这些房子比别处大，与普通房屋区别很大，房内设计不同，比一般民房讲究，带有明显的祭祀意义。

从沙塔胡克城挖掘的家庭用品显示，城里的居民已开始追求生活所能带来的享受。在这里发现的无数日常用品，其品质之佳、手工之精细可以证明这里的城市生活已带有一定程度的奢华。

从出土文物中可以看出，当时的手工业相当繁荣，特别是木器和骨雕有着相当高的水平，石器工艺也达到了新石器时代的高峰；手工匠人所用的石材原料相当广泛，有木材、绿石、燧石、水晶、碧玉等很多矿物。

沙塔胡克城的居民会制造陶器、编织羊毛，在出土物品中有最古老的衣物，保存完好，前所未见。在墓穴中埋藏的兵器和珠宝饰物、小雕饰和黑曜石造的镜子，说明他们已会使用金属。从现有的遗址中，发现有不少地中海产的贝壳，可以证明沙塔胡克城的居民曾与南面这些地区有过商业来往。

考古学家对这个城市和城市居民的生活知道得还很少很少。至于为什么这个城市到了公元前5400年被沙塔胡克人放弃使用，还有待考古学家对那些沉没地下的古迹进一步挖掘。

但这个城市的古老和怪异已引起了全世界的关注，相信在不久的将来，科学家一定会解开关于它的未解之谜。

底比斯神奇在何处

底比斯建城于4000多年前，至公元前1555年进入鼎盛期。公元前663年亚述人入侵，城毁。后又经希腊人、罗马人的蹂躏，再加上盗贼的挖掘和掠夺，珍贵文物被抢掠一空，仅剩若干搬不动的建筑物留在地上。但从残存的柱、廊、碑、墙基和墓室，也可以看出底比斯曾经显赫的历史。

底比斯是古代埃及帝国的中王朝和新王朝的国都，历代帝王辛勤经营了1000多年。城跨尼罗河两岸，东岸是"生者的乐园"，是法老居住的地方，规模壮阔，号称"百门之城"，拥有100座城门，是当时世界上最大的城市。城内布满豪华的王宫、阴森的神庙、大臣和奴隶主的府第、外国使节的宾馆、手工作坊、监狱、兵营、奴隶住的地洞、茅舍等。西岸是太阳沉落的地方——"死者的天堂"，历代帝王及其亲属、大臣葬于此，营建了连绵不绝的陵墓群，号称"国王谷"。

底比斯是一座充满神奇色彩的古城，它的兴衰是整个古埃及兴衰的一个缩影。从公元前2134年左右，埃及第十一王朝法老孟苏好代布兴建底比斯作为都城，直至公元前27年，底比斯被一场大地震彻底摧毁时为止，在2000多年的漫长岁月里，底比斯在古埃及的发展史上始终起着重要作用。

第十八王朝法老阿蒙霍特普四世大概是因为看到阿蒙神庙的祭司们不断增加的财富构成了威胁，于是决定推行宗教改革，底比斯从此衰落了20来年。

第二十一王朝以后，随着底比斯统治集团内部矛盾的不断加剧，加上爱琴海和小亚细亚一带"海上民族"的不断入侵，新王国日益衰落，底比斯的厄运便开始了。

公元前663年左右，入侵埃及的亚述军队再次火烧、洗劫了底比斯。公元前27年，一场地震又使底比斯城里仅存的一些纪念性建筑物瞬息之间倾塌无遗。至19世纪，只留下一堆废墟的底比斯成了古墓盗劫者的乐园。在现今埃及的卢克索和卡纳克一带，人们还能见到底比斯遗址的一些残垣断壁。

至公元前 2000 年左右，虽然第十二王朝的开创者门内姆哈特一世曾把首都从底比斯迁到孟菲斯附近的李斯特，但在底比斯仍然为阿蒙神继续兴建纪念性建筑物。

从公元前 1790 年至前 1600 年，古埃及王国遭到了外族喜克索斯人的入侵。喜克索斯人征服了大半个埃及，最后定都阿瓦利斯，建立了第十五王朝和第十六王朝。底比斯经历了第一次衰落。

而后，埃及人在阿赫摩斯一世的率领下，又在底比斯建立了第十七王朝，并在公元前 1580 年左右攻占了阿瓦利斯城，把喜克索斯人赶出了埃及，开创了古埃及新王国时代。

新王国时期的法老们再次选定底比斯作为埃及的宗教、政治中心。他们发动了一系列侵略战争，掠取了大量财富和战俘，并把底比斯建成当时世界上最显赫宏伟的都城。他们在东底比斯为阿蒙神和他们自己建起一座座壮观的神庙和宫殿。

底比斯在埃及古王国时期是一个并不出名也不是很大的商道中心，通往西奈半岛和彭特的水路及通往努比亚的陆路，都要经过底比斯。底比斯的兴盛是跟阿蒙神联系在一起的。法老孟苏好代布把首都定在底比斯后，又将阿蒙神奉为"诸神之王"，成了全埃及最高的神，从此开始在底比斯为阿蒙神大兴土木，底比斯在古埃及历史上的重要地位就这样被奠定了下来。

底比斯在尼罗河中游，北距开罗 700 千米，南距阿斯旺 200 千米，有铁路相连。在遗址南半部建了一座小小的城市卢克索，仅有人口 4 万人，它完全是为了底比斯的游览业而兴建的。

入夜，不断变换的各色灯光射向古址，将断廊巨柱烘托得更加雄伟瑰丽。走入古殿，各种声响频频入耳，模拟得十分逼真，再加上形象生动的解说，使人朦朦胧胧，时间犹如倒退了几千年。

自卢克索市北上，约 1 万米到达卡纳克神庙。它是底比斯城遗址上保存最完整、规模最大的建筑群，经历代帝王持续营建 500 多年而成。

全庙由 3 座大殿组成，占地 33.57 万平方米。一条平坦大道直通庙门，路两侧整齐排列着几十尊狮身羊头石像。第二殿和第三殿之间以柱廊相连，那就是埃及电影里经常出现的举世瞩目的柱厅。134 根圆柱耸入云天，高 14 ～ 24 米。中间最大的 12 根柱，需 5 人合抱，通体精美浮雕。每根柱顶的花瓣盘能站立 100 人。相传这个连柱厅是拉美西斯一世在公元前 1320 年建造的。

纵观世界已经发现的古代宗教建筑遗址，卡纳克神庙的规模无疑是最大的。它的全貌已不可能再现，但神庙中的一方石碑为它做了生动的描述：墙体用精细沙石砌成，然后通体贴金。路面涂银，所有门道镀上黄金。雕像均用上等的整块花岗岩、砂岩、彩石琢造。正殿有一个金、玉砌成的御座。庙前竖立一排纯金铸成的旗杆。人工河引来尼罗河的水，环庙而流。每当太阳升起，神庙的光芒如同太阳一样灿烂。

在卡纳克神庙以南 1000 米，有一座较小的卢克索神庙，多亏了沙子的掩埋才得以保存下来。此庙建于公元前 12 世纪，100 多年前被发掘出来，人们花了两年工夫才使它重见天日。

西岸的"国王谷"峰峰相连，悬崖相对。从第十八王朝开国国王为自己建造第一座陵墓开始，历经 500 多年，组成世界上少有的王陵群。墓穴依山开凿，高低错落，布满崖坡。后来已发现国王墓 62 座，据史载应该还有 11 座尚未被发现。墓道中常见这样的文字："你死之后，必将复生，灵不离躯体。你在人世所为，犹如一场梦。"

帝王们正是为了这些，将其坟墓建得极其豪华、神秘而又隐蔽。墓成之日，即将建陵匠人悉数处死。唯其愈诡秘，越能激发冒险家的贪欲。千百年来，盗墓活动从未停止过，"国王谷"珍宝散失殆尽。

幸运的是，1911 年发掘到一座从未被人触动过的陵墓，取出国王完好如初的尸体和数不尽的金银财宝。从出土至运往开罗博物馆，整整花了 9 年时间，那财宝该有多少啊！

而这位图坦卡蒙国王不过是名毫无作为的傀儡皇帝，这位 20 岁便夭折的末代君王，用的竟是黄金棺木、黄金面具、黄金宝座，还有殉葬财宝 2000 多件。那么，有功有势的国王，墓中宝物不是更多吗？但由于盗墓者长期的窃取，现在开罗博物馆收藏的王陵文物只不过是"国王谷"财宝沧海中的一粟而已。

除去帝王陵外，还有后妃区、大臣贵族区的墓葬群，算来也有四五百座之多。它们的规模没有王陵的大，不似王陵那样阴森僵死，而是更接近凡人的生活。墓室里的壁画充满了生活乐趣，表现了当年吃、喝、玩、乐、舞蹈、谈情说爱、家庭生活和山川田野的情景。

西岸唯一的一座大神庙名叫哈脱舍普苏庙。它的样式独一无二，紧附底比斯山冈，分为 3 层，极为雄伟。

大殿上的浮雕保存完整，其中有女王出师远征的情景和宫廷种种争端的场面。女王的装扮也非常奇特，穿男人服装，戴法老的假胡须，这一切都是为了论证哈脱舍普苏女王的合法性。她费尽心机取得王位，前后执政21年，是埃及古代历史上唯一的女王。

4000年前的漂亮城市

当莫亨朱达罗城被掩埋在泥沙、荆棘中的时候，人们都以为它只是个无足轻重的坟地，然而清理掉覆盖物，还其本来面目后，人们惊讶得说不出话来。难道4000年前能有这么漂亮的城市？莫亨朱达罗的顶部建筑早已荡然无存，但城基、房基仍保存完好，街道、水沟历历可辨。遗址总面积7.68平方千米，估计当时有人口约3.5万人。

从遗址可以看出当时的建筑是经过一番设计的。整个城市呈长方形棋盘状，全城分上城和下城。其中，上城是统治者聚居地，建在城堡上；下城是平民百姓的生活所在地，分布有商业区和住宅区，是城市的主体。

城市街道分南北两条街，东西交叉。城内有高塔、宫殿和大厅，这是供领导者阶层用的。城市周围有相应的建筑物。一些房屋内有浴室、水井和容量不小的粮食仓库，还有通风口。这些都表明了当时城市的繁荣景象。城市主街呈南北和东西十字交叉，宽9.15米。每一棋盘格是一个街区，约长366米、宽275米，其间平房、楼屋罗列，庭院错落，小巷穿插。墙壁都用烧砖砌成，以灰泥缝合。

上城是建在9.15米高的人造平台上的城堡，城内有1座高塔，一个带走廊的宫殿，一座有柱子的大厅。还有一个举世闻名的莫亨朱达罗大浴池，面积1063平方米。室内一口浴池长12米、宽7米、深2.5米，用砖砌成，密不漏水。浴池周围有排水沟、水井和相应的建筑物。考古学家认为浴室可能是举行宗教仪式用的。从出土的文物中，人们可以看到用铜、银制作的武器、塑像、首饰。红色陶器装饰着色彩鲜明的圆周图案。浅浮雕的金属印章上面刻着牛、象、虎、鳄鱼、鹿、山羊和象形文字。奇异的陶俑再现了当时的社会生活，一尊教王的塑像，头系发带，面蓄胡须；一个全身赤裸的舞女塑像，佩项链，戴手环，又腰翘首，俨然不可侵犯。

如果现代人能够破译莫亨朱达罗出土文物上的象形文字，它的千古秘密便可大白于天下了。可惜没有人能够猜出它的含意，只能对古城的兴亡作一些模棱两可的分析。有些学者推想，一些部落民族为了建立更理想的家园，5000 年以前从现在的俾路支东迁，跨越沙漠，来到印度河西岸平原定居，从此出现了印度河流域的文明。

肥沃的土地和丰足的水源产生了发达的灌溉农业，派生出植棉织布业、养羊剪毛纺织业。正是有了专业分工的工匠和商人，才有可能形成这么大的城市。据说当时的印度棉花远近闻名，巴比伦人把棉花叫作信杜，希腊人叫作信顿，都可以作为植棉业鼻祖的佐证。

莫亨朱达罗文明大约维持了 1000 年，即公元前 2500 ~ 前 1500 年，历史学称为青铜器时代。它的衰落和消失，历来持自然灾害和人为破坏两种看法，但以前者较有说服力。在公元前 1700 年前后，地球上曾经存在一个地震活跃期，许多城市都在这个时候毁灭了。

莫亨朱达罗被大地震毁坏后，继之暴雨成灾，印度河泛滥，蚊蚋成群，瘟疫流行，残城被彻底摧毁，土地不能耕作。莫亨朱达罗的幸存者不能在这里生活，于是只得背井离乡、四散逃荒，到别处另建家园。另一种说法是，莫亨朱达罗发生内乱，自相残杀，让外族有了可乘之机，在一次大规模的入侵中被摧毁了。但是，入侵者是谁呢？这种说法显然难以成立。

飘香的月亮城

在注入死海的约旦河口西北约 15 千米处的巴勒斯坦境内的埃里哈城郊，有一座低于海平面以下约 250 米的古城，这座古城正好位于耶路撒冷与安曼之间的约旦河河谷中央，这就是驰名世界的最古老城市耶利哥。耶利哥的本意是"月亮城"和"香料城"。

耶利哥地处亚热带，气候干燥，雨水稀少，由于附近苏丹泉和厄利夏泉的滋润，形成一片富饶的绿洲，从而吸引了一批又一批先民到此安家乐业，繁衍生息。

据《圣经·列王纪下》记载：耶利哥城一度水不清、土不肥。先知以利沙听后，让居民拿出一只碗，在里面盛满了盐，然后他将满满的一碗盐撒入井中。从此，耶利哥城便水清土肥了。因此有人认为，如果说埃及是受赐于尼罗河的话，那么耶利哥则是受惠于泉水的恩赐。在历史上，这里棕榈茂密，故又有"棕榈城"之称。

关于耶利哥城，据《圣经》记载，早在约书亚接替摩西成为以色列人的领袖，率领以色列人攻陷并摧毁耶利哥之前，耶利哥就已经存在了许多世纪，并且一直是一座威震迦南的名城，许多东方侵略者在它的铜墙铁壁面前都碰得头破血流，铩羽而归。

《圣经·约书亚记》生动描述了约书亚率领以色列人智取耶利哥城的过程。据载，约书亚率领以色列人从埃及辗转跋涉，到达约旦河东岸时，在什亭安营扎寨，他们举目望去，只见河对岸广阔的棕榈林中，矗立着耶利哥城的一座座碉堡和塔楼，凛然不可侵犯，约书亚久闻耶利哥城固若金汤，未敢贸然进犯。为了摸清耶利哥城的兵力和军事设施情况，他派遣两名以色列军人，乔装成迦南人，混进城中侦察敌情。

当这两个探子完成任务傍晚准备回营时，发现城门已经关闭，他们在城门附近的一家客栈求宿，那家客栈的女主人是个妓女，名叫喇合，她很机灵，一下就认出这两个人是以色列探子，尽管如此，她还是热情接待了这两位不速之客。

但事不凑巧，两名以色列探子的行踪被一位耶利哥人看见，他立即报告了耶利哥王，耶利哥王听到报告后，立即派守备队前来捉人。妓女喇合将这两名探子藏在房顶上，掩护起来，躲过了搜捕。两名探子由衷地感谢喇合的救命之恩，并起誓攻陷耶利哥城后保证喇合及其父母、兄妹的性命。因为喇合的房子紧挨着城墙，喇合帮助探子顺着绳子溜下城墙，这样他们两人才逃出了耶利哥城。两名探子平安回营后，向约书亚汇报了所了解的情况。

当天夜里，约书亚率领全体以色列军民，在耶和华上帝的神助下，脚都未湿就渡过了波涛汹涌而又浑浊的约旦河，直逼耶利哥城下，将耶利哥城团团包围起来。

约书亚的围攻战术新颖独特。每天以色列人都走出营盘，在弓箭石弹射不到的距离绕耶利哥城走一圈，一连这样搞了6天，被困在城里的耶利哥人都攀上城墙，惊恐地观看以色列人的游行队伍，由于不解其中的奥秘，心里越来越怕，担心大难临头。自从耶利哥城建成以来，从未有哪一帮侵略者的行动如此神秘莫测。

到了第七天，约书亚决定对耶利哥发起总攻。清早，他仍旧把军队领出营盘，这回以色列人绕城走了7次，前6次跟前6天一样，一声不吭。但走到第七次时，以色列人一听到号角声，就齐声呐喊，喊声震天动地，城墙随之倒塌，以色列人一拥而上，攻入城中，见人就杀，除了妓女喇合一家外，不分男女老幼，包括牲畜在内，全被斩尽杀绝。最后，以色列人抢掠了城里的金银财物，又纵火焚烧了房屋和其他建筑物，显赫一时的耶利哥城化为一片灰烬。

基于《圣经》的记载，19世纪以后，考古学家们不断涌来，探寻这座古城遗址。1867～1870年，欧洲人沃伦率先在耶路撒冷及其周围地区展开了调查发掘工作，但是一无所获。

1907～1909年，德国东方协会的厄恩斯特·塞林教授揭开了耶利哥城的发掘序幕。1930～1936年及1952～1958年，加斯唐和凯尼扬分别率领一支英国考古队发掘了这座古城遗址，揭示出从新石器时代直至《圣经·约书亚记》第六章中所描述的毁城时代为止的完整序列，其时间跨度为公元前1万年～公元前20世纪中叶。它不仅在巴勒斯坦，并且在世界历史上也算得上是屈指可数的重要遗址之一。

耶利哥城掩埋在南北长350米、东西宽150米、高21.5米的巨大人工土丘之下，经过100多年的考古发掘，虽然迄今尚未发现被以色列人摧毁的耶利哥城遗址，但是英国女考古学家凯瑟琳·凯里扬博士在1952～1958年的考古发掘过程中，发现了更为古老的城墙遗址。

经过放射性元素碳-14的测定，其最早的年代为公元前8000年，史学家认为，以色列人攻打耶利哥之役是发生在公元前1400～前1250年，因此耶利哥城在被以色列人毁灭之前至少已经存在了6500年。这一重大考古发现使全世界为之震惊和欣喜。

从公元前1万年起，人类就已经在这里定居。在遗址的最底层，考古工作者发掘出土了纳吐夫文化时期的几何形细石器、骨器等遗物，还发现了寺庙建筑遗址。专家们推测，寺庙是以狩猎和采集为主要生活来源的先民们用来祭祀泉水的建筑。

耶利哥遗址的新石器时代居住址占据了第9～17层，第9层出土有陶器，第10～17层不见陶器，俗称前陶新石器文化层。在凯尼扬博士命名的前陶新石器A层中，长眠着迄今所发现的世界上最古老的城市耶利哥，在这一层中，发现有直径5米左右的圆形竖穴居室，系由半圆锥体形状的土坯垒砌而成。城市废墟面积约4公顷，城周围有厚2米、高4米的石砌城墙，城墙最高处超过6米，用雕琢规整的石块垒成。

城墙外还发现了一条宽6米多、深2米多的大沟，类似于我国的护城壕。

城中建有直径 10 米、高 8 米以上的巨大塔楼，塔楼内设有阶梯直通顶端，类似于欧洲中世纪的城堡主垒。

考古学家推测，当时耶利哥城常住居民人口有 2000 人，他们从事农业生产，饲养牛、绵羊和猪，掌握了燧石制作工具的技术。这些居民还从事大规模土木工程建设，其组织严密程度令人称奇。

然而，繁盛一时的耶利哥城在公元前 7300 年左右突然衰落，此后与此文化系统不同的人从叙利亚一带迁来定居，形成前陶新石器 B 层遗址。新居民用晒干的扁平状土坯建筑较为规整的方形住宅，地面与墙壁抹上一层灰泥，屋内设神龛，城内新建了用于祭祀的建筑物。

最有趣的是，在这一层中发现了一具用灰泥按死者生前面貌复原的头骨，眼睛用贝壳镶嵌，耳鼻酷肖，无疑与当时居民们的祖先崇拜有关。至公元前 6000 年左右，耶利哥城再度废弃，沦为荒丘。

公元前 4500 年左右，耶利哥重现人类活动的踪影。此时，这里的居民已会制作陶器，他们居住在竖穴房屋里，具有强烈的游牧民色彩，这些生活在有陶新石器时代的先民大约逗留了 500 年，接着便远徙他乡，另觅新居。到了公元前 3000 年左右的青铜时代早期，耶利哥再度兴盛起来。这里的居民穿岩凿墓，埋葬死者，他们死后盛行多人多次合葬。此外，还筑起城墙。凯尼扬博士称之为"原始都市期"。

英国剑桥大学著名考古学家格林·丹尼尔在其代表作《考古学 150 年》中称耶利哥在这一时期才形成一座城市，与凯尼扬博士的观点略有出入。但不管怎样，居民们用干土坯垒砌的城墙在地震和外敌的攻击下，屡废屡兴，最终被阿摩利人的一把大火焚毁殆尽。

这场浩劫后，耶利哥沦为尚未开化的阿摩利人的宿营地。公元前 1900 年左右，又一支来自叙利亚的民族占据了这座城市，重建耶利哥城，耶利哥进入中期青铜时代，这是耶利哥最繁荣的时期，城市高度发展，并成为重要的贸易中心。耶利哥城居民南与埃及人、北与赫梯人、东与美索不达米亚城邦、西与迈锡尼人进行交往，其富饶状况集中反映在这一时期岩穴墓中随葬品的种类和数量上。地下出土遗物表明，随葬品种类多，数量大，有食物、家具、装饰品、陶器、雪花石膏制的容器、小木箱及放置食物的桌子等。

公元前 1560 年前后，从埃及远道而来的喜克索斯人攻入耶利哥，混乱中，城市毁于大火，化为焦土。前述《圣经》里记载的约书亚率领以色列人攻占并摧毁耶利哥城，如果这是史实的话，在年代上应当属于这一时期，遗憾的是考古调查和发掘并未能提供任何证据。

按历史学家的看法，如果以色列人攻入耶利哥城是在公元前 1400 ~ 前 1250 年的话，那么早在以色列人进入迦南之前的 150 年，也就是公元前 1560 年左右，耶利哥城已是残垣颓壁、满目荒凉了，根本不可能存在以色列人攻陷和血洗耶利哥城的悲壮场面。因此，史学家们普遍认为，《圣经》的这一段记载纯属虚构。

耶利哥城的重见天日揭开了人类城市发展史的新篇章，它将人类城市的起源从公元前 5000 年提早至公元前 8000 年，整整提前了 3000 年。随着考古调查的进展，我们相信，在世界上许多地方，不管是海底还是陆上，不管是低谷还是山丘，都有可能埋藏着比耶利哥更早的城市，而这些未来的发现正有待后继者去发掘。

史前文明探索

三叶虫上的足迹是谁的

1968 年的夏天，一位美国化石专家在位于犹他州附近以三叶虫化石闻名的羚羊泉敲开了一片化石。这一敲不但松动了 100 多年以来现代人类所笃信的进化论，更替人类发展史研究敲开了另一扇门。

这位名叫威廉·米斯特的美国人在敲开这片化石之后，赫然发现一个完整的鞋印就踩在一只三叶虫上，这个鞋印长约 0.26 米、宽 0.089 米。从鞋印后跟部分下凹 0.015 米来看，这应该是一双与现代人类所穿的便鞋类似的鞋子，也就是说这只鞋子的主人是生活在一个有一定文明的环境中的。令人纳闷的是，三叶虫是一种生长于 6 亿年前至 2 亿年前的生物，换句话说，在这久远的历史时期之前，是不是有着和我们一样的人类文明存在？

早在 19 世纪，1822 年的《美国科学杂志》卷五上，清楚地描述了法国探险家在圣路易南的密西西比河沿岸所发现的一连串脚印，每一个脚印都清晰地显示了人类脚掌底部的肌肉曲线。

就在同一地点，还发现一道很深的压痕，长 0.6 米、深 0.3 米，似乎是由卷轴或纸卷筒所形成的，而这两个遗迹都存在于距今 3.45 亿年前的密西西比纪石灰石上。这样的考古发现告诉我们，在上亿年前除了有人类存在的可能性之外，当时的人们很可能也具有造纸技术等文明。

1927 年，一位美国地质学家在美国内华达州的一个峡谷内，发现一块带鞋印的化石。这个化石是鞋跟离开地面时所带起的泥土造成的，鞋印保存得特别好，并且这块化石的年代可以追溯至 2.25 亿年前的三叠纪石灰石。不过当近期科学家以显微摄影重现这个遗迹时，才发现鞋跟的皮革是由双线缝合而成，两线平行延伸，而这样的制鞋技术在 1927 年是没有的。

加州奥克兰考古博物馆荣誉馆长针对这个化石下了这样的结论："地球上今天的人类尚不能缝制那样的鞋。面对这样的证据，即在类人猿尚未开化的亿万年前，地球上已存在具有高度智慧的人……"

我国著名化石专家海涛在新疆的红山也发现了奇特的类似人类鞋印的化石，距今约 2.7 亿年。鞋印的印迹全长 0.26 米，前宽后窄，并有双重缝印。鞋印左侧较右侧清晰，印迹凹陷，内呈中间浅两端深，形态酷似人类左脚鞋印。由于这个脚印与美国峡谷发现的相似，被人称为新疆的"奥帕茨之谜"，意为不符合那一地层时代的出土物。这种奥帕茨现象预示着地球上生命、文明演化轮回可能性的存在。

1970 年，在美国俄克拉荷马州的克里佐山谷发现了 1.55 亿年至 1 亿年前的恐龙足迹，奇怪的是，在恐龙足迹旁发现了人的鞋印，其中一个鞋印前后距离长达 0.508 米，左右宽约 0.23 米。这样大的脚印在其他地方也被发现过，如美国弗吉尼亚州发现的长 0.36 米的脚印及在堪萨斯州巴克斯塔矿区砂岩中发现的长约 0.9 米的巨型足迹等。这些脚印的尺寸都远大于现代人的脚印，并且年代都在 1 亿年之前。

这几个脚印化石一下子把人类存在的可能性拉到上亿年前，强力地撼动了进化论的框架。不过更令科学界感到讶异的是，一些有上亿年历史的科技产物的出土，向我们透露了当时人们丰富的生活经验。

早在 1968 年 7 月，地质学名家伯狄克博士前往羚羊泉考察，也发现了一个小孩的脚印。1968 年 8 月又在含有三叶虫化石的同一块岩石中发现了两个穿鞋子的人类足迹。

人类的这些发现是对传统地质学的重大挑战。犹他州大学地球科学博物科学家说，那时候地球上没有人类，也没有可以造成近似人类脚印的猴子、熊或大懒兽，那么，在连脊椎动物也未演化出来之前，有什么似人的动物会在这个星球上行走呢？我们期待谜底的揭晓。

2005 年 7 月，英国利物浦约翰·摩斯大学的地质考古学家西尔维亚·冈扎利兹和同事宣布，在墨西哥中部火山岩中发现的 269 个化石脚印是 4 万年前的原始人和动物所留下来的。

这些原始人脚印是在墨西哥城东南部塞罗·托路奎拉火山附近的一个废弃采石场底部发现的，以冈扎利兹为首的英国专家小组花了近两年时间来测定这些脚印的年代。

英国科学家的说法在科学界引发了激烈的争议，因为根据传统理论，原始人类是在大约 1.1 万年前经过白令陆桥抵达美洲大陆的，英国科学家的发现证明事实上原始人抵达美洲的时间比以前想象的还要早至少 3 万年。

美国伯克利市加利福尼亚大学地质考古学家保罗·里尼曾在《自然》杂志上发表文章宣称，他通过最新的方法对发现原始人脚印的火山石进行了 9 次分析，结果证明这些所谓的脚印事实上具有 130 万年的历史。

里尼对 9 个火山岩石样本进行定年测试，发现它们的年代从 126 万 ~ 147 万年不等，这意味着那些脚印也应该具有 130 万年左右的历史，它比非洲出现的最早人类祖先的年代还要早 100 多万年。

里尼和同事认为，在非洲人出现的 100 万年前，美洲大陆上就有人类足迹的可能性非常渺茫，因此里尼断定墨西哥火山岩化石上的脚印状印痕并非是人类所留。

里尼的研究在科学界引发了强烈的质疑，伦敦自然历史博物馆人类起源部负责人克里斯·斯特里格说道："一些专家开始怀疑这些脚印到底是否真的是人类留下的。这一问题目前存在着剧烈的争议。"

探索玛雅文明的奥秘

许多人都听说过有关玛雅文明的传说，大部分人对于玛雅人的印象与美洲丛林脱离不了关系。提到玛雅人，多数人脑海中浮现的是一群身着鲜艳羽毛服饰的印第安人，绕着圆圈在月光下进行着神秘的仪式，中间站着法术高强的祭司。

的确，玛雅人居住的地点就在今天的中美洲，神秘的遗迹也在幽静的丛林里，然而又有几个人知道，玛雅人与远在地球另一边的中国人与蒙古人有密切的关系。而玛雅人留下来的巨大石造遗迹与高超的艺术作品连今天的技术都望尘莫及。

1502 年，哥伦布在最后一次远航美洲时，在洪都拉斯海湾地区的市场上曾见到一种制作精美的陶盆。据当地的商人说，这种陶盆是从一个叫玛雅的地方运来的。这是欧洲人首次听到玛雅这个名字，不过当时显然并没有引起特别的注意。

1511 年，有一艘西班牙海船从巴拿马驶向圣多明各，在途中遭遇海难沉没，12 个幸存者在尤卡坦半岛登陆。两周之后，这些人与玛雅人遭遇，有 5 名船员成为祭坛上的牺牲品。逃脱的幸存者回到西班牙占领区，他们的经历是欧洲人对于玛雅人的首次见闻。

1519 年，西班牙探险者科尔特斯在征服墨西哥的阿兹特克帝国之后向北部和西部推进，1542 年在尤卡坦建立第一个殖民地，以后逐步深入玛雅地区。西班牙人在 16 世纪时进入南美洲，他们以入侵者的身份占领了这个全新的大陆。当时中南美洲的住民过着原始的农业生活，对于西班牙人的坚船利炮自然是毫无招架之力，很快西班牙人也将他们的信仰带到此地，有两个传教士看到了当地人信仰巫术与迷信，就放了一把火把他们所藏的古老典籍全部给烧毁了。

谁知道这些书不是别的，它们正是消失已久的玛雅人遗留下来的知识宝典，里面详细记载了他们当年辉煌的科学成就与文化。也许是天意如此吧！今天研究玛雅文明的学者只能从断简残篇中拼凑出玛雅当年的盛况。

卡拉克穆尔遗址在今墨西哥坎佩切州境内，面积约 30 平方千米。卡拉克穆尔是玛雅文明古典时期最重要的城邦之一。在玛雅时代，它是城邦"Kana"的首都，因此卡拉克穆尔的王朝也被称为"蛇之王朝"。

奇琴伊察是一处庞大的前哥伦布时期的考古遗址，由玛雅文明所建，坐落在今墨西哥境内的犹加敦半岛北部，也是世界新七大奇迹之一。

科巴是墨西哥尤卡坦半岛上的一个玛雅文明的城市遗址，位于加勒比海岸以西 40 千米、图卢姆西北 44 千米、奇琴伊察以东 90 千米。科潘遗迹位于洪都拉斯西部的科潘省，靠近危地马拉边境。科潘是玛雅文明古典时期最重要的城邦之一。当时，她是玛雅诸邦中最靠南的一个。科潘王国的历史可以追溯至 2 世纪，在 5 ~ 9 世纪达到鼎盛，然后同其他古典时期各个玛雅城邦一样，突然衰落并被彻底遗弃在丛林之中。

蒂卡尔是玛雅文明中最大的遗弃都市之一，它坐落于危地马拉的佩腾省。蒂卡尔在玛雅语中是"声音之地"或"舌头之地"的意思。碑铭上的玛雅象形文字常常称它为穆塔或雅克斯穆塔，意为"绿色的捆"，也有可能是"第一预言"的隐喻，这些都可能是蒂卡尔古代的名字。

乌斯马尔是位于墨西哥尤卡坦州的大型玛雅古城遗址，1994 年被联合国教科文组织列入世界文化遗产。乌斯马尔在古玛雅语中意为"植三棵树"，但也有玛雅语专家持有异议。

帕伦克遗址在今墨西哥恰帕斯州境内的尤卡坦半岛上。帕伦克是玛雅文明古典时期最重要的城邦之一。波南帕克是玛雅文明的城市之一，位于墨西哥的恰帕斯州。考古学家曾在这里发现精美的壁画与国王的石棺，而遗迹的建筑可以追溯至古典早期 580～800 年。

玛雅的金字塔可以说是仅次于埃及金字塔的最出名的金字塔建筑了，不过二者看起来不太一样，埃及金字塔是金黄色的，是一个四角锥形，经过几千年风吹雨打已经有点腐蚀了；玛雅的金字塔矮一点，也是由巨石堆成，石头是灰白色的，整个金字塔也是灰白色的，它不完全是锥形的，顶端有一个祭神的神殿。玛雅金字塔四周各有 4 个楼梯，每个楼梯有 91 阶，4 个楼梯加上最上面一阶共 365 阶，刚好是一年的天数。

玛雅人非常重视天文学的数据，他们的建筑里处处都体现着关于天体运行规律的数字。除了阶梯数目外，金字塔四面各有 52 个四角浮雕，表示玛雅的一世纪 52 年。

玛雅的天文台也是充满特色的建筑物。以今天的眼光来看，不论是在功能上还是外观上，玛雅的天文台与现在的天文台都十分类似，这些建筑物以今天的角度看也足以令人称奇。

以玛雅金字塔来说，玛雅人如何将巨大的石块切凿、搬运到丛林的深处，再把一块块 10 多吨的石块堆积起来，堆高至 70 米处，要是没有先进的交通工具及起重设备，是难以完成这个任务的。而生活在丛林里的民族，为什么要花这么大的工夫建立一个天文观测网？

历史记载，望远镜是伽利略在 16 世纪才发明的，接着才有大型天文台的出现，而天文观测网的观念是近代才出现的，这样的观念可以说是相当先进的。由此肯定的是，玛雅人当时的科学水平与今天相比毫不逊色。

史前文明毁于大洪水吗

有关史前大洪水的过程，《圣经》中有所描述。虽然《圣经》是一本宗教书籍，但很多学者认为《圣经》描述的也是真实的人类历史。

以下为《圣经》中关于大洪水的描述："洪水泛滥地上 40 昼夜，水往上涨，把方舟从地上漂起"，"水势在地上极其浩大，山岭都淹了"，"5 个月后，方舟停在拉腊山上；又过 4 个月后，挪亚离开了方舟"。

史前洪水同时伴随着大陆的变迁完全摧毁了当时整个地球的人类文明，只有极少数人活了下来。近来考古学家们发现的许多史前遗迹，如亚特兰蒂斯大陆等均可能因那次洪水而消失。

英国的民族学家弗雷泽曾指出：在北美洲、中美洲、南美洲的130多个印第安种族中，每一个种族都有以大洪水为主题的神话。事实上，记录大洪水的并不限于美洲的印第安人，在世界各大陆上生活的民族中几乎都有关于大洪水的记载。

大约1.2万年前，上一期人类文明曾遭受一次特大洪水的袭击，那次洪水也导致大陆的下沉。考古学家陆续发现了许多关于那次大洪水的直接和间接证据。

人类文化学家也通过研究世界各地不同民族关于本民族文明起源的传说发现：世界各地不同民族的古老传说都普遍述及人类曾经历过多次毁灭性大灾难，并且如此一致地记述了在我们本次人类文明出现之前的某一远古时期，地球上曾发生过一次造成全人类文明毁灭的大洪水，而只有极少数人得以存活下来。

《旧约·创世记》载有古犹太人的传说：上帝看到人类已败坏，便以洪水灭世。水势极为浩大，淹没了所有的高山。只有诺亚奉上帝之命造了一艘方舟，载着他一家老小及各种留种的动物逃脱了灭顶之灾。这是在西欧家喻户晓的传说故事。

1872年，年轻的亚述学者乔治·史密斯提出诺亚洪水与古代两河流域世界大洪水同出一辙。此说被日后发现的《吉尔伽美什史诗》第十一版所证实，从而引发了关于远古世界大洪水及其传说的一场旷日持久的争论。目前，争论的焦点主要集中在两个最基本的问题上：一是远古初民时代究竟有没有一场世界大洪水？二是世界上普通流行的大洪水传说是怎样起源的？

克莱默等学者认为，世界性的大洪水纯系子虚乌有，各地的洪水传说大多起源于两河流域的苏美尔人。他们在20世纪初发现了载有最早洪水传说的苏美尔版；而后在苏美尔古城乌尔的发掘中，又在地下发现了11米厚的沙层。据考是公元前4500年前后两河流域的一次特大洪水堆积出来的，洪水还淹没了一个叫乌博地安的史前民族。故克莱默等人深信，苏美尔的洪水故事是这一次大灾难留下的记忆，经民间传说夸大为世界大洪水。这一故事通过在古巴比伦人、犹太人等许多民族中的流传而逐步演化为世界性文化现象。

另一种意见截然相反，他们认为，地球第四纪冰期在1.2万年前开始退却时，气候转暖，冰河大量融化泛滥，海水不断上升，吞没了露出的大陆架和陆桥，并发生普遍的大海侵，淹没了许多海岸和部分陆地。故世界性的大洪水确实发生过，但并没达到淹没一切的程度。当时靠海及靠水的人们损失巨大，被迫向高地迁徙，随之带去了可怕的洪水故事，因此世界上大多数地方有关于世界大洪水的传说，许多淹没在海水之下的文明遗迹及大海侵蚀的痕迹成为此说的有力论据。

以英国富勒为代表的一批学者提出：世界大洪水是不可能的。他们认为各种洪水故事的起源不尽相同，并不是共出一源。并且，不少故事纯粹是神话，是主观想象的结果，因而不足为信。

史前文明毁于核大战吗

众所周知，人类有文字可考的历史至今不过 2000 年，但是 7000 年前的人类却建筑起埃及金字塔。人类懂得穿上衣服的历史至今不过 4600 年，但是大西洋海底却发现了 1.1 万年前的精致铜器。此外，世界各地还发现并证实了 2 万年前的铁钉、3 万年前的壁画及 4 万年前的牛羊骸骨中赫然有子弹穿过的痕迹。

这样相互矛盾而又发人深省的例子有很多。这些奇迹是来自外星人或来自我们的祖先？世界各国科学家和考古学家对此众说纷纭，莫衷一是。

人类进化至今是不是只有 30 万 ~ 40 万年的历史呢？可以肯定地回答：不是。人类进化至现在，已经有上百万年的历史，通过碳 –14 已经精确地估算出某种高度文明的产物远在 3 万 ~ 4 万年前就已出现。而它的范围之大，使我们有理由相信 3 万 ~ 4 万年前，人类有一个活跃和鼎盛时期。

我们的地球曾经不止一次遭到大洪水、大爆炸、大灾难的侵袭，因此古文明可能一毁再毁，古人类也死而复生。

对于这些大洪水的各种传说，考究其历史，都可以追溯至 1.2 万年前以前，刚好在冰河结束时期，这使我们对这些传说无法掉以轻心，仅仅视为神话或多事的臆测。同时，这也证明了人类远在 1.2 万年前就有了历史，并且较 4000 年前甚至比今日更发达。

最近从海底探测获得的资料显示，那些在古代哲学家的著作中被称为奇迹的亚特兰蒂斯，可能正沉睡在百慕大三角的西方。

由水中拍摄的照片和实地勘测可知，1000 年前的人类已能举起数百吨的巨石了。这个大洪水时代以前的文明废墟，其海底墙壁和海中道路的浩大精妙，不亚于今日被视之为谜的 7000 年前的古埃及金字塔。

也许在 1.2 万年前，人类对宇宙的认识已经超过了今日。也许在三四万年前或 10 多万年以前，人类已经有了数次这种文明的高峰。我们仅仅可以知道地球文明史的高峰是人类创造的，但无法得知人类文明的进程。

有一部著名的古印度史诗《摩诃波罗多》，写成于公元前 1500 年，距今有 3400 多年了。而书中记载的史实则要比成书时间早 2000 年，也就是说书中所描述的事情是发生在 5000 多年前。

此书记载了居住在印度恒河上游的科拉瓦人和潘达瓦人，以及弗里希尼人和安哈卡人两次激烈的战争。令人不解和惊讶的是从这两次战争的描写中看，他们是在打核战争！

书中的第一次战争是这样描述的："英勇的阿特瓦坦，稳坐在类似飞机的飞行器的维马纳内降落在水中，发射了类似火箭武器的阿格尼亚，它喷着火，但无烟，威力无穷。刹那间潘达瓦人居住地的上空黑了下来，接着狂风大作，乌云滚滚，向上翻腾，沙石不断从空中打来"，"太阳似乎在空中摇曳，这种武器发出可怕的灼热，使地动山摇，大片的地段内，动物倒毙，河水沸腾，鱼虾等全部被烫死。火箭爆发时声如雷鸣，敌兵被烧得如焚焦的树干"。

对第二次战争的描写更令人毛骨悚然，胆战心惊："古尔卡乘着快速的维马纳，向敌方 3 个城市发射了一枚火箭。此火箭的亮度犹如数万个太阳，烟火柱滚滚升入天空，壮观无比"，"尸体被烧得无可辨认，毛发和指甲脱落了，陶瓷器碎裂，盘旋的鸟在天空中被灼死"。

看到此惨状，现代人会立刻联想到原子弹爆炸后产生的威力。在原子弹还没有产生的年代，许多学者一直认为此书中的悲惨描写是"带有诗意的夸张"，可是到了美国在日本广岛和长崎投下两颗原子弹之后，他们才恍然大悟，书中所描写的就似原子弹爆炸目击记一样准确。

后来考古学家在发生上述战争的恒河上游发现了众多已成焦土的废墟。这些废墟中大块大块的岩石被黏合在一起，表面凹凹不平。要知道，能使岩石熔化，最低需要 1800 摄氏度。一般的大火都达不到这个温度，只有原子弹的核爆炸才能达到。在德肯原始森林里，人们也发现了更多的焦地废墟。废墟的城墙被晶化，光滑似玻璃。除了印度，在古巴比伦、撒哈拉沙漠、蒙古的戈壁上都发现了史前核战的废墟，废墟中的玻璃石都与今天核试验场的玻璃石一模一样。

著名物理学家弗里德里克·索迪认为："我相信人类曾有过若干次文明。人类存在时已熟悉原子能，但由于误用，他们遭到了毁灭。"

这可能吗？大部分科学家认为这仅是一种附会，不能令人信服，但是另有一些人坚持自己的看法，认为我们的地球早已存在50多亿年了，而人类文明仅仅有5000多年历史有些说不过去。因此这个谜到现在仍未解开。

南极史前文明消失之谜

据俄罗斯报界披露，爱因斯坦和不少科学家都坚信，如今冰天雪地毫无生机的南极曾经是人类文明的发祥地。

爱因斯坦认为，1万多年前，北极不在北极点上，而在今天的加拿大北海岸附近。南极也不在南极点上，而是位于温带地区。那个时候，温度气候均适宜的南极大陆也许曾孕育了一种高度发达的古文明。

然而好景不长，因为地壳发生了逆时针大移动，北极漂移到了今天的位置，南极漂移到了冰天雪地的南极点，气候突然异常寒冷，大陆被冰雪覆盖，南极文明也就随之消失了。非常有意思的是，远非只有爱因斯坦一人持这种观点，与他持类似观点——人类文明可能源于远古南极的科学家不在少数。据称，爱因斯坦和其他科学家持这种观点并非耸人听闻或者凭空猜测，而是有相当的证据。

事实上，自第二次世界大战以来，南极大陆可能存在史前文明的设想反复被提及，不少历史学家、人类学家及考古学家纷纷将目光投向那片冰天雪地，其中一幅不可思议的古地图更是加强了科学界对南极的思索。

1840年，土耳其伊斯坦布尔国家博物馆馆长哈利勒·艾德海，在伊斯坦布尔的托普卡比宫找到一张奇特的古代地图。

这张古代地图是18世纪初被发现的，看样子是一份复制品。地图上除了地中海地区画得十分精确，其余地区如美洲、非洲都严重变形。

后来，科学家们终于找到这张地图的原件，这张由土耳其帝国舰队的海军上将皮尔·雷斯于1513年绘制的地图，几乎在南极洲被发现的200年前就把这块神秘的陆地标出来了，并且他画的南极洲是没有冰封的状态。

雷斯地图上的南极洲，整体形状和轮廓像极了现代地图所呈现的这块大陆。南极靠近大陆中央，和现代地图显示的相距不远；环绕海岸的山脉，使人联想到最近几年在南极洲发现的诸多山脉；河流发源自这些山脉，蜿蜒流向大海；每一条河流都依循看起来像非常自然的排水模式。

这显示，有关南极洲最早的地图绘成时，这块大陆的海岸尚未被冰雪覆盖。然而，今天的地图所呈现的南极洲内陆，已完全不见河川和山脉的踪影，而是被冰雪完全覆盖。

1532 年，奥伦提乌斯·费纳乌斯根据史料绘制的世界地图又绘制了一张地图，并在地图上注明了南极上的各个河床。1949 年，海军上将贝尔达率领探险队到达南极罗斯海，结果发现费纳乌斯在地图上标明的河床与实地景象十分相近并一一对应。

在这些河床里，有很多由河流带到南极并沉积下来的中纬度细粒岩石以及其他沉积物。后来，华盛顿卡内基研究所的科学家们对这些沉积物进行了研究，结果发现它们已有 6000 多年了。也就是说在 6000 年前，南极曾处于冰川前期很温暖的时候，百川奔流，草木葱茏，充满了生机。

费纳乌斯地图显然也证实了一个不可思议的观点：在冰雪完全覆盖之前，南极洲曾被人类探访甚至定居过。若真是如此，那么最初绘制南极洲地图的人，就应该是生活在极为远古时代的南极人。

据此，我们是否可以设想，在 1 万多年前，南极大陆处于温带，优越的自然环境孕育了高度发达的文明，甚至可比 18 世纪的科学水平。

那里的人们掌握着先进的航海技术和天文知识，他们率领着船队，穿梭于大洋和大陆之间。他们把自己的文明带到世界的每个角落，给蛮荒落后的大陆带去智慧和奇迹，也成为彼此间文化交流和联系的桥梁。

但是，这个文明怎么会突然从地球上消失，并且不留一点痕迹呢？

科学家们提出三种猜测：第一，可能是地壳突然发生变动，引发了一场巨大的灾难，洪水淹没了整个世界，也淹没了曾经传播文明的王国和人民；第二，有些科学家认为，南极史前文明并没有完全消失，可能因为地球气候发生变化，南极大陆逐渐被冰雪覆盖，曾经的史前文明被厚厚的冰层永远埋葬了；第三，可能就是这种文明仍然存在，他们可能将自己的先进知识传播给了埃及人。

太阳神巨像失踪之谜

　　罗德岛是爱琴地区文明的起源地之一，有相当古老的关于忒尔喀涅斯的神话。品达的诗中称罗德岛是太阳神赫利俄斯和女神罗德结合的产物。

　　爱琴海上的罗德岛，西距希腊大陆 4.5 万米，北距土耳其大陆 1.9 万米，属希腊，面积 1400 平方千米，人口 7 万多人。

　　在希腊化时期，这个岛屿的鼎盛时期，人们竖立起一个巨大的太阳神雕塑，成为古代世界七大奇迹之一。在十字军东侵期间，医院骑士团占领了该岛，并改名为"罗德岛骑士团"，成为岛屿历史上重要的存在，他们在岛上留下了许多中世纪的建筑。

　　罗德岛的地形图以其文学气质和独特的历史内涵无愧为爱琴诸岛中的一颗明珠。罗德岛的名称来自古希腊语中的玫瑰，当时指的是今天的朱槿。罗德岛的岛徽是一只跳跃的鹿。在神话传说中，远古时代，希腊诸神争夺神位的战争结束以后，成为最高之神宙斯给诸神分封了领地，唯独忘了出巡天宫的太阳神阿波罗。直至阿波罗归来，宙斯把隐没于爱琴海深处的一块巨石封给了他。

　　巨石欣然升出海面，欢迎太阳神来居住。阿波罗对这块领地很满意，用他的妻子爱神阿芙罗狄蒂之女罗德斯的名字将巨石命名为罗德岛。他的 3 个儿子卡米诺斯、莫诺利索斯、林佐斯也分封在岛上，各自建立自己的城邦国。岛上繁荣富足，文明兴起。这种繁荣招致雅典、斯巴达、马其顿、波斯、罗马等大国相继入侵，城池屡次遭到破坏。

　　这座太阳神巨像的铸造过程大约发生在公元前 500 年。波斯人入侵罗德岛，全岛居民撤守岛东端海岬上的林佐斯城堡，最终打退了敌人的进攻，将其驱逐出岛。胜利之后人们将敌人遗弃的武器收集到一起统统熔化，由雕刻大师哈利塔斯铸成阿波罗铜像，立于港口，雄镇海疆。

　　在古希腊，建造 10 米左右高的雕像并不罕见，但建造如此巨大的神像却是空前绝后的。怪不得巨像建成之初，便被同时代的罗马哲学家安蒂培特誉为"世界七大奇迹之一"。

　　如此巨大的雕像是如何铸成的？在缺乏起重设备的远古时代又是如何把

它竖立起来的？这些都是令人难以想象的事，也是太阳神巨像让人迷惑惊奇的原因之一。

巨神像体积巨大，无法像建造一般的雕像那样，先制出模型，然后分成几部分铸造，最后再进行整合和竖立。据文献记载，巨人像是分步建造起来的。首先，在建好白色的大理石基座后，把已铸好的脚至踝关节这一部分安装固定好。由于神像高大，它的脚设计得就比较大，这样就能承受上部神像的压力。

完成这一步后，雕塑家指挥工匠在已完成部分的周围堆起巨大的土堆，然后站在上面接着做下一部分工作，这样一步一步向上发展。在每一步进行之前，雕塑家都先用一种铁制的框架和一些方形的石块从内部加固雕像，以保证雕像的稳定。就这样，在耗费大量人力、物力、财力后，哈列塔斯创造了一个与真神相似的神像，给了世界第二个"太阳"。

建造这座巨像花了 12 年时间，于公元前 282 年完工。巨像在港口矗立了许多年，直至公元前 226 年一次强烈地震突袭了罗德斯岛，城市遭到严重的破坏，巨像也从膝盖处断裂开了。

岛上其他 3 个城邦被地震摧毁后，未再重建城市，只在遗址附近建了若干个小村落，因此保存了一些墙基、石柱。只有阿波罗居住的罗德城几度重建扩建，但已见不到当年毁城的痕迹，只有从该市历史博物馆众多出土文物中，才可以窥见昔日的繁华。

其中最为丰富的是大理石雕像，2 世纪雕刻的阿波罗头像、1 世纪雕刻的爱神阿芙罗狄蒂的裸体全身像都保存在这里，只是那座被誉为"世界七大奇迹之一"的阿波罗铜像却不知去向了。

古罗马著名的自然学家普林尼在《自然史》一书中赞叹道："即使躺在地上，它也仍是个奇迹。"

埃及法老托勒密三世向罗德斯岛人伸出了援助的双手，准备提供一笔巨额款项帮助罗德斯岛人修复太阳神巨像，但罗德人谢绝了托勒密三世的好意。神像巨大的身躯横在地上，任凭风吹雨打。653 年，阿拉伯人入侵罗德斯岛，发现了躺在地上的巨像残骸，他们费了九牛二虎之力把残骸运送到叙利亚，卖给了一位商人。据说那个商人用了 880 头骆驼才把残骸运完，之后巨像就不知去向了。

有人说铜像无法重新竖起，于 7 世纪被分解熔化制作成其他器械；又有人说，巨像倒塌不久后就被人盗走，但贼船在海上遇风暴沉没，铜像也被埋在深深的海底。铜像究竟去了哪里？恐怕是无从知晓了。

　　尽管我们不知道巨像的真实形状和外观，但现代重建的雕塑笔直地矗立着，比那些古代绘画更精确地再现了雕塑的原貌。尽管巨像已经不在，但这个古代世界奇观却激发了现代艺术家们的灵感，譬如以建造著名的"自由女神像"而闻名于世的法国雕塑家奥古斯都·巴托尔迪。

　　罗德岛太阳神巨像从建立至毁坏只有短暂的56年，然而这座巨像却在著名的世界七大奇观的名单里赢得了一席之位。罗德斯岛的太阳神巨像不仅是一座巨大的雕像，更是居住在美丽的地中海岛屿——罗德斯岛上的人民团结的象征。

　　早在11世纪，人们就对传说中的罗德岛神像外形做出这样的推测：巨像右手举着投枪，左手按着长剑，柱脚是很高的圆柱，四周环绕着起伏的海浪。但有人提出异议，说太阳神阿波罗像应该是头戴太阳光环，驾驭着马车，马车上载着一轮鲜艳的红日，并且传说中巨像的胯下能进出轮船。由于谁也拿不出确凿的证据驳倒对方，争论便不了了之。

　　长久以来，有关巨神像的模样众说纷纭，一般人都相信它是两脚分开、手持火把，站立于罗德岛港口的入口处，船只由其胯下经过，非常壮观而有趣。然而，研究显示，以港口的宽度和巨像的高度来计算，这种结构非常不合常理。因为巨像跨越港口入口必须要250米高才能办到，不论以金属或石块来建造，跨立的巨像绝对无法承受巨大张力和冬季强风，并且倾倒后巨像的遗迹也会阻碍港口，所以估计真实的巨像应该立于港口东面或更内陆的地方。至于姿势根本不知道，到底是站立，坐下，或是驾着马车？至今仍无人知晓。

　　罗德岛太阳神巨像是世界七大奇观中最为神秘的，因为它只有56年的生命便因地震而倒下，至今考古学家仍无法确定它的位置及外观。

史前文明解读

失落的利莫里亚文明

传说中失落的利莫里亚文明是一个几乎与亚特兰蒂斯齐名，与之共存并出现更早的远古文明。据考证利莫里亚存在于南太平洋，在北美洲与亚洲、澳洲之间。

在顶峰时期，利莫里亚人的文明高度发展。也许具体的大陆遗迹很难寻找，但许多人认为他们与这块大陆有着深刻的渊源。

传说利莫里亚人能冶炼高纯度金属，能不受距离和障碍物限制进行通信联系，他们掌握的通信手段甚至比无线电通信还要先进，因而人们把这个神秘国家当作人类的起源地。然而利莫里亚这个国家是否真实存在呢？

19世纪中期，有些生物学家根据马达加斯加和印度尼西亚的狐猴种群分布情况，认为在这两者之间存在过一个大陆，并且把这个大陆命名为利莫里亚，它就是80万年前沉入印度洋底的那个神秘国家。

这个说法令许多专家学者欢欣鼓舞，因为他们原本就相信利莫里亚真的存在。然而有些人认为仅靠狐猴种群分布就断定利莫里亚的存在未免太轻率了，按历史发展常识，很难想象几十万年前会出现具有如此高度文明的国家。

科学家列举出印度洋群岛大量古代遗迹和民间传说，力证利莫里亚大陆的确存在过。比如柏那贝岛上有一处巨大的遗迹，叫作南玛多尔，它是由98座人工岛及其他建筑物组成的。科学家认为南玛多尔遗迹所表现出的文明和利莫里亚很相近，因为组成南玛多尔的每个小岛均有用玄武岩建造的城壁、正宫、神殿和住宅，岛与岛之间还有运河相连，显示出过去的南玛多尔应是像现在的威尼斯一样的水上城市，并且可以想象出当时的南玛多尔很繁荣。

更令人信服的证据还有土亚摩土群岛上与玛雅金字塔极为相似的祭坛、

塔普岛上奇妙的石门、迪安尼岛上的石柱、雅布岛上巨大的石币和努克喜巴岛石像等，所有这些都代表着一种古老的文明，而且这些小岛都有着明显的相似点，都有关于大陆沉落的传说。既然与利莫里亚相距不远的小岛都出现了高度发展的文明迹象，因而不少科学家执着地相信，利莫里亚确实存在，并且同样有着相当高的文明。

若利莫里亚确实存在，那它为什么会在距今80万年前突然消失了呢？

科学家认为，它可能是被同时袭来的几次大灾难毁灭的。当时可能覆盖地球大片陆地的冰雪融化了，形成了特大洪水，因而水把陆地冲走了。与此同时，大洪水又带来了大地震。恰巧这时候，又有一颗小行星不偏不倚地撞到利莫里亚上。这一连串致命的打击加在一起就把利莫里亚彻底毁灭了。

1926年，詹姆斯·邱奇尔德——一个住在印度的英国人在《神奇的穆符号》一书中描述了利莫里亚沉没的情况，尽管文中所描述的多半可能是出于作者的想象，但仍然引起了后辈专家学者的浓厚兴趣。书中如此描述：

整个陆块就像海洋里的波浪一般震动着翻滚着。继而，像打了个晴天霹雳一样，整个陆块就沉下去了。下沉，下沉，下沉，它沉到了地狱——熔岩中。幸存者来到了没有沉没的岛屿上，没有食物，没有衣服，他们需要为生存而斗争。但是，没有大陆的支持，小岛也很快就消失了。

利莫里亚就这样消失了，沉没到了印度洋底。如果是这样，探险家就可以在印度洋底发现利莫里亚曾存在的蛛丝马迹，然而到目前为止，令人信服的发现屈指可数。是探险家没有发现呢，还是沉没之际，利莫里亚人及时躲了起来？如果是躲了起来，又会躲在哪里呢？

20世纪以来，一些科学家认为，利莫里亚所在地尽管沉没到了印度洋底，但利莫里亚人并没有毁灭，而是存活了下来，目前正居住在沙斯塔山上，而且是山里面的地下隧道。

此种说法令人匪夷所思，难道利莫里亚人是遁地一族，可以生活在地底下？沙斯塔山是一座死火山，位于美国加利福尼亚州北部，海拔4316米，呈圆锥形，山顶部终年积雪，有冰川。这究竟又是怎么回事呢？

复活节岛文明之谜

复活节岛文明是一种巨石文明，根据石器的特点，简易论将巨石文明全部列入到了史前文明当中。

复活节岛位于东南太平洋，是世界上与世隔绝的岛屿之一，西距波利尼西亚地区皮特肯岛 1900 千米，东距智利西岸 3540 千米，面积近 700 万平方千米。

岛上居民属于波利尼西亚人，岛上耸立着许多石雕人像，约有 1000 座以上的巨大石雕像及大石城遗迹，它们背靠大海，面对陆地。复活节岛上还有大石台遗迹，朝陆地方向有露天庭院，建筑格局巧妙。

每个石像形态不同，大小也不一样。塔海、维纳普和阿纳克纳的大石台，碳 –14 测定在 700 ~ 800 年，阿纳克纳石台的墙在 1987 年被挖掘出来以前，一直埋在地下。

有一个雕像裸露着肋骨，具备南美洲蒂瓦纳库的各种特点。碳 –14 测定在 1050 ~ 1680 年，大石台内建造了墓室。大石像约 10 米高，由重约 82000 千克的一块石头雕成，最高的一尊有 22 米，重 30 多万千克。在岛上，人们发现了许多丢弃的用钝了的石器工具。岛上的波利尼西亚人并不了解这些石像的来历，他们的祖先也没有告诉子孙后代这些石像是谁雕刻的。

传统考古学认为，现在复活节岛上的居民是在大约 400 年前漂流至该岛的一批波利尼西亚人的后代。

鱼类是波利尼西亚人的主要食物，鱼骨头一般会占垃圾的 90% 以上。然而在 900 ~ 1300 年，鱼骨头在垃圾中的含量少于 1/4，1/3 是海豚骨头。在古代垃圾中还发现了至少 6 种陆地鸟类的骨头。此外，垃圾中还有一些海豹骨头。复活节岛上没有大型的动物，连家养的猪和狗都没有。

巨大的石像就像谜一样吸引着越来越多的人前往一探究竟。在 10 世纪左右，一批波利尼西亚移民乘着木筏来到复活节岛定居。此后，小岛上的人口逐渐增多，最多时达到上万人。这些人分成 12 个氏族，并把小岛划分为 12 块，这些氏族都有自己的酋长，各自有不同的阶层。起初，这些氏族还能和平相处，直至有一天，酋长们决定以令人敬畏的石刻雕像来荣耀自己，小岛开始走向毁灭。

其实，复活节岛上原来是有树木的。科学家通过孢粉测试证明，复活节岛上曾有过高20多米、直径1米的智利酒松。即使人类定居岛上后的很长一个时期，小岛也还是被高大的树木和灌木覆盖着。

然而，为了建造大石像，岛上的森林遭到灭顶之灾。因为要用巨大的木材作为辅助，巨石才能被搬动。酋长们角逐谁的石像更巨大、更壮观，就要砍伐树木当搬运、吊装的工具，同时还要伐林造田以养活大量劳动力。于是，几百年间，岛上的石像一代比一代高大，砍伐树木的速度也越来越快。终于，高大的智利酒松在1440年左右绝迹了，而到了1640年前后，岛上已经见不到树林了。

没有了巨木，人们也就无法造船、无法渔猎了。可人总要吃东西，于是只好把同胞作为食物来源，最惨烈的事情发生了。至今，岛民口口相传的传说中仍充斥着人吃人的故事。考古的发现也证明了传说的真实性：在复活节岛后期废弃物堆遗址中，人类骨骸随处可见，而有些骨头被敲碎了，这是为了便于汲取骨髓。在世界各个已经灭绝的古代文明中，复活节岛文明的灭绝或许是最惨烈、最触目惊心的。

沉入大海的古希腊文明

古希腊文明，主要是指在公元前8世纪~前323年，被称为希腊人的人们创造的文明。此前的几个世纪被称为荷马时期，又称"英雄时期"；此后数百年，甚至整个古罗马，据说是希腊文明传遍世界、影响世界的时期，故称之为希腊化时期。专家们说到古希腊文明，往往包含希腊化时期。

希腊人主要生活在爱琴海两岸的诸半岛或者岛屿上，分成大大小小若干个独立的城邦，从来就不是一个统一的国家。他们没有国家概念，更谈不上国家意识。这些城邦是一个村庄或几个村庄的联合体，人口一般万八千人。大家或农耕或渔猎或商贸，多以农业为主。为了利益，相互间的战争从来没有间断过。

1954年8月，苏联阿布哈兹自治共和国首都苏呼米疗养院的一位工作人员，在黑海岸边的浅水口中发现了一块浅灰色带斑点的大理石，长约1.5米、宽0.5米，其中一个角已不存在。

这不是一块普通的大理石，而是一块雕刻精美的浮雕。上面的图案是一个年轻妇女端坐在安乐椅中，身边躬身站着一个小男孩和一个手拿小匣的女仆。画面雕刻手法细腻，构图严谨，人物面部沉思的表情带给观看者一种寂静、忧郁的感觉。

科学家发现，这块浮雕与俄罗斯的施洗者圣约翰大教堂里珍藏的许多珍贵的希腊墓碑有很多共同特征，人物造型、画面结构及笔法等都惊人地相似。科学工作者从而推断这是一块公元前5世纪古希腊人的墓碑。于是科学家不禁要问：难道在黑海沿岸的苏呼米也有古希腊城池的遗址？

经过一番努力，1956年奇迹终于发生了，学者们发现了一座大部分都陷于海底的1世纪的古罗马城市。

考古工作者潜入苏呼米湾海底，在那里，一座巨大的雄伟的城市废墟展现在人们面前，海岸与正方形的城市广场由一条用鹅卵石和石灰砖石铺砌的街道相连接，广场四周还有高大的城墙遗址。

在海底还发现了许多黑漆陶器碎片，数不清的葡萄核，一个大石臼，一个手摇磨的磨盘。而在下一层中则发现有古代双耳瓶、瓦罐、古希腊的尖底大缸及茶炊等碎片，这些物品上均有"狄奥斯库里亚"的标记。这就是人们寻找多年的罗马和拜占庭的狄奥斯库里亚和谢巴斯托波利斯最灿烂的古希腊文明的重要组成部分。

远在公元前600年左右，一个名叫狄奥斯库里亚的城市由希腊人在黑海东岸建立起来。在当时，这里是希腊人一个巨大的商业中心，极为昌盛，后来在大自然的浩劫中变为一片废墟。

大约公元前6世纪，罗马人又在这里重建了谢巴斯托波利斯城，以其雄伟的城墙，各种先进的防御设施，堪称黑海边的第一大城。可是令众人感到遗憾的是，从此以后这座城市的历史中断了，史书上再也没有提到过这个城市，直至2000多年后，人们才在海底重新发现这两座灿烂的文明古城。

随着研究一步步地深入，研究者描绘出了黑海沿岸古城毁灭时的情景。古代一批勇敢的航海家历尽千难万险乘船横越黑海，在美丽的海岸定居下来，成为这里最早的移民。他们在这里建造房屋、仓库，还修建了城堡、城墙和高塔，使这里发展成具有一定规模的城市，发展了自己的文明，并且成为生活在该地区北部及近处各民族的贸易中心。

可是他们在建造城市时忽略了脚下土地的稳定性，海水逐渐逼过来，不断冲蚀着土壤，而他们拯救自己的措施也在把自己推向大海。城市居民为了阻挡海水的侵蚀，建了护岸墙和其他一些保护性建筑，于是水分便渗入地下，下垫层遭到浸湿，土地变得越来越沉重。膨胀了的土块的重量大大超过暂时维持它们平衡的摩擦力，整个城市的土层开始滑动起来。城市的街区渐渐滑向海内，街道向下塌陷，海水渗入了住宅。陡峭的海岸塌向了海内，住宅、宫殿的石砌山墙倒塌了，城市一步步滑向大海的中心，从此沉睡了2000年。

由于被海岸冲积土层层覆盖，在沙砾之下还有许多古人创造的灿烂文明没能重现昔日辉煌。

考古工作者的海底发现令相关国家感到抢救古代文化遗产的紧迫感，在希腊政府的协助下，一批专业潜水员在希腊附近的海底打捞起了一艘沉没的古船。为了保存船上物品的完整，他们的打捞工作一直持续了9个月。这些物品被雅典国家考古博物馆精心收藏。考古学家鉴定它们均出自古希腊时期。可就在这批古物里，人们发现了一个鹤立鸡群的东西，那是一个差动齿轮机械装置。令人疑惑的是，它所显示的机械工艺之精良，绝对可以与现代技艺相媲美。古人制作它做什么用？又是谁制造了它？

很多人一开始都难以相信这是古希腊时代的机械装置，普遍认为那个时候还不具备这么高的机械制造水平，但还是有一部分人在执着地推测着它在古希腊时代的用途。有人说它是航海时指示方位的仪器，也有人认为它是阿基米德制作的一个小型天象仪，是用来计算日月星辰的运行。

人们的惊叹之声并未就此停止，古希腊时代的机械水平真有如此高超精致吗？毕竟我们还没能发现其他同时代的机械装置出土，要想承认这个装置是现代机械技艺的鼻祖，看来还需要等待一些时日。

古希腊的克里特文明

克里特文明，也译作米诺斯文明或迈诺安文明，是爱琴海地区的古代文明，出现于古希腊迈锡尼文明之前的青铜时代，即公元前3000～前1450年。该文明的发展主要集中在克里特岛。

20世纪初，英国考古学家伊文思等来到克里特岛上进行考古发掘，经过多年的努力，他们在岛上发掘出好几座古城的遗址，另外还有大量文物证明了克里特王国的存在。

在古都克诺索斯的遗址中，考古学家发现了一座王宫的废墟。它占地约2万平方米，依坡而建，共有3层，还有地下室。宫中大小房屋共几百间，均由迂回曲折的廊道连接，王宫结构之复杂实为罕见。学者认为，这就是传说中的米诺斯双斧迷宫，因为在废墟中发现了双斧标志。

考古学家在王宫的墙壁上发现了多种题材的壁画，上面所绘的都是国王和贵族妇女及仆役的形象。这些壁画历经数千载之久，色泽仍然鲜丽如初。在王宫的一个仓库里发现了许多一人高的大陶缸，里面装着粮食、橄榄油和酒。在另一些仓库里放着战车和兵器。一间外面包着铅皮的小房间里贮藏着国王的巨大财富，其中包括无数的宝石、黄金饰物和印章。

在出土的文物中，最有历史价值的是那些数万张刻有文字的泥版，在这些泥版上，古克里特人线形文字记述了国王的档案和重要事件。一块文字泥版上赫然写着："雅典贡来妇女7人，童子及幼女各一名。"这不禁使人想起关于米诺斯王强迫雅典进贡童男童女的故事。

克里特文明开始得很早，公元前3000年那里已进入铜器时代，出现象形文字，并有了相当规模的建筑物，于公元前17世纪～前16世纪被毁。公元前2000年中叶，克里特达到青铜时代全盛期，在诺萨斯及法埃斯托斯出现了相当宏伟的宫殿式建筑和各种精制的工艺品及线形文字"A"。

青铜时代中、晚期文化，又称米诺斯文明，源于古代希腊神话中之克里特王米诺斯的名字。地中海东部的克里特岛是古代爱琴文明的发源地，是欧洲最早的古代文明中心。

克诺索斯位于克里特岛北部，这里最早的宫殿于公元前1900年左右兴建于新石器时代的居民点内。这个时期，政治、经济和社会组织得以发展，与东地中海沿岸的贸易频繁，与埃及、腓尼基、小亚细亚、西西里、意大利等地有广泛的联系。

接着在法伊斯托斯、马利阿、扎克罗斯等地也都出现了宫殿。后来克诺索斯的宫殿毁于地震或战火，之后又重建，而且更加雄伟。这是一个由多座两层以上楼房组成的完美建筑群，有专供举行祭祀的场所。

公元前1700～前1450年是克里特文明的繁荣时期，克诺索斯的米诺斯王朝不仅统治克里特岛，还包括基克拉迪斯群岛。克里特首都克诺索斯有8万人口，加上海港共有10万人以上。克诺索斯城的主体是庞大复杂的宫殿建筑群，由于拥有当时最强大的海军，克诺索斯城的宫殿几乎无外患之忧，只是因为没有坚固的围墙和城堡，在外观上不像埃及等地的宫殿看起来那样高大宏伟。

3000多年前在地中海上盛极一时的克里特文明最后突然神秘消失。究竟是什么原因造成这个古代文明的蒸发，这一切又发生在什么时候，这已经成为困扰考古学界多年的难解之谜。一段在地下埋藏数千年的橄榄枝有望成为解开这个谜团的钥匙，丹麦科学家曾在《科学》杂志上发表论文说，毁灭整个克里特文明的可能是1万年来最大规模的火山喷发。

科学家说，大约3600多年前，锡拉岛上一座火山突然猛烈喷发，其喷出的烟柱上升到高空，火山灰甚至随风飘散到格陵兰岛、中国和北美洲。火山喷发还引发了大海啸，高达12米的巨浪席卷了距离锡拉岛100多千米的克里特岛，摧毁了沿海的港口和渔村。而且，火山灰长期飘浮在空中，造成一种类似核大战之后的"核冬天"效应，此后几年农作物连续歉收。克里特文明可能因此遭到毁灭性打击，迅速走向衰亡。

科学家认为，克里特文明与古埃及新王朝有着密切的商业和文化交流，受到古埃及文明的影响。然而，最新确定的时间表却否定了这种看法，因为古埃及新王朝开始于公元前16世纪，而那时克里特文明已经不复存在。

爱琴海的迈锡尼文明

爱琴文明是希腊及爱琴地区史前文明的总称，它曾被称为"迈锡尼文明"，这一文明的存在因海因里希·施里曼对迈锡尼1876年的发掘而进入人们的视野。然而，后续的发现证明迈锡尼在爱琴文明的早期并不占中心地位，因而后来更多地使用更为一般的地理名称来命名这个文明。

迈锡尼文明是希腊青铜时代晚期的文明，它因伯罗奔尼撒半岛的迈锡尼城而得名。

公元前2000年左右，希腊人开始在巴尔干半岛的南端定居。从公元前16世纪上半叶起逐渐形成一些奴隶占有制国家，出现了迈锡尼文明。

存在了至少3000多年的爱琴文明在多大程度上可以被认为是持续的？考古发掘提供了许多证据以回答这一问题。爱琴文明的根可以追溯到漫长的原始新石器时代，这一时期的代表为克诺索斯将近6米厚的地层，它包含了石器及手工制作打磨的器皿的碎片，显示了从底层到顶端持续的技术发展。

这一米诺斯文明层可能比希沙立克的最底层年代更早，它的结束标志为对陶器上白色填充的锯齿状装饰的引进，还发现了以单色颜料为主题的复制品。在这一阶段结束后，紧接着是青铜时代的开端，以及米诺斯文明的第一阶段。因此，对于分层的仔细观察可以辨认出另外 8 个阶段，每一个阶段都标志着陶器风格的重要进步。这些阶段占据了整个青铜时代，而后者的终结，标志为铁这一更为先进的材料的引入，也宣告了爱琴时代的落幕。

约公元前 1000 年，铁在全爱琴范围内获得使用，这种材料可能是一批北方的入侵者赖以成功的手段，他们在早期定居点的废墟上建立起了自己的统治。同时，对于新石器时代之后的 9 个克诺索斯时期，我们可以观察到一种非常鲜明的、有序而持久的陶瓷艺术的全方位发展。

从一个阶段迈向另一个阶段，装饰的组织、形式及内容逐渐发展，因而直至这 2000 多年之久的演化末期，原初的影响仍然清晰可辨，这一涓涓细流没有丝毫被打乱的迹象。这个事实可以进一步说明整个文明一直在其基础和本质上沿承着自己的脉络。

虽然在其他艺术种类的遗存中这一论断的例证不够丰富，壁画艺术起码在晚期显示了同样有序的发展；而对于宗教，我们至少可以说没有突变的迹象，从统一的自然崇拜通过各个正常的阶段直至晚期发展出拟人神，没有迹象表明有传入的神祇或宗教理念。爱琴文明是土生的文明，深深植根于这片土壤，顽强地在整个新石器时代及青铜时代延续和成长在自己的土地上。

然而有少量证据表现出一些变化，例如外来小型部落的入侵，他们接受了文化上更占优势的被征服者的文明并融入了后者。克诺索斯王宫的多次重建提供了可信的证据。

在爱琴海北部地区迈锡尼、梯林斯及希沙立克的宫殿中所发现的"正殿"布置可能说明它们是晚期的作品，因为它们没有一个显示出类似克里特的那种独有的设计。

哈提人的赫梯文明

赫梯文明发源于小亚细亚东部的高原山区，在哈利斯河，今名克泽尔河上游一带。这里的原始居民被称为哈提人，他们既非闪米特人，也与古代其他民族没什么关系。约公元前 2000 年，一支属于印欧人的涅西特人迁入此地，与当地的哈提人逐渐同化，形成了赫梯人，他们说的赫梯语的主要成分是涅西特语。

赫梯国大约形成于公元前 19 世纪中叶，初为小国，后以波加科斯为中心形成联盟，渐趋统一。公元前 16 世纪初，赫梯军队攻陷巴比伦城。公元前 16 世纪后半叶，赫梯国王铁列平进行了改革，他确立了王位继承法，即长子优先，无长子归次子，无子归女婿。改革使赫梯的王权得到巩固，国势日盛。

公元前 15 世纪末至公元前 13 世纪中期，是赫梯最强盛的时期。此间，赫梯人摧毁了由胡里特人建立的米坦尼王国，并趁埃及埃赫那吞改革之机，夺取了埃及部分领地，与埃及争霸，并于公元前 1283 年签订和约。不过，与埃及争霸也使赫梯元气大伤。

公元前 13 世纪末，"海上民族"席卷了东部地中海地区，赫梯被肢解。公元前 8 世纪，残存的赫梯王国被亚述所灭。在这片土地上，罗马人曾建立过殖民地；在罗马人之前，希腊与波斯军队曾在此兵戎相向。

早期赫梯国家的生产力虽属青铜时代，但赫梯是西亚地区最早发明冶铁术和使用铁器的国家。赫梯的铁兵器曾使埃及等国家胆寒。亚述人的冶铁术就是从赫梯人那里学来的。赫梯王把铁视为专利，不许外传，以至贵如黄金，其价格竟是黄铜的 60 倍。赫梯以农业为主，工业除冶金之外，还有陶器制造、纺织等。商业贸易也算繁荣，与埃及、腓尼基、塞浦路斯、爱琴海诸岛等地都有往来。

赫梯人的文学主要是神话，包括根据古代苏美尔人的创世和洪水传说改编而成的作品。赫梯的宗教也照搬美索不达米亚的多神崇拜，宗教活动包括占卜、献祭、斋戒和祈祷，但不具备伦理意义。赫梯以楔形文字记述自己印欧语系的语言，创造了赫梯楔形文。赫梯还另有一套象形文字，用于铭刻和印章，这可能是受哈提人原始图画文字和埃及象形文字的影响。

赫梯人最突出的文化成就当属法律体系，以《赫梯法典》为代表的赫梯人法律，要比古巴比伦的法律更人道，判处死刑的罪过不多，更没有亚述人法律中那些诸如剥皮、宫刑、钉木桩等酷刑。

赫梯人的艺术才能不十分出色，但他们的雕塑作品新颖生动，尤其是石壁上的浮雕作品。城门和王宫门旁，一般都雕有巨大而生动的石狮。所用建筑材料多用巨石，明显优于两河流域的土坯。赫梯文明的历史成就不仅在于发现和使用了铁，还在于它充当了两河流域同西亚西部地区文化交流的中介。

赫梯是一个伟大的民族，赫梯文明是埃及文明、两河流域文明和爱琴地区诸文明之间的主要链环之一，目前史书记载的关于安纳托利亚的历史几乎都与赫梯人有关。但是，直至 19 世纪后半叶，赫梯人的历史虽然在各地的考古发现中得到浮雕、象形文字、楔形泥版文书和其他雕刻品的佐证，却仍然难以得到突破，并且始终不知道其确切位置。

神秘的苏美尔文明

1922 ~ 1934 年，英国考古学家伍莱率领庞大的队伍对美索不达米亚南部苏美尔文明的核心聚落乌尔进行了大规模发掘，揭示了这个遗址从 7000 年以前的一个小村庄逐步成为世界上最繁华的文明都市，以及在基督降生前后被最终废弃的一幅全景画。

苏美尔人从何处来到美索不达米亚平原？一个可能性是从伊朗高原的崇山峻岭中来，因为出土的苏美尔人最早的建筑物是按照木结构原理建造的，而木结构建筑通常只是在树木茂密的山区才被广泛采用，不过，这与苏美尔人的神话传说却发生了矛盾。

另一个相反的可能性，则是从波涛汹涌的大海上来到这大河入海的地方，可是，在苏美尔女王舒伯·亚德的陪葬品之中，却只有一金一银各长约 0.6 米和只能在幼发拉底河上航行的小船模型。

美索不达米亚文明，也叫两河文明或两河流域文明，指在两河流域间的新月沃土底格里斯河和幼发拉底河之间的美索不达米亚平原发展起来的文明，是西亚最早的文明，苏美尔人是这一文明的伟大创建者，他们似乎既不是印欧人的一支，也不是闪米特人的一支，其原籍可能是东方某地。

公元前 3500 年，苏美尔人在美索不达米亚南部开掘沟渠，依靠复杂的灌溉网成功地利用了底格里斯河和幼发拉底河湍急的河水，从而在美索不达米亚南部创建了第一个文明。公元前 3000 年时，苏美尔地区出现了乌鲁克等 12个独立的城市国家。各城市国家为争雄称霸相互征战，大大削弱了苏美尔人的力量，最后迫使他们臣服于闪米特人。

闪米特人的著名领袖萨尔贡一世建立了阿卡德帝国，苏美尔文明从城邦国家过渡到统一王国时期。但其寿命短暂，仅历时 280 年。来自伊朗的新入侵者打败了萨尔贡一世的孙子，苏美尔人的城市和国家又一个个地重新出现，直至乌尔城邦崛起，再一次统一各城邦，建立起一个纯粹的苏美尔人的帝国，史称乌尔第三王朝。这一帝国从公元前2113年到前2006年，维持了近一个世纪。

苏美尔文明实际是城市、城邦文明。苏美尔人是世界上最早建立城市的民族。早在公元前4300～前3500年，苏美尔人就在两河流域内部平原上建立了不少城市。这些城市的建立，标志着两河流域南部地区氏族制度的解体和向文明时代的过渡。

公元前3500～前3100年，两河流域由农村到城市的发展过程进一步加快，公元前3100～前2800年，两河流域南部已经形成几十个城邦，也就是具有了共同血缘和地域的城市国家。

苏美尔人发明了一种象形文字，后来这种文字发展为楔形文字，这是已知的人类最古老的文字。今天已经发掘出来的有10多万篇苏美尔人的文章，大多数刻在黏土版上，其中包括个人和企业的信件、汇款、菜谱、百科全书式的列表、法律、赞美歌、祈祷、魔术咒语等，以及包括数学、天文学和医学方面内容的科学文章。许多大建筑如大型雕塑上也刻有文字。许多文章的多个版本被保留了下来，因为它们经常被拷贝，抄写是当时人们传播文章的唯一方法。说闪族语言的人成为美索不达米亚的统治者后，苏美尔语依然是宗教和法律方面的通用语言。

在今天，即使专家也很难懂苏美尔文字，尤其是早期的苏美尔文字，因为它们经常不包含现代人所熟知或通用的语法结构。最初的苏美尔文字是图画文字，渐渐地这种图画文字发展成苏美尔语的表意文字，把一个或几个符号组合起来，表示一个新的含义。如用"口"表示动作"说"；用代表"眼"和"水"的符号来表示"哭"等。随着文字的推广和普及，苏美尔人干脆用一个符号表示一个声音，如"箭"和"生命"在苏美尔语中是同一个音，因此就用同一个符号"箭"来表示。后来又加了一些限定性的部首符号，如人名前加一个"倒三角形"，表示是男人的名字。这样，这种文字体系就基本完备了。

苏美尔人用削成三角形尖头的芦苇秆或骨棒、木棒当笔，在潮湿的黏土制作的泥版上面写字，字形自然形成楔形，所以这种文字被后人称为楔形文字。为了长久地保存泥版书，需要把它晾干后再进行烧制。这种烧制的泥版书不怕被虫蛀，也不会腐烂，经得起火烧。但美中不足的是，泥版书很笨重，每块重约 1000 克，每看一块都要费力地搬来搬去。到现在，发掘出来的泥版共有几百万块，最大的有 2.7 米长、1.95 米宽，可谓是巨书。

楔形文字是苏美尔文明的独创，最能反映苏美尔文明的特征。楔形文字对西亚许多民族语言文字的形成和发展都产生了重要影响。西亚的巴比伦、亚述、赫梯、叙利亚等国都曾对楔形文字略加改造，作为自己的书写工具，甚至腓尼基人创制出的字母也有楔形文字的因素。楔形文字是世界上最早的文字，可是由于它极为复杂，至 1 世纪就完全消亡了。

历史长河流进公元前第二个千年以后，在外来敌对势力无情的打击下，乌尔王国很快处于崩溃的边缘，内部的纷争也没完没了。众所周知，和平时期文官地位高，而战争时期则是武将地位高。当第三王朝的末代国王伊比辛在位时，苏美尔大将伊什比埃拉在易欣城发动叛乱，自立为王，并得到许多其他城市的拥戴。

不久，乌尔城便被闪米特军队攻破，乌尔第三王朝灭亡了。好在伊什比埃拉不仅善于策划政变，也比较会打仗，他很快将闪米特人赶出了乌尔城，此后暂时恢复了乌尔王国的旧有疆域。可惜苏美尔人天生就互不服气、互不买账，等伊什比埃拉一死，各个城市又纷纷宣告脱离易欣王朝独立，其中最强大的要数拉尔萨城邦。

苏美尔人内部不团结的劣根性，给了亚述人进攻的良机，他们于公元前1800 年左右大举发动扩张战争，占领了包括尼尼微、马里在内的美索不达米亚北部和中部。与此同时，印欧语系的赫梯人在安纳托利亚高原和叙利亚的势力越来越强，伊朗山区的几个民族也纷纷西进，好不容易复兴起来的苏美尔民族，眨眼间又处在了亡国灭种的险境。

在赫梯人对美索不达米亚地区统治 800 年以后，闪米特人的另一支亚述人决定首先打通本土朝向地中海的道路，于是与赫梯人在勒万特北部打了起来，后来巴比伦人又乘机在亚述的后院点火，结果大大延长了苏美尔民族的寿命。闪米特人在内战中改进了不少军事技术，比如战车车轮的结构变得更加轻便，行动起来更加灵活，而苏美尔人在内战中却什么都没有学会。

公元前 1793 年，闪米特一支的阿摩利人汉穆拉比大帝在巴比伦即位，美索不达米亚平原上新的统一战争开始了。公元前 1763 年，最后一位苏美尔民族的君主瑞穆辛的首都拉尔萨城被巴比伦军队攻陷，从此，苏美尔人便在历史上销声匿迹了。

[不可思议的科技]

人类有文字可考的历史至今不过2000年，

但是7000年前的人类却建筑了埃及金字塔。

谁教会了玛雅人创造历法？谁制造了水晶头骨……

有人认为现在世界各地残留的高科技遗物，

都是有幸保存下来的远古文明的残存物。

难道史前人类就具有高度发达的科学技术？这简直不可思议！

史前科技发现

2000 年前的化学电池

1936 年 6 月，伊拉克考古学家在巴格达城郊发现大量公元前 248 年至前 226 年波斯王朝时代的器物，其中包括一些奇怪的陶制器皿、锈蚀的铜管和铁棒。

时任伊拉克博物馆馆长的德国考古学家威廉·卡维尼格描述说："陶制器皿类似花瓶，高约 0.15 米，白色中夹杂一点淡黄色，边沿已经破碎，瓶里装满了沥青。沥青之中有个铜管，铜管顶端有一层沥青绝缘体。在铜管中又有一层沥青并有一根锈迹斑斑的铁棒，铁棒由一层灰色偏黄的物质覆盖着，看上去好像一层铅。铁棒的下端长出铜管底座 3 厘米，使铁棒与铜管隔开。看上去好像一组化学仪器。"

经鉴定，他宣布了一个惊人的消息："在巴格达出土的陶制器皿、铜管和铁棒是一个古代化学电池，只要加上酸溶液或碱溶液，就可以发出电来。"这就意味着，早在公元前 3 世纪，居住在该地区的人就已开始使用电池，这比 18 世纪由世界著名物理学家伏特发明的第一个电池还要早 2000 多年。

后来，卡维尼格用陶制器皿、铁棒、沥青绝缘体和铜管组成 10 个电池。几个月后，他在柏林公布了更为惊人的消息："古代人很可能是把这些电池串联起来，用以加强电力。制造这种电池的目的在于用电解法给塑像和饰物镀金。"

1938 年，德国考古学家威廉·柯尼希在巴格达城郊进行考古挖掘时，发现了远古时代的一组伽伐尼电池。在距今 2000 年以前，人们是如何制造出这组电池的呢？

柯尼希发现的这组伽伐尼电池是铜外壳、铜芯，外壳是借助铝和锡固定好的，这两种材料的比例，现代人还在广泛采用。这一令人惊讶的远古发明物，同卡维尼格的巴格达电池是否可以用于镀金？时至今日，卡维尼格的观点仍未得到考古学界的普遍认可，但我们认为在巴格达出土的这两种姊妹电池在远古确实存在。

德国考古学专家阿伦·艾杰尔布里希特仿照巴格达电池制作了一些陶瓶、铜管和铁棒，从新鲜葡萄里榨出汁液倒入铜管内。奇迹出现了，与电池相连的电压表指针移动起来，显示有半伏特的电压。他有一个公元前5世纪的古埃及银像，银像外面镀着一层又薄又软的金箔。他认为这样的镀金用粘贴或镶嵌法是办不到的，而他仿制的巴格达电池既然能够发电，是否还可以说明古人确实已使用类似巴格达电池的工具用电解法给雕像镀金呢？为了找到答案，他又用雕像做镀金试验。他将一个小雕像悬挂着浸没在金溶液里，然后用仿制的巴格达电池通电，两个多小时后，一个镀金像便出现在他的眼前。经过反复试验，最后他宣称，他已经证实了卡维尼格的论断。

美国的科学家也模仿巴格达电池进行了一系列的试验。他们成功地从电池中获得了半伏特电压，而且持续工作达18天之久。试验中他们使用了多种溶液，其中有葡萄糖、硫酸铜、亚硫酸和浓度5%的醋等，而这些溶液早已为古人所使用。参加试验的科学家一致认为在巴格达附近发现的陶制器皿、铁棒和铜管除了用于制作化学电池外，别无他用。

伦敦科学博物馆的物理学家沃尔特·温顿听到有关此次发现的报告后，对这只陶罐做了仔细的研究，并产生了很深的印象。他说："在铜制容器内放上一些酸，随便什么，醋也可以。转眼的工夫，你就有了一个能产生电压并释放电流的简单腔体。将几个这类腔体串联起来，便构成一个电池组，所发出的电流足以使电铃发声，点亮灯泡，或驱动一辆小型电动车。"

温顿指出，这件物品确实是电池，这是"显而易见和完全可信的"。他的唯一疑问来自它的独特性质。考古学上的"一次性事物"始终是最难解释的发现。其实，此前在巴格达附近的安息古城泰西封已经发现了其他陶罐，只是温顿并不知晓罢了。那些陶罐是与护身符等多种神秘物品一起被发现的。这种情况表明，炼金术士曾使用过这些陶罐，但我们仍然找不到它们作为何用途的线索。

温顿说，最理想的是这只陶罐应同金属线一道被发现，能找到一系列此类陶罐，才是比较好的事情，因为有了它们，疑点便会烟消云散。然而，正如温顿于1967年所指出的，如果不是电池，它又会是什么东西？"我不是考古学家，所以我直接提出了最容易提出的科学答案。我看不出它还能有什么别的用途，也许有更好的答案，但至今我还没有听到。"

很多年过后，还是无人为这只神秘的陶罐提出真实可信的其他解释。而首要的事实仍然是：它作为一个电池工作得相当出色。

科罗拉多大学的保罗·凯泽指出，这些电池的使用者是巴比伦的医生，在没有电鳐鱼时，他们把它作为替代品使用，从而能起到局部麻醉的作用。但是，在各种意见中，仍以伊拉克博物馆实验室主任、德国考古学家威廉·柯尼希所做的解释最有说服力。

柯尼希曾于1938年仔细研究过巴格达电池，他认为，将若干个这类腔体串联起来，从里面发出的电流可用来电镀金属。实验用复制品所产生的电压能够满足这项工作的需要。事实上，为了给铜首饰包银，伊拉克的工匠们仍然在使用一种原始的电镀方法。这种技术可能是从安息时期或者更早的时候起一代代传下来的。3000余年以前，安息人便继承了近东地区的科研传统和公元前330年随亚历山大大帝入侵此地的希腊人的聪明才智。

我们可能永远也搞不清古代的电学实验究竟做到了何种程度。古代伊拉克的工匠们对他们的技术知识防范有加，秘不外传。巴比伦泥版书上也确实列出制作彩色玻璃的配方，但配方中往往夹杂着行话，只有行家才能看出其中的门道。电镀的秘诀肯定是秘不外传的宝贵财富，或许从未以简洁易懂的形式见诸文字。好在伊拉克还有数百个坟冢未曾发掘，博物馆中也有数千块泥版书，其所涉及科学的文字在等人翻译。或许最保险的说法是，古人所掌握的电学知识，其涵盖范围之广可能还会给人们带来种种惊喜。

埃及考古学家在埃及金字塔内发现了一些远古时代的壁画，很明显，埃及古代雕刻家要在漆黑的金字塔里雕刻此壁画，需要光才能做得精细。但是，考古学家们却未在洞穴里发现任何火的痕迹，因为即使使用当时最好的火把或油灯，也会留下痕迹。这是否意味着那时他们使用的是一种电池灯？此推断也有一些根据，因为在附近的一个壁洞中还雕刻着另一幅壁画，画面很像巴格达电池和一盏电灯。

迄今为止，巴格达电池仍未被世界考古界承认，它仍然属于科学之谜，不断吸引着世界考古学家、电气学家和化学家们著书立说，进行科学辩论。我们相信，随着人类对科学的不断探索，这个重大的科学之谜一定会被揭开。

50 万年前的火花塞

1961 年，美国加利福尼亚州奥兰治县的洛亨斯宝石礼品店为了搜寻珍奇宝石，派工作人员兰尼、米克谢尔和麦西 3 个人前往奥兰治县东北方的哥苏山勘察。在接近峰顶海拔 1400 米高处，3 个人找到一块包在岩石中的晶洞。晶洞，是蕴藏在石灰岩或一些页岩中的空心矿物体，其内部生有玉髓层，往往形成五彩缤纷的美丽晶体，可以用锯子小心地分割为二，充分展示内部的光彩，深受收藏家们的喜爱。

3 个人找到晶洞后，当下不敢大意，由米克谢尔用锯子小心翼翼地把它锯开。不料锯开后却发现晶洞内部包藏着特硬的金属物品，原来晶洞里居然有个汽车火花塞！

那是一个金属的圆芯，直径 2.4 厘米。圆芯外面包着一个陶瓷轴环，轴环外面又有一个已成了化石的木制六角形套筒。这个火花塞似的东西位于晶洞的中间，此外这个晶洞内还有两个小型金属物，一个像铁钉，一个像垫圈。二者用铜片隔开，这些铜片已碎。

现在，石头中包含的神秘物质已经广为人知：它是一种内燃机上用的老式火花塞。它也被美国人正式定名为"科索的人造物品"。不过仍有许多人认为，科索晶石是一种"欧帕兹"，意即在不该出现的地方出土的加工物。

"欧帕兹"这个词是美国博物学家伊万·桑德森创造的，主要是针对近年来从古老地层中掘出的，如动植物化石般的人造物品。桑德森盲目地认为这些物体非同寻常，并指责科学家们对事实的隐瞒，即地球上生命的出现要远远早于人们的想象，更异于书中的描绘。因此，也不排除地球有外星人的造访。

这种石头可谓第一个正式的欧帕兹。不过，随着研究的展开，它的神秘面纱日渐褪色。一位地质学家在分析了它的化石状外壳之后，断定它已经有50 万年的历史。这位科学家的身份始终不为人知，而且他的评论也从未见诸正式的出版物中。

但可以肯定，这块石头不是真正的晶石，石头里另藏有两件坚硬的物品，像一只钉子和一个垫圈，这些无疑是比较现代的东西。石头的发现者将其送到专业协会，拍摄了很多照片并做了 X 光测定。测定的结果证实它的确是机械装置的一部分，但奇怪的是 X 光片显示出中心金属轴的一端已被腐蚀，另一端却有类似弹簧或者螺旋纹似的结构。

欧帕兹假设的支持者认为它不可能是一个火花塞，因为现代的火花塞根本不会有像弹簧或螺旋终端的结构。西北太平洋怀疑论派两位科学家的努力终于使这件事有了柳暗花明的转机：他们把这些照片和 X 光片寄给了美国火花塞收藏者协会。

协会的主席对此进行了长时间的研究，在经过认真的分析和比对之后，于 1999 年 11 月得出结论：毫无疑问这是一个火花塞。协会主席还找出它的模型——1920 年的一件样品。

他的解释同时澄清了类似弹簧或螺旋终端的那部分的功用：这些螺旋起一种平衡杆的作用，被用来均衡陶瓷和金属轴之间的热膨胀系数之差。这一解释还与另外一个细节相吻合，据文件记载，发现神秘晶石的地区在 20 世纪初是一个采矿区，可能就是当时使用了配备有老式内燃机的机械，火花塞落入较深的地方，与矿石共同融合而形成了这块令人费解的石头。

众所周知，现代汽车 19 世纪下半叶才问世，汽车火花塞的出现也不会更早，因此晶洞内这个类似汽车火花塞的蕴藏物只能被制成于晶洞形成之前，即 50 万年以前。那时的人类刚刚从动物界中分化出来，还处于极端原始的阶段，他们怎么能制造出作为现代工业产物的火花塞呢？

1963 年，这个晶洞曾在东加州博物馆展出 3 个月。后来，发现者之一兰尼取得了该晶洞的所有权，并以 2.5 万美元的高价将它卖给了一个不知姓名的人。但是，这个火花塞究竟是怎样跑到晶洞里去的，仍然没人弄明白。

70 万年前的月球开采

1950 年，在社会上流传过这样一件事，在一座玛雅庙宇中的一个圆形拱门上发现了一幅月球的地图，这是一幅从地球上望不见的月球背面地图。

除非玛雅人曾经到过月球，或乘着某种飞行工具在月球附近的轨道上来往过，否则他们怎能绘出这样一幅地图呢？

苏联和美国的宇宙飞船都拍摄过月球上的一些尖顶物。这些凸起的尖顶物估计有 12 ~ 22 米高，直径约为 15 米。著名的 UFO 研究权威人士特伦奇说：

"它们像是由智慧的生命放置在那里的。"

苏联"登月"9号和美国"宇航"2号所拍摄的这些神秘的尖顶物是什么呢？能不能作为玛雅人70万年前在月球上从事过矿物开采的证据呢？或者，它们是不是现在仍在使用着的精密通信装备的一部分？

大约在40年前，天文学家发现在月球表面上有一些无法解释的"圆顶物"。特伦奇报道说："至1960年时，已经记录下来的就有200多个。"更奇怪的是，人们发现，它们还在移动，从月球的一个部位移向另一个部位。

有人猜测，玛雅人来到地球之前，一定先到过月球，因为要在地球这样一颗行星上登陆事先必须进行一番仔细研究。地球表面上70%是水，而浓厚的大气层又使地球上的细部很难辨识。

月球就小得多了，而且不受大气的干扰，相对来说也不大受地震、火山、洪水和辐射带来的影响。玛雅人在X行星上建立起自己的基地之后就会很快去开采月球上的金属，不是着眼于月球全面矿层，而是先着手大量开采月球的金属核心。与此同时，还可以从月球那里研究我们这颗星球，规模不大的勘探队和工程人员还可以随时访问一下地球。

玛雅人在月球上的活动进行得有多顺利呢？在宇航员成功地登上月球后，天文学家和物理学家大吃一惊，发现月球和地球并不相同，前者并没有一个金属的核心。但是，月球上已取得的岩石标本证明，月球确实曾经有过一个熔化的金属核心。

一个像月球那样大小的天体的核心，当然远非20世纪的人类力所能及，但玛雅人是能够完成这项任务的，而且困难不会太大。月球上没有大气层，没有风暴，没有海洋，因而也没有大陆的漂移，没有冰河期的威胁和虎视眈眈的土著人的干扰。而在地球上，所有这些因素或其中的任何一个都可能干扰玛雅人的开采活动。

第一张月球背面的照片是1959年10月7日发射的苏联太空船"登月"3号拍摄的，此后，美、苏两国多次派遣了侦察卫星去拍摄月球背面的照片，拍摄至今还没有公布过清晰的照片。现在，美苏两国好像对月球不感兴趣了，美国勘探月球的计划和安排都已取消，苏美两国似乎对金星、火星和其他距离太阳远一些的行星有更大的兴趣。

有没有这样一种可能，玛雅人还生活在月球的表面下，因为那里温度的变化不那么剧烈，在那里可以躲开像暴雨那样袭来的小陨星，而且还有可能找到氧气和水蒸气。在月球的表面还有10%尚未观察和拍摄到的时候，美苏两国就同时不干了。这又是什么缘故呢？

尽管月球已经正式被判断为一个无生命的世界，但是还常常听到在它表面上发现信号和某种亮光的报告。天王星的发现者威廉·赫谢尔爵士 1783 年发现"在月球的阴暗部分，有一处发光的地带"。他用的是一个 0.22 米口径、3 米长的望远镜，一个月之后，他再次看到这个信号。当时，他误认为是月球上的火山活动。近年来对月球所做的勘探说明，在月球上不可能有火山活动，因为月球的核心不存在有导致火山爆发所必须具备的那种熔化的岩浆和巨大的热量。

然而 1961 年在亚利桑那州洛韦尔天文台，美国天文学家詹姆斯·格里纳克在被称为阿里斯塔克斯的陨石坑处看到了更多这样的信号。其他天文观测者也证实了他的观测结果。1958 年，苏联天文学家库祖日夫从克里米亚天文台看到在阿方索斯陨石坑所在之处也有一个这样的红色信号，还有些宇航员也纷纷报告说，在月球上及其附近看到了奇怪的信号或亮光。

值得注意的是，就在库祖日夫观测到月球信号的一年之后，苏联第二次向月球的另一面派出了一艘太空船去拍摄照片，这是巧合吗？火山之说已不足为据，对这些信号又该做何解释呢？会不会是玛雅天文学者在月球上的地道网连接着大大小小的"月海"，而从这些月海中，天文学家才看到那些神秘的红色信号？玛雅人是不是把月球作为他们的通信卫星呢？这一切都有待科学家的进一步考证。

1 亿年前的人造地图

2002 年 9 月 6 日下午 4 时，俄罗斯著名科学家亚历山大·丘维诺夫博士在一个新闻发布会上公布了一个惊人的消息：有充分的证据证明，在远古的乌拉尔山脉，存在过一个高度发展的文明。

他和他的研究机构在乌拉尔山脉考古过程中发现了一块远古时代的石板——一块用高科技机器制成的三维立体地图。丘维诺夫博士称，初步估计，该"三维地图"石板的年龄至少有 1.2 亿年。丘维诺夫博士说，在没发现这块神奇的石板前，他们的研究主题是，在几千年前，是否有古代的中国人曾经居住在西伯利亚和乌拉尔山脉一带？因为在该地区的一些岩石上发现了一些像 3000 多年前中国的甲骨文一样的文字。

科学家们通过研究所有乌法地区的档案资料，发现了一些 18 世纪末写成的档案笔记上记载描述 200 多块有象形文字和图画的远古时代的神奇石板。他们当时的想法是，这些石板可能与古代中国在乌拉尔山脉的移民有关联。

丘维诺夫说："我们要做的，就是努力寻找这个远古时代的文明，但随着研究的深入，我们发现，这些岩石上的图画和文字与 3000 年前的那个时代毫无关系。在这些岩石上的图画中，根本一次都没有出现那个时代应该有的动物，譬如鹿什么的。"

科学家们先后组织了 6 个探险队考察乌拉尔山脉无人区，终于在地下 1.06 米的地方挖掘出了这块石板，他们称它为"神奇之石"。这块石板长 1.5 米，宽度超过 1 米，厚度仅有 0.16 米，重量超过 1000 千克。

许多科学家参观过这块石板后认为，这是一块浮雕，是一个三维的立体地图。刚开始发现这块神奇石板时，他们以为发现了一块 2000 多年前制成的产品。很明显，这块石板是人造的，它共分 3 层，用一种特殊的黏合剂贴在了一起，而第三层更像一种白色的人造瓷。尤其让人惊讶的是，石板表面的浮雕并不像古代石匠用手工雕刻出来的，有足够的证据显示，一种先进而细腻的机器参与了该浮雕的制作。

科学家了解到，在这块石板地图上，能够一眼认出从乌法至撒拉维特的广大地区。石板地图上，乌法山脉的一侧和现实中乌法山脉的走向轮廓完全一致，地图上乌法山脉的另一侧与现实中的稍微有一点不同。

让科学家疑惑的是，石板地图上所谓的乌法峡谷，从现在的乌法城地区到斯特里托马克地区，地球的表面裂开了一个长长的大口子，足有两三千米深、三四千米宽。我们通过地理学研究发现，这种地貌只在 1.2 亿年前才可能存在过，也就是理论上的确有这条峡谷存在。

这块石板地图如果描绘的是它被制作时的地貌，那么石板地图的历史至少也有 1.2 亿年。后来科学家设想，现在的乌夏克河可能就是由地图上这条远古时代的峡谷演变而来的。

科学家称，除此之外，还有更让人惊讶的发现，在三维石板地图上还雕刻着两个宽 500 米、总长度达 1.2 万千米的河道系统，在这个河道系统内，包括 12 道 300 米宽、1 万米长、2000 多米深的大水坝，这些水坝使水产生一个巨大的落差，能从一边很容易地倾泻向另一边，整个水道系统极像现代的水力发电站。后来，相关人士猜想：如果当年真的建成过这个水道系统，那么总共须有 1000 万亿立方米的泥土被挖走，那将是几十个大金字塔的工程。但这也只是科学家的猜想，真正的答案还在研究当中。

埃及的远古飞机雕模

　　1879 年，英籍考古学家韦斯在埃及东北部荒芜沙漠中的古庙遗址内的浮雕壁画中发现了一个奇怪现象，它们当中有与现今飞机形状极其相似的浮雕，以及一系列类似飞行物体。有一图案状似今日的直升机，有的图案状似潜艇或飞船，甚至还有 UFO，这一切却出现在 3000 年前的古埃及。

　　至少有 3 个飞行物与今日的飞机形状极为相似，飞机在 20 世纪初才发明出来，但竟然在 3000 年前的古埃及壁画中出现。在世界历史中，不少远古民族在发展语言和文字之初，均以壁画记载历史，因此出现在庙宇中的浮雕也应该是古埃及人用以记载某一件事或表达某一种意思，但 3000 年前的人可以预言到今日的文明产物吗？在 3000 年前，即使是外星文明曾经降临过古埃及，当时的人也未必有直升机和潜艇这些概念。并且，如果壁画中的 UFO 是外星人的，又为何要与现代文明的飞机画于同处？

　　1898 年，有人在埃及一座 4000 多年前的古墓里发现了一个与现代飞机极为相似的模型，它是用当时古埃及盛产的小无花果树木制成的，有 31.5 克重。因当时人们还没有飞机这个概念，便把它称为"飞鸟模型"。模型现在存放于开罗古物博物馆。

　　直至 1969 年，考古学家卡里尔·米沙博士获得特许进入这个博物馆的古代遗物仓库，他发现了许多飞鸟一样的模型。这些飞鸟模型有个共同点，即都有鸟足，形状半人半鸟，而这个模型除了头有些像鸟外，其他部分跟现在的单翼飞机差不多：有一对平展的翅膀，一个平卧的机体，尾部还有垂直的尾翼，下面还有脱落的水平尾翼的痕迹。

　　为了弄清楚这架飞机模型的本来面目，米沙博士提出建议，由埃及文化部组成特别委员会进行专门的调查研究。

　　1971 年 12 月，由考古学家、航空史学家、空气动力学家和飞行员组成的特别委员会开始对这架飞机模型进行研究。

　　经鉴定，许多专家认为，它具有现代飞机的基本特点和性能：机身长 0.15

米，两翼是直的，跨度 0.2 米，嘴尖长 0.03 米，机尾像鱼翅一样垂直，尾翼上有像现代飞机尾部平衡器的装置。尾翼的外形符合空气动力要求能使机身有巨大的上升力，机内各部件的比例也很精确。只要稍加推动，就能飞行一段距离。

所以，一些专家断定，这绝不是古埃及工匠给国王制造的玩具，而是经过反复计算和实验的最后成品。后来在埃及其他一些地方，又陆续找到了 14 架这类飞机模型。

更令人奇怪的是，在南美洲一些地方，也发现了与古埃及飞机模型极为相似的飞机模型。在南美一个国家地下约 780 米深的地方，挖出了一个用黄金铸造的古代飞机模型，跟现代的 B-52 型轰炸机十分相像。据科学家分析，这架飞机模型不但设计精巧，而且具有能够飞行的性能。

1954 年，哥伦比亚共和国在美国的博物馆展出过古代金质飞机的模型。后来在南美其他国家也陆续发现过这类飞机模型。埃及与南美的飞机模型之间有什么内在联系吗？是埃及人驾机曾经飞到过南美洲吗？既然 4000 年前的人已经发明了飞机，可为什么直至 1903 年才有了世界上第一架飞机呢？古代人是凭借什么手段制造了飞机的呢？这一系列谜团有待人们去逐一解开。

英国的巨石阵遗迹

巨石阵是个谜一样的遗迹，1000 多个遗迹几乎遍布整个英伦地区。这些巨大而高耸的石块，被竖立在荒野、山脚甚至在过去的沼泽地区，而共同的特点是其所在地并不是石场，这些石块就如同金字塔的石块一样，是从远处迁移过来的。

数千年前的人似乎对石头颇有一套办法，他们不仅能轻松地搬运它们，而且能够随心所欲地切割它们、安置它们，将它们放置到准确的位置上。巨石阵的建造者们将原本粗糙的石头表面抛光，将锐利的边缘磨掉成为平滑的弧度。他们还会精巧地挖出孔洞，让木桩能够穿过。

现代考古学家认为，这些石阵或许有某种历法和宗教上的目的，到目前为止，并没有直接的文献或记录可以证明这件事情，但是考古学家研究的结果似乎可以稍稍解释秘密的一部分。

巨石阵位于英格兰岛南部，是最有名的巨石阵。根据推算，它已经有4000 年以上的历史。巨石阵距离索尔斯巴利约 1.6 万米，现在所剩下的石头大大小小有 38 个。

经过长时间的风吹日晒，石头表面产生了许多奇形怪状的凹洞。巨石阵排列成一个同心圆的形态，石块大致为长方形，但却直立在地面之上，高度超过 4 米。而在相邻的石块之上，还有另外一块石头横躺在顶部，或是横跨 2 块或 4 块，排列成一幅奇特的图案。

组成石阵的石块是一种产自威尔斯南部皮利斯里山的青石，距离石阵现在的地点有 400 千米，证据显示，这些巨大的石块是在冰河时期由冰河运送至此的。但到底是谁运送的？为什么这般排列？没有一个学者能解释。整个巨石阵的结构由环状列石及环状沟所组成，环状沟的直径将近 100 米，在距离巨石阵入口处外侧约 30 米的地方，有一块被称为"席尔"的石头单独立在地上，如果从环状沟向这块石头望去，刚好是夏至当天太阳升起的位置，因此部分学者认为巨石阵应该是古代民族用来记录太阳运行的。

但是在 1963 年，波士顿大学天文学教授霍金斯提出了更惊人的理论，他认为巨石阵的一部分事实上是预测及计算太阳和月亮轨道的古代计算机。当时这个理论引起了极大的震撼及批评，但是近代学者的研究却发现，他的说法正确性越来越高。我们来看看这些学者的推论是什么。

巨石阵在史前时代分为三个时期建造，前后将近 1000 年。第一期大约从公元前 2700 多年开始，考古学家称之为"巨石阵第一期"。在这一时期中，最令人费解的事是被称为"奥布里洞"的遗迹。这些洞是 17 世纪一位古文物学家约翰·奥布里发现的。这些洞位于环状沟的内缘，同样围成一圈，总共有56 个。这些洞是挖好后又立刻填平的，并且可以确定洞中未曾有石柱竖立过。

为何当初要挖 56 个，而不是其他的数目？这使研究者极伤脑筋。牛津大学亚历山大·汤姆教授指出，在综合英国境内其他环状石遗迹的研究后，他发现这些洞的排列与金字塔的构造有相同的地方，就是它们同样运用了黄金分割法。

汤姆以英国环保局所绘制的标准地图为准，将 4 号、20 号和 36 号洞穴连接后，便出现了一个顶端指向南方的金字塔图形。其后两个建造期的技术层次及规模都提高了，显而易见建造石柱群的人绝非未开化的原始民族。

霍金斯认为，巨石阵中几个重要的位置似乎都是用来指示太阳在夏至那天升起的位置，而从反方向看刚好就是冬至日太阳落下的位置。除了太阳之外，月亮的起落点似乎也有记载。不过月亮的运行不像太阳一样年年周而复始，它有一个历时19年的太阴历。在靠近石阵入口处有40多个柱孔，排成6行，恰巧和月亮在周期中到达最北的位置相符，所以6行柱孔很有可能代表6次周期，也就是6个太阴历的时间，观测及记录月亮的运行有100多年的时间。

在公元前3300年至公元前900年这段时间中，巨石阵的建造有几个重要的阶段。

公元前3000年之前，这段时期的巨石阵分布在爱尔兰海及爱尔兰—苏格兰海路信道的周边地区，数量不多但令人印象深刻，直径超过30米以上，在圆阵之外都有一个独立石，似乎是一种宣告"此地已被占有"似的标示。

公元前2600年左右，金属被引入不列颠岛，坚硬的凿刻工具被制作出来，这个时期的巨石阵更精致完美，有的巨石直径超过90米，然而其他一些石阵则小多了，一般只有18～30米。它们有个特殊的现象，就是除了圆形石阵之外，还出现了椭圆形石阵，长轴方向指向太阳和月亮的方位。

数目在宗教上也呈现一个有趣的现象，我们发现不论巨石阵的圆周有多大，各地的立石数量都有独特的数目，如英国湖区的数量都是12个，赫布里底群岛地区的是13个，苏格兰中部则是4个、6个或8个，陆地之角是19个或20个，而爱尔兰南部是5个。

公元前2000年，在这个最后时期，以传统方法建立的巨石阵数量便开始减少。整体形状也不是很完美，不是呈现椭圆形就是扭曲的环状。在规模上也大不如前，有的直径还不到3米。这是否意味着传统的精致技术已渐渐失传？但没有人再了解制作这些工程浩大的巨石阵背后的真正目的。

在英国索尔兹伯里以北有一个被称为"巨石阵"的石块群，巨石阵的主体是直立在平原上的一根根排列成圆形的巨大石柱。每根石柱高4米、宽2米、厚1米，重达25吨，两根最大的拱门石柱重50吨。考察者在巨大石阵内发现了由56个石柱围成一个圆形的坑穴群，坑内装满了人的头骨、骨灰，以及骨针、燧石等日用品。

早在200多年前就有人注意到巨石阵的主轴线指向夏至时日出的方向，其中两块石头的连线指向冬至时日落的方位。英国天文学家指出石阵的中心与一块石头的连线与天文现象有关。在巨石阵中，有一块指向5月6日和8月8日日落的位置，而中心与另一块石头的连线则指向2月5日和11月8日日出的位置。因为这4天大致就是立夏、立秋、立春和立冬4个节气的时间，所以他认为建造巨石阵的人们已经有一年分为8个节气的历法了。

20 世纪 60 年代初，天文学家纽汉又找到了指向春分和秋分日出方位的标志，他还指出如果将标号为 91、92、93 和 94 的 4 块石头构成一个矩形，那么它的长边指向了月亮最南升起点和最北落下点的方位。天文学家霍金斯又找出了许多新的指示日月出没方位的指示线，因此他认为巨石阵中的 56 个奥布里洞能预报月食。

天文学家堆伊尔则认为巨石阵更能预报日食。但有不少人对巨石阵是古代天文观测台的说法表示怀疑，因为这些巨石需要到遥远的威尔斯山区去搬运，要动用 150 万个劳动力极强的人来建造，这在当时的运输条件下是极为困难的工程。再说对那圆形坑穴中的人骨等现象也解释不清。

荒凉高原上的文明遗迹

撒哈拉壁画位于阿尔及利亚境内的撒哈拉沙漠中一个名叫塔西里的荒凉高原上，故又名塔西里壁画。这里原来有一座名叫塔西里的山脉，绵延 800 千米，平均海拔 1000 多米，最高峰 2300 多米，岁月的洗礼使这条山脉变得宛若月球表面一样肃杀萧瑟，寸草不生，人迹罕至。

而在遥远的古代，这里曾有过丰富的水源、茂密的森林和广阔的牧场。塔西里，在土著的土阿雷格人语中意思是"有河流的台地"，然而很长时间以来，这里已是河流干涸、荒无人烟了，只留下河流侵蚀而成的无数溪谷和一座座杂乱无章耸立着的锯齿状小山，以及巨大的蘑菇状石柱，似乎在向世人无声地倾诉着这里曾发生的一切。

20 世纪初，法国殖民军的科尔提埃大尉和布雷南中尉等几名军官，在阿尔及利亚阿尔及尔南部 500 千米处一个尚未被征服的地区巡查时，偶然发现了这些不为人知的壁画，他们感到十分好奇。

据布雷南追忆："1933 年，我在率领一个骆驼小分队侦察塔西里高原时，接二连三地发现了好几个'美术馆'，展品真不少，内容有猎人、车夫、大象、牛群，以及宗教仪式和家庭生活的场面。我被这些画面深深地打动了，于是就花了大量时间用速写描下了这些艺术品。"

塔西里的岩画共有数万件彩绘画面和雕刻图案，大部分壁画表明撒哈拉沙漠曾是一片水草丰茂、牛羊成群的世外桃源。最早的壁画可以追溯至距今 1

万年左右的中石器时代，最晚的壁画大约属于公元前后，前后延续了近万年。

不同时代壁画的题材、内容各不相同，风格各异，有的潦草，有的严谨，有的稚嫩，有的凝练，异彩纷呈，令人目不暇接。记载了黑人、法尔拜族、利比亚族、土阿雷格族等民族在此活动的情况。

岩画中最古老的画面是生活在公元前 8000 年至前 6000 年的史前人类绘制的，笔触稚嫩，描绘的一些绛紫色的小人体型极不匀称，头颅又大又圆，而腿和胳膊细如芦柴。他们可能是那些以狩猎和采集为生的黑色人种描绘的，因为岩画中有文身和戴着假面具的人物，这种风俗习惯与黑人的完全相同。在洞穴中有一个高 5.5 米的巨人画面，两只手，圆头，耸着肩膀，头上似乎贴了 4 块金属片，脸上没有鼻子，两只眼睛七歪八扭，仿佛毕加索的作品。因为其他数千幅壁画图案都不是很写意，唯独这幅巨人像特别抽象，因此人们给它起名叫"火星神"。

瑞士空想家丰·丹尼肯认为火星神穿的不是宇宙服就是潜水服，而且头上戴的球形头盔安装有天线，显然是星外来客。其实看似头盔和天线的东西，实际上是装饰着羽毛的头巾，况且在凹凸不平的岩面上的人物画不一定是按照垂直方向整齐描绘出来的，所以丹尼肯将其推测为宇宙人比较牵强附会。这一时期岩画中，无头的人物、奇形怪状的物品比比皆是，类似的画面在西亚安纳托利亚高原地带新石器时代早期的遗迹中也有发现，然而大多数无法解释。

在这一时期的画面上出现了婚礼、宴会及割礼仪式的场面，还有一群人围着一个手执"魔杖"寻找水源的人的情景，此外还可以看到几个小孩合盖一条毯子睡觉，一群妇女在搭凉棚，一个人摇晃着一个醉酒之人欲使其醒来，一只狗正在狂吠……这些栩栩如生的田园风光式的画面再现了昔日撒哈拉居民宁静安详的日常生活情景。

公元前 5000 ~ 前 4000 年，塔西里岩画作品中出现了放牧牛羊、半圆形房屋、舞女、战争及日常生活等场面。狩猎画面也很多，从驱赶鸟兽到用弓箭射取猎物的全过程在岩画上都得到反映。画风完全是采取写实的手法，构图巧妙，色彩鲜艳。

据推测，这些岩画是由至今仍生活在撒哈拉沙漠南部的法尔拜族人描绘的，因为无论是从发型、帽子、武器、住宅还是一夫多妻制等方面来看，两者完全相同。他们在撒哈拉牧草丰茂的时候赶着牛群，由东非迁徙而来，而这一时期塔西里的绘画艺术也达到了巅峰，因此才留下这么多精美的艺术作品。

远古时期的地下古隧道

2011 年 8 月 8 日，以色列考古学家在耶路撒冷公布：在一条古隧道中发现了约有 2000 年历史的古文物，其中包括一把剑。

据了解，这条隧道是一条古代排水管道，建于 2000 多年前，由古罗马时代的工程师设计建造，是古耶路撒冷主要地下隧道之一。这条隧道的主要作用是排放雨水，但是在公元 70 年罗马军团摧毁了犹太人的圣殿"第二圣殿"之后，一些犹太反抗者就把隧道作为藏身之处。

考古学家挖掘的一把罗马军团曾经使用过的剑长约 0.6 米，虽然经历了近 2000 年的岁月，皮革制成的剑鞘仍留在剑上。此外，考古学家还挖掘出古人使用的钥匙。

20 世纪 70 年代，人们在南美洲发现了一条玛雅人的古隧道，据估计它至少有 5 万年的历史，而实际上它的年代更为古远。这条隧道离地面 250 米深，仅在秘鲁、厄瓜多尔境内就有数百米长。隧道的秘密入口由一个印第安部落，即古代玛雅人的后裔把守着。

人们说，这里是"神灵"居住的地方，他们遵守祖训，世世代代守在这里。在古隧道里，考古学家发现了许多远古文物，这些物品放在隧道里不同的洞穴中。使考古学家们兴奋的是一些刻有符号和象形文字的金属叶片，还有不同形状和色彩的石器及金属制品。遗憾的是没有人能破译这些文字。

隧道的穴壁很平滑，似乎经过打磨，与地面成直角。穴顶平坦，像涂了一层釉，不像天然形成，而像某种机械削切的结果。隧道中有个大厅，长 164 米、宽 153 米，里面放着像桌子、椅子似的家具。

令人奇怪的是这些物品的材料很特殊，既不是钢铁、石头，也不是塑料和木材，又像钢铁和石头那样坚硬、笨重，在地球上还没有发现过这种材料。大厅里有许多金属叶片，大多长约 1 米、宽约 0.5 米、厚度约 0.02 米，一片一片排列着，像一本装订好的书。

金属片上都写有很多符号及象形文字。据专家认定那些符号是机器有规律压印上的结果，目前已发现 3000 多片。隧道里还有许多用黄金制作的图案，其中有两块雕刻的是金字塔。每个金字塔旁边都刻着一排符号，还有一个用黄金雕刻的柱子，这个柱子长 0.52 米、宽 0.14 米、厚 0.038 米，柱子上刻有 56 个方格，每个方格里都有奇怪的符号。

英国考察队在墨西哥马德雷山脉也发现了地下隧道，这条隧道可通往危地马拉。每当拂晓，地下隧道里会发出敲鼓一样的声音，声震远方。

阿塞拜疆也发现了一条古代地下隧道，隧道里有一些 20 多米高的大厅，还有很窄的拱形门。据说洞中不时会发出奇妙的声音和光。据考古探测和远古文献记载，考古学家推断地球上很可能有一条穿越大西洋底，连接欧、亚、美、非的环球地下隧道，这些古隧道又很可能是古代玛雅人的杰作。

早在 20 世纪 40 年代，美国人拉姆在墨西哥的恰帕斯州密林考察时就发现了一条远古隧道。1942 年 3 月，时任美国总统罗斯福会见了刚刚从墨西哥的恰帕斯州进行考古研究回来的戴维·拉姆夫妇。

拉姆夫妇给总统带来一个惊人的消息：他们终于发现了传说中守卫墨西哥地下隧道的白皮肤的印第安人。据拉姆夫妇回忆，当他们横穿当地的密林时，被一些皮肤呈蓝白色的印第安人包围，并要求他俩立即按原路返回。他们早就听说，在恰帕斯的腹地存在着早已荒废的玛雅人城市，在这些城市地下分布着构成网络的隧道，他们此行的目的就是要查出这种传闻的真相。

17 世纪，一位西班牙传教士发现了中美洲危地马拉的一条地下隧道。从地图上看，它位于安第斯山脉地下，长达 1000 千米以上。为了保护隧道，待将来人们掌握了足够的科学技术再来开发，这些被发现的地下隧道的入口被秘鲁政府封闭并严加看守，同时它又被联合国教科文组织列为世界文化遗产。

德国作家冯·丹尼肯曾进入过这个隧道。在隧道中，他惊讶地见到了宽阔、笔直的通道和涂着釉面的墙壁。多处精致的岩石门洞和大门，加工得平整光滑的屋顶与面积达 2 万多平方米的大厅，还有许多每隔一定距离就出现的平均 1.8 ~ 3.1 米长，0.8 米宽的通风井。

隧道内还有无数奇异的史前文物，包括那本在许多民族的远古传说中提到的金书。隧道那种超越现代人类智慧的严密、宏大与神奇，使这位以想象大胆著称的作家也惊得目瞪口呆。

他毫不怀疑地认为，这是我们这个世界上最宏大的工程，也是世界上最大、最难破解的谜。丹尼肯拍下了几张有关隧道的照片。他认为隧道是用高科技超高温钻头和电子射线的定向爆破及人类现在还不具有的某些技术开凿成的。

玛雅人的雕刻和壁画是玛雅文化中的一个重要组成部分，然而又有很多古怪的雕刻同样给后人留下了千古谜案。在玛雅古城废墟中，史前学家们曾发现一个奇怪的石刻，据测定是 3 万年以前的物品，现今存放在秘鲁国立大学博物馆里。石刻上是一个古代玛雅人手持管状物，贴放在眼前，朝向天空。玛雅人手持的管状物引起天文学家的极大兴趣。

在玛雅文化的重要古城巴林卡遗迹中，有一幅雕刻在金字塔石板上的壁画，画面是一个人坐在一个鱼形装置里，手里似乎紧握着操纵杆状的机械，鱼前端有处开口，飞行时纳入空气，鱼的尾部喷着许多火焰。这个图画表示鱼形火箭在向前飞行。

在玛雅人生活过的阿亚库乔港的一片茂密的丛林里，有一块 3000 平方米的巨石。每到早晨，旭日东升，阳光从某一个特定角度照射过来，这块巨石上就会显示出很多奇怪的图像。等太阳升高，角度转移，这些图像又随之消失。显然，当年雕刻这些图画的玛雅人是很精通光学原理的，他们根据光的照射角度，巧妙地掌握了雕刻的角度和深度，使人们只有在特定光照角度才能看到这些雕像。这些图像共有 7 幅，其中已辨认出的有大蛇、大钟，以及穿着特殊装束戴着武士盔甲形态的怪人。

迷雾重重的世界古物

1983 年，在中国宁夏固原县南郊乡深沟村的一座古墓中，发掘出一批珍贵文物，其中有一件波斯萨珊王朝约在 6 世纪制造的鎏金人物银瓶。银瓶造型新颖别致，人物形象栩栩如生。经鉴定，其属于波斯东部的手工艺制品，在世界上都是罕见的珍贵文物。

波斯的珍贵文物怎么会在中国的古墓之中？据墓内的墓志考证，这是南北朝时期北周柱国大将军都督李贤和妻子吴辉的合葬墓。

李贤生于北魏景明三年，即 502 年，卒于 569 年，他生前曾任瓜州刺史、河州总管和原州刺史等职。这些地区是通往西域的交通要塞，又是中西交通线上的重镇。波斯商人和僧侣络绎不绝地从陆路来洛阳，或经海路到中国南方各地，他们带来了众多的物品，李贤极有可能从波斯商人手中购买了银瓶，死后便作为陪葬品葬于墓中。

另有一种观点是，当时北魏和波斯两国之间有频繁的经济文化交流，从455 年至 521 年的 60 多年间，波斯派使臣来访达 10 次之多，并带来了不少珍品。据此推测，这件珍贵的鎏金银瓶很可能是北周皇帝赐给李贤的。

贝尔拜克围城遗址位于黎巴嫩首都贝鲁特以东 70 千米处，是世界上最壮观的景色之一，自从公元前 63 年巴勒斯坦全境被罗马帝国征服后，罗马人在这里为维纳斯女神和罗马主神兴建了神殿，代替了早期巴力神及其伴侣阿斯泰特女神的庙宇。

这些古罗马的伟大建筑，历经千年风雨飘零，大部分在一次灾难性地震中毁坏了，这使得原来被压在下面的更古老的建筑残余部分得以显露出来，也给考古学家出了一个千古难题。

在这些建筑中有一部分围墙称为三石塔，所谓三石塔是由 3 块凿好的巨石构成，这 3 块巨石每块重 800 吨，而其中的一块巨石又在 7 米高处，平稳地放在另两块摆放整齐的巨石顶上。在三石塔附近的石场中还有一块凿好的近 22 米长的巨石，这块巨石至少重达 1000 吨。

这些巨石建筑显然源于比罗马人更古老的时代。古代有大批朝圣的人，从美索不达米亚和尼罗河谷风餐露宿跑到巴力和阿斯泰特的神庙朝拜。根据古代阿拉伯人的记载，巴力和阿斯泰特的第一批神庙是在大洪水之后兴建的，而其创建者，按阿拉伯人的说法，是远古时代的宁禄王下令由"一族巨人"负责建造的。

建筑工程学家说，即使用现代起重机械，也不可能吊装这样沉重的巨石。那么，古代人是怎样把塔顶上那块巨石吊上去放在预定的位置上的呢？这个巨石建筑到底象征和意味着什么呢？至今，这块巨石还在俯瞰着苍茫大地，到底有谁能真正了解其中的奥秘呢？

位于埃及吉萨金字塔群 50 千米远的地方，叫阿布西尔，这里从前也有 3 座金字塔，它们是古埃及历史上第五王朝时期建立的，也就是在法老胡夫时代以后，大约 4100 年前。在阿布西尔，人们发现这里的闪长岩曾被加工过。在这种比花岗岩还硬的岩石壁上，钻了许多浑圆的钻孔。这到底是怎么回事呢？

阿布西尔的钻孔不是普通的钻孔，而是包心钻孔。它得名于钻孔钻成后，钻孔的中心形成一条香肠状的圆形石芯。钻孔时，钻头不是随随便便拿在手里就能钻进闪长岩中的。无论是石块还是工具，都要牢牢固定住。为了钻出一个笔直的钻孔，还需要一些配套设备，凭借手工是无法钻出这样笔直、均匀的钻孔的。

在孔洞里，人们甚至可以分辨出钻头旋转留下来的一毫米一毫米推进的痕迹，同时也证实了，钻孔不是后来用金刚砂磨制出来的。很显然，钻孔并不是先用凿子凿出一段孔洞，然后用打磨的方式加工出来的。钻头旋转的痕迹在孔壁和断裂处清晰可辨。

也有人认为包心钻孔是现代人制作的，可能是某些考古学家为了探测石块而打的钻眼。如果真是这样的话，那么钻出一个钻眼就足够了，而阿布西尔的钻孔却散布在各处的石块上。

此外，那些石块的硬度现在任何一个地理学家都知道，自己再去做钻孔实验也毫无必要。早在1000年前，弗德林斯·佩特里先生就对埃及第四王朝时期闪长岩上奇异的包心钻孔进行了描述，所以现代钻孔实验之说是站不住脚的。

古埃及的建筑师们配备了我们至今尚一无所知的加工工具。包心钻孔这样的加工技术并不是偶然能发明的，技术进步是一个循序渐进的过程。为了钻孔的进行，先发明钻机还不够，还需要其他合适的工具，例如金刚石钻头等。为了把金刚石钻头和钻机镶在一起，还要发明合成材料……在4000年前，人们是怎样做到的呢？

秘鲁"鹰岩"上的史前巨石建筑似乎就是一个奇迹，它位于印加帝国库斯科要塞边界附近3500～3800米处。鹰岩上的巨石石块像一座面目全非的巨型建筑遗址。这里到处是巨石，这些巨石像一种拼图游戏中的方块，每一块都经过特殊的处理，拼得天衣无缝，十分完美。

其中有一块相当于现代人4层楼房高度的巨石，从下至上，每一层都经过人工雕琢，仔细加工，十分光滑平整，但台阶的跨度差不多是平常台阶的两倍以上，还有一些类似于座椅的巨型建筑，比日常生活的座椅要大得多。

那么，这种规模的巨石是如何雕琢出来的呢？考古学家认为，原始时代这里可能有过精巧的要塞设施，它也可能是史前建筑体系的一部分。但也有人持反对意见，认为这些建筑可能是后来重建的。

这些巨石建筑是谁建造的？当地人认为，它的建造者是古印加时代的巨人。从这些建筑的巨大规模来看，其主人似乎应远比平常人高大。但神话毕竟不真实，在当地也没有发现过巨人的遗骸或使用的工具。如果说是巨人所造，这些巨人为什么不留下任何资料呢？如果不是巨人所造，那建造的这些巨石建筑的规模为什么要这么大？

1774年9月4日，英国著名航海家詹姆斯·库克在做环球探险考察中发现了新喀里多尼亚岛。这里森林茂密，处处绿树丛生，气候宜人，他觉得这里的景象和自己的家乡十分相似，便当即在苏格兰的古称"喀里多尼亚"前面加了一个"新"字，新喀里多尼亚就因此得名了。

据记载，1768年法国人曾到达过这里。在新喀里多尼亚岛南面有个名叫派恩岛的小岛，从来没有人在此居住，但就在这个小小的荒岛上，却有约400个奇怪的土丘。这些用沙石筑成的土丘一般高2.5～3米，直径约90米，土丘上没有任何植物生长，看上去十分荒凉。过去人们认为这些土丘是古代的遗冢。

1960年，考古学家谢利瓦尔来到这个小岛上对其中的古冢进行挖掘，意外地在3个古冢中央各发现了一根直立的水泥圆柱，另一个土丘中则有3根并立的水泥圆柱。这些水泥圆柱高1～2.5米，在水泥中还掺有贝壳碎片。谢利瓦尔非常惊讶，因为他知道，现代水泥是19世纪才发明的，即使是类似水泥的石灰混凝土，也只追溯至公元前500年～前600年的古罗马时代。

谢利瓦尔请来了有关科研人员对其进行放射性碳检测。经测定，这些水泥圆柱的年代为公元前5120年～前1095年，也就是说，派恩岛的水泥圆柱产生于石器时代，大大早于古罗马时代。

更不可思议的是，按照历史学家过去的说法，世界上第一个到达新喀里多尼亚岛的人是在公元前2000年前后。也就是说，在此之前，新喀里多尼亚岛上从来没有人类居住，一片荒芜，渺无人烟。当然，连现在也无人居住的派恩岛上就更没有人了。

直至1792年，法国人才第一次对小岛进行勘察，以后就把这里作为罪犯的放逐地，100年后，又将其正式划为法国永久领地。那么，是谁在公元前5000多年以前运用复杂的水泥技术，在这没有人居住的派恩岛上建造了这些水泥圆柱呢？

据推测，当时的制作方法是先堆起土丘，然后将水泥倒入使之硬化。但在这些水泥圆柱周围又没有任何人类活动迹象，因此仍然无法知道圆柱的制造者是谁。至于说这些圆柱究竟有什么用处，那就是谜中之谜了。

大千世界，无奇不有，这个世界上有许多事是出乎人们意料的。水中有一座莫名其妙的墙，陆地上有一个令人费解的栅栏。这个栅栏是前不久在美国的密苏里州西北部克来郡附近的小普拉特河流域发现的。被发现时，这个木栅栏深埋在地下，挖出来后，经过碳-14的检测，确认它是1000年以前的产物。其特点是4个边的长度相等，都是10.5米，是一个绝对的正方形。让我们怀疑的是，作为一种屏障，它如此精确的目的是什么？它深埋在地下的作用又是什么？

这个木栅栏的发现引起了美国天文界和考古界的重视，他们委托考古学家威廉·麦克负责对这里进行考察。在细致的测量工作后，威廉·麦克发现这个正方形的木栅栏，除南面是双排的木栏外，其余三面均为单排。在栅栏中间有一根竖直的木桩，它与附近的两根木桩组成了一个三角形。但是，这个三角形却不能支撑很重的物体，因此排除了这个木栅栏是房屋遗址的可能。

不久以后，威廉·麦克在这座木栅栏内又发现了一块刻有神秘符号的石块，这就使人把它和古代印第安人的神秘天文台联系到一起。为了证实这个大胆的推测，威廉·麦克做了大量的实验。通过实验他发现在夏至时，站在中间 3 根木桩组成的三角形北面 3 米的地方，穿过栅栏北端的开口，能够绘制出日出和日落的行经图。在冬至时，站在中间 3 根木桩组成的三角形南面 3 米的地方，也能够绘制出日出和日落的行经图。在春分和秋分时，当太阳升起和落下时，阳光正好直射南边两排木栅栏之间的空隙中。

印第安部落从古至今始终是一个谜，充满了神秘的色彩，人们无法很深入地了解他们，至于他们的祖先，我们就了解得更少了。人们期待解开谜团的那一天。

远古科技探索

古人的医学技术之谜

如果有人说距今 4000 多年前，人类就能够对自己进行心脏分离手术、器官移植手术、面部整容手术、男女变性手术和大脑增大手术，你信吗？

这些让现代医学都望尘莫及的高难复杂手术，是科学家在对古埃及 4000 多年前的数百具木乃伊进行研究中发现的，这说明当时的医生就已懂得如何操作才能使机体免疫细胞与异体的组织更好地结合而不使其坏死的技术。在这些案例中，有 42 具木乃伊有做过心脏分离手术的痕迹，还有一些有扁桃体、阑尾被切除及面部整容和头发移植留下的手术疤痕。

古人懂点医学技术并不足为奇，但他们能有超越现代医学技术的水平吗？4000 多年前，人类社会处在相当原始的发展阶段，怎么可能施行如此复杂高难的手术呢？

另有一批科学家似乎可以帮助回答。1995 年春，由俄罗斯、美国、英国和瑞典的考古学家组成的考察团在对蒙古中部人迹罕至的地区进行考察时，从一个大冰块中发掘出 4000 多年前的木乃伊。考古学家在对其解剖分析和全面研究后发现，这具木乃伊生前的许多内脏器官都是人造器官。令科学家百思不解的是这些人造器官所用的材料是目前科学所无法确知的。在事实面前，科学家不得不承认这具木乃伊身上所施行的一系列手术都远远超过现代医学技术的能力范畴。

美国科学家借助现代医学监测设备对这具木乃伊进行了全面而详尽的检测和研究，认为这是一具外星人的木乃伊。并进一步认为，只要学会制造和移植人造器官，便可以使人的寿命延长几百岁。人体的某处器官一旦出现了问题，便可以用人造器官取而代之。

科学发展至今天，人类已成功地分离出胚胎干细胞。从理论上讲，利用胚胎干细胞可以培育出心脏、骨骼、神经细胞、血液细胞、皮肤细胞、角膜和眼球等重要组织器官。人类寄希望于干细胞技术将来能置换人体内因疾病或外伤而丧失功能的组织器官。在人类目前还仅仅是寄予希望的事情，怎么会在 4000 多年前就有人实践了呢？是古人比现代人更聪明，科技更发达，还是人类的智力退化了呢？

在非洲突尼斯北部一处偏僻的森林内，考古人员意外地发掘出一具史前穴居人的尸骸，这具尸体早已腐化，但在他胸腔内却发现一颗构造精密、十分完好的由许多金属配件组成的人造心脏。

用科学方法碳 –14 进行鉴定，这位穴居人已经死了 5 万多年。也就是说，人类直至 20 世纪才研制出来的人造心脏，原来 5 万年前就已经有人制造出并使用上了，这可能吗？

考古队长梅沙·夏维博士说："那尸体早已腐化，但他体内的人造心脏仍然十分完好，稍加修理便可再次使用。我们深信这是一具来自 5 万年前的人造心脏。如果以前有人对我说有这么一件事，我准会大声嘲笑他，并指责为无稽之谈，可事实就摆在眼前。制造心脏的人绝对不可能是穴居人，也不会来自我们这个星球。"

一位研究古代 UFO 的美国专家奇顿·兰拿说："我们曾经追溯至古埃及人是首批与外星人接触的地球人，但现在事实证明了，早在地球有人类踪影的时候，便已经有外来的高智慧生物存在。那个在穴居人身上找到的心脏虽然十分简单，但却有金属管道和一个类似泵的东西，看起来跟我们今天的人造心脏差不多。这说明某种高智慧生物早在 5 万多年前就已来到地球，并给这个人进行了心脏移植手术。或许这个穴居人并非真的有心脏病，只是被他们用来做实验的'白老鼠'。"

一位考古学家雷福·柏斯提出了另外一种看法："这可能是人类演化过程中失去的某一个重要阶段。或许我们这个世界曾经一度十分文明，但却在很久以前一次核战大灾难中毁灭了，然后经过一段漫长时期，一切生命又重新开始。这具人造心脏极可能是由旧世界一位侥幸生还的科学家，将它移植到一个穴居人身上，作为给后人的一种启示。"科学家的分析是否有一定说服力，这还有待进一步的研究。

暗藏玄机的古代地图

1929年，在土耳其伊斯坦布尔的托普卡比宫，人们发现了一张用羊皮纸绘制的古代航海地图，地图上有土耳其海军上将皮里·雷斯的签名，时间是1513年。这张地图被送到美国鉴定，美国海军水文局绘图专家沃尔特斯和马利在该地图上画上坐标，同现代化的地球仪进行对比研究后宣布了一个轰动一时的发现，这张地图绝对精确，不只是北美和南美沿岸，甚至南极洲也被准确地勾画出来；不只画下了各大陆的轮廓，而且连内陆地形、山脉、高峰、河流、岛屿和高原，都标画得清清楚楚。

地图中的山脉几百年来一直被厚厚的冰层覆盖，肉眼无法看到，直至1952年，依靠地震回声探测仪才发现了它的存在，难道这幅地图是南极洲被冰封雪盖之前的产物？

一艘宇宙飞船飞经开罗，摄下了一张高空照片，以开罗为圆心周围8000千米内的地貌非常准确。但是，因为地球是个球形，所以8000千米以外的大陆好像在下沉，而且被奇怪地拉长了。令人惊异的是，皮里·雷斯的地图与美国的月球探测器拍摄的照片完全一致。

难道皮里·雷斯的地图是根据一张高空拍摄的图片绘制的？是谁给他提供了这张原始照片呢？而且，南极洲上的山脉，冰封雪盖，至少已有15000年，谁能了解15000年前的南极地貌呢？

皮里·雷斯的地图是真实的文件，它是由奥斯曼土耳其帝国海军将领皮里·雷斯于1513年在君士坦丁堡绘制的。皮里·雷斯是一位著名的船长，同时又是一个旅游制图家和收藏家。

据他在自己的地图集和这幅地图的说明中所说，该图是根据前人的20幅地图绘制的，这20幅地图中有8幅是绘制于距今2400年前的亚历山大大帝时代。这幅地图的焦点是非洲西海岸、南美洲东海岸和南极洲北海岸。

皮里·雷斯不可能从当时的探险家那里获取有关资料，因为直至1818年，也就是他绘制地图的300多年后，南极洲才被欧洲人发现。该地图上还显示有穆德后地不被冰封的海岸，根据地质资料，穆德后地这个地区能在无冰状态下被勘测、绘图的最晚日期，是公元前4000年。有证据显示，该沿海地区在无冰状态中至少存在了9000年，然后才被冰层完全吞没。然而，历史并没有一个文明，在公元前13000年~前4000年具有探测这段海岸的能力。历史学家认为，公元前4000年前，地球上不可能有这样的文明存在。

1531年，奥隆丘斯·弗纳尤斯绘有一张古地图，上面标出的南极洲大小和形状与现代人绘制的地图基本一样。这张地图显示，南极大陆的西部已经被冰雪覆盖，而东部依然还有陆地存在。

根据地球物理学家的研究，大约在6000年前，南极洲的东部还比较温暖，这与弗纳尤斯的地图所反映的情况十分吻合。1559年，另一张土耳其地图也精确地画出了南极大陆和北美洲的太平洋海岸线，令人惊讶的是，在这张地图上有一条狭窄的地带，像桥梁一样把西伯利亚和阿拉斯加连在了一起，地图上所显示的无疑就是现在的白令海峡地区。

但是，白令海峡形成已经有1万多年了，西伯利亚和阿拉斯加中间的这条地带就是在那时消失在碧波万顷之下。不知为什么，这张地图的作者竟对1万多年前的地球地貌了如指掌。这些地图是否正确呢？长期以来人们一直争论不休。1952年，美国海军利用先进的回声探测技术，发现了南极冰层覆盖下的山脉，与皮里·雷斯的地图对照，二者基本相同。在震惊之余不禁产生疑问：在1万多年前人们是如何绘制如此精确的地图呢？

皮里·雷斯地图呈现的是尚未冰封的南极洲海岸，而早在6000年前，这种无冰状态就已经结束，整个南极洲被覆盖在冰层之下。

皮里·雷斯承认，他绘制的地图是从大量原始地图中搜集资料而来的。其中，部分是当时或不久前到过南极洲和加勒比海的探险家所绘制的，其他的则是根据公元前4世纪或更早之前遗留下来的文件。

1963年，美国新罕布什尔州基恩学院西方科学史教授查尔斯·哈普古德认为，绘制此地图所使用的原始地图，尤其是公元前4世纪流传下来的那部分，是根据更古老的地图绘制而成的，而后者所依据的蓝本则更为古老。

查尔斯·哈普古德强调，已有确凿的证据显示，早在公元前4000年前，整个地球已被一个具有高度技术，但至今未被发现的神秘文明彻底勘测过，并绘制成地图，然后经由古代纵横世界海洋1000多年的迈诺斯人和腓尼基人流传到后代。这个神秘文明显然拥有先进的导航仪器，可以精确判断经纬度，其航海技术远远超越18世纪下半期之前的任何古代、中古或现代民族。

另外，地图对南美洲的地形也呈现得相当完整，它不但描绘出南美洲的东海岸，也勾勒出西部安第斯山脉，而当时的欧洲人还不知道这座山的存在。

地图正确地显示亚马孙河发源于这条山脉，向东入海。

地图两次描绘亚马孙河：第一次，它将亚马孙河流经路线一直延续到帕拉河口，但玛拉荷岛却未出现；第二次，玛拉荷岛却出现在地图上，而这座岛直至 1543 年才被欧洲人发现。这个神秘文明似乎在好几千年前就对改变中的地貌进行了持续的勘探和测绘。

马尔维纳斯群岛是在 1592 年才被欧洲人发现的，但它却出现在 1513 年的地图上，且纬度正确无误。

地图还描绘出一座位于南美洲东边大西洋中，如今已不存在的大岛。它刚好坐落在赤道北边大西洋中部的海底山脊上，距巴西东海岸 1300 多千米，而今天这儿有两座名为圣彼得和圣保罗的礁石凸出在水面上。

这难道是纯粹的巧合？或许相关的原始地图是上个冰河时期绘成的。那时候，海平面比现在低得多，在这个地方，可能真的矗立着一个大岛。这实在令人费解。

奥伦提乌斯·费纳乌斯于 1531 年绘制的世界地图上的南极洲，整体形状和轮廓与现代地图所呈现的极为相像。地图的山脉形状不一，各有独特的轮廓，有些靠近海岸，有些位于内陆。河流发源于这些山脉，都遵循非常自然而可信的排水模式。

这显示地图绘成时，这块大陆的海岸还未被冰雪覆盖。尤其显示出穆德后地、恩德比地、维克斯地和位于罗斯海东岸的维多利亚地及马利伯德地被冰雪覆盖前的情况。然而，地图上所呈现的内陆，却完全不见山脉和河流，这意味着内陆地区已完全被冰雪覆盖。地图显示，最初绘制原始蓝本的人生活在北半球最后一个冰河时期结束的年代。

18 世纪，法国地理学家菲立比·布雅舍早在南极大陆被正式发现之前，就绘制了一幅南极地图，地图呈现的是南极洲被冰雪覆盖前的真实面貌，揭示了如今被冰封的整个南极大陆的地形。

一条明显的水道将南极洲分成东、西两块大陆，而中间的分界线就是今天的"南极洲纵贯山脉"。如果不被冰层覆盖，这条连接罗斯海、魏德尔海和白令生海的水道就确实可能存在。正如 1958 年"国际地球物理年"的调查所显示的，南极大陆是由一个庞大的群岛组成，而这些岛屿之间阻隔着厚达约 2000 米的冰块。公元前 10000 年左右，北半球各地的冰层消融，促使海平面上升。

有一幅地图显示，瑞典南部覆盖着残余的冰山，而这类冰山当时普遍存在于这个纬度地区，它就是 2 世纪地理学家托勒密绘制的"北方地图"。地图不但呈现当时普遍存在的冰山，也描绘出具有今天形状的湖泊及与冰川非常相似的溪流，从冰山流注到湖泊中。在托勒密绘制北方地图的时候是历史上的罗马帝国时代，西方人根本不知道欧洲曾经存在过冰河时代。班扎拉航海图是由耶胡迪·伊宾·班扎拉于 1487 年绘制的，它显示冰山存在于比瑞典更南的地区，约和英格兰同一纬度，而它所描绘的地中海、亚得里亚海和爱琴海，显然是欧洲冰层消融之前的面貌。这幅地图上的爱琴海拥有比今天多得多的岛屿。

纵观上述神奇的古代地图，不可思议的是，它们所呈现的地球地貌的所属年代都是我们已知人类文明萌芽之前的，那当时又是谁对南极洲、欧洲、南美洲……甚至整个地球持续了好几千年的勘探和测绘呢？

玛雅人发明了宇航器吗

玛雅人的神话告诉我们，他们的一切文明都是一位叫奎茨尔科特尔的天神给予的，他们描述这位天神身穿白袍，是来自东方一个未知国家的神。他教会玛雅人各种科学知识和技能，还制定了十分严谨的律法。

据说，在神的指导下，玛雅人种植的玉米，穗长得像人那么粗大；种植的棉花，能长出不同的颜色。这位天神在教会玛雅人这一切之后，便乘着一艘能把他带向太空的船，远走高飞了。而且，这位天神告诉玛雅人，他还会再回来的。如果我们相信这个神话的话，那么玛雅文化现象也就有了确定的答案。

帕伦克位于墨西哥高原一个荒凉的山谷里，十多个世纪以来，当地人从未关心过那幢废弃并坍塌了的神殿。20 世纪 50 年代，考古学家前来清理这个玛雅废墟时，从浮尘和苔藓中，发掘了一块沉重的、刻满花纹图案的石板。石板上刻绘的图画既神奇又夸张，一个人像驾驶摩托车似的，双手握着某种舵向，围绕在四周的是各种装饰性的花边图案。当时考古界的解释是，这是一件充分展示玛雅人想象力的图画。

20 世纪 60 年代以来，美苏两国竞相发射各种航天火箭，载人的和不载人的宇航器械频繁地在太空穿梭。当宇航员行走于月球和太空的照片不断传回地面后，科学家们大吃一惊。帕伦克那幅图画，哪里是描绘古代神话，分明是一幅宇航员操纵火箭遨游太空的图案。当然，一切已经变了形、走了样，我们无法弄清楚当年那些玛雅工匠们，是怎样临摹出只有今天才可能出现的图像：一位宇航员控制着舵向，两眼盯着仪表。这的确是玛雅人仿制的作品，因为那位宇航员的模样多少有些像玛雅人，或许他们认为自己有朝一日能遨游太空。

尽管玛雅工匠在雕刻时使排气管道弯曲变形为一种装饰性的花边框架，各种仪表、环状物和螺状物都顺形就势艺术化地被处理成各种图案，但一切仍清晰可见。这个运载工具呈前尖后宽的形状，进气口呈沟状凹槽，操纵杆与脚踏板，以及天线、软管，都被生动地描绘出来。

据说当这件作品照片被送往美国航天中心时，那些参与航天器材研制的专家无不惊奇地叫了起来："了不起！这是古代的宇航器！"

太令人惊讶了，要知道古代是没有，也不可能有宇航器的。那么，远在古代的玛雅人是怎么了解航天奥秘的呢？又是如何描绘出宇航员蛰居窄小的驾驶舱，紧张操纵飞船的情形呢？

在遥远的古代，南美这片热带丛林里可能有过一批来自外星球的智能生命，他们在玛雅人顶礼膜拜的欢迎中走出了自己的飞船。他们教给了玛雅人历法和天文知识，并向他们展示了自己的运载工具，向他们传授了农耕的各种知识，然后飘然而去。临行前他们也许有过重访美洲的允诺，但这其中的真相到底如何，也许在科学家的苦苦追求之中总会有一天大白于天下的。

远古的计算机

1900 年，一位以采集海绵为职业的希腊潜水员，在安蒂基西拉海峡的水底，发现了一个巨大的黑影。他游过去一看，不由得大吃一惊。原来，这是一艘古代沉船的残骸。这个意外的发现使他高兴万分，他再度潜下水，仔细察看，发现古船里装有大理石雕像和青铜雕像。

不久这条沉船被打捞了上来。经专家考证，这是一艘沉没水下已达 2000年之久的古船，也就是说，它在公元初就沉没了。船上珍贵的古代艺术珍宝马上得到挽救和保护。

然而，工作人员在分析、清理船上物品时发现，在原来认为没有用的杂物中有一团沾满锈痕的东西，而它的价值远远超过了所有雕像。经过认真的处理，人们发现那里面有青铜板，还有一块被机械加工的铜圆圈残段，上面刻有精细的刻度和奇怪的文字。专家们意识到这圆圈非同一般，古代船上怎么会有这样的东西呢？

经过两次认真的拆卸、清洗之后，专家们更加惊叹不已，摆在他们面前的竟是一台真正的机器。这台机器是由活动指针、复杂的刻度盘、旋转的齿轮和刻着文字的金属板组成，经复制发现它有 20 多个小型齿轮，一种卷动传动装置和一只冠状齿轮，在一侧是一根指轴，指轴一转动，刻度盘便可以各种不同的速度随之转动。指针被青铜活动板保护起来，上面有长长的铭文供人阅读。

此后，科学家又找到了 80 多片该机械的残骸碎片。据研究，这个青铜装置由三个主要部件和其他一些小器件组成，可能是因曲柄的活动才使得这个装置经过了这么长时间仍然保持得比较完好。就当时的情况来说，它无疑是 20 世纪最伟大的考古发现之一。

美国学者普莱斯用 X 光检查了这台机械装置，认为它是一台计算机，用它可以计算太阳、月亮和其他一些行星的运行。据检测，它的制造年代是公元前 82 年。

这不能不令世人感到惊异。要知道，计算机是 1642 年才由帕斯卡尔发明的，而且当时他制造的计算机准确度很差。虽然人们公认希腊人是古代最有智慧的民族之一，但这台古代计算机的出现还是令人感到不可理解。

还有，这个机械装置全部由金属制成，使用了精密的齿轮传动装置。而人们都知道金属齿轮传动是在文艺复兴时代才出现的，制作它时必须具备的车、钳、铣、刨等机械加工工具在古希腊都是根本不存在的。

1902 年，科学家史泰斯宣布：这件装置是古希腊的一种天文仪器。他的看法随即引起了学术界的争论，并且这种争论持续达百年之久，至今尚未有定论。历史学家开始认为，古希腊不可能有这么高超的机械工艺，虽然古希腊在数学方面成就显赫，但并没有机械制造技术。这一被称作"安地基西拉"机械装置的发现，打破了这一固有的观念。

其后数年间，出现了几种不同意见：有人认为，那个如便携式打字机一般大小的机械装置是星盘，是航海的人用来测量地平线上天体角距的仪器；有的人认为可能是数学家阿基米德制造的小型天象仪；还有的人认为机械装置如此复杂，不可能是上述两种中的任何一种；最保守的学术界人士甚至认为，机械装置是千年后从其他驶经该海域的船只上掉下去的。

　　而现今的科学家却认为：安地基西拉机械装置又名罗得斯计算机，也称希腊齿轮天象测计仪，此仪器依据数学原理制成，可模仿天体运行。安地基西拉机械装置虽然很像现代时钟，但它是一种天文仪器，有些专家认为使用这些装置的人可能不是天文学家，而是占星家。

　　剑桥大学普莱斯教授把它比作"在图坦哈卡门王陵墓中发现的一架喷气式飞机"，这的确是一项前所未有的重大发现。有些人还坚信，制造这个机械装置的根本不是古希腊人，而是来到地球上的外星球人。

　　无论怎样说，从另一层面看，安地基西拉机械装置重见天日，改变了世人对古希腊科技发展缓慢的固有观念。现在，专家们也承认机械工艺是希腊科学的一个重要组成部分，这个机械装置也无疑是现代仪器的鼻祖。

　　于是人们不得不面临这样一个问题：这台安地基西拉机械装置到底是谁制造的？有人说，如果它是古希腊人制造的，那么人们对古希腊科学技术的理解恐怕要彻底改写。但在古希腊和其他一切古代民族的文献中，从来没有任何关于计算机机械的记载。如果它不是古希腊人所造，那么必定出于远比古希腊人更有智慧、科学技术和工艺水平也要高得多的智慧生命之手。

　　负责这项研究的是一个由希腊和英国科学家们共同组成的研究小组，他们分别来自雅典、萨洛尼卡、加的夫和雅典国家考古博物馆等。

　　研究员们发现这个青铜装置记载了2000多年前古希腊人见过的许多神秘现象。参与该项研究的来自雅典大学的研究员亚尼斯·比特萨奇斯说："这个装置中的记载有很多，我们已经破译了95%，共计1000余篇，我们可以从中了解到许多原来我们不知道的东西。"

　　扫描结果显示，这个装置最初被放置在一个矩形木框中，木框上有两扇门，上面注有使用说明。位于安地基西拉机械装置前端的是一个单独的刻度盘，上面是古希腊人绘制的黄道十二宫图和一个古埃及日历。后面则是两个刻度盘，显示的是有关月球运动周期和月食的信息，整个装置靠一个手动曲柄驱动。据分析，安地基西拉机械装置能够跟踪水星、金星、火星、木星和土星等当时已知的所有行星的运动、太阳的方位及月球的方位和盈亏。

　　在装置后面一个跨度19年的日历上，研究人员设法读取了所有月份的名字。月份名字均是科林斯式，说明安地基西拉机械装置可能是在位于希腊西北部或西西里的锡拉库扎的科林斯殖民地制造的。锡拉库扎是大名鼎鼎的数学家阿基米德的家乡。在制造安地基西拉机械装置时，罗马人已经控制了希腊的大部分地区。

美国古代世界研究所的亚历山大·琼斯教授说："很多人一定会将这个装置与伟大的科学家阿基米德联系在一起，他生活在安地基西拉，公元前212年去世。但这个装置最有可能是在他去世后很多年制造的，它可能与由阿基米德发明的一系列科学仪器有关，或者说是在它们的基础上制造的。"

第一个对这一青铜装置进行研究的是英国历史学家德勒克·普拉尔斯，他在20世纪60年代就提出了关于这一青铜装置用途的假说，但是科学家不久后就对他的理论提出了许多疑问。

雅典大学天体物理学家迈萨斯说："在这样的一个器物中能蕴藏着这么多天文学及数学的知识，这让我们感到非常惊讶。随着我们对这件青铜装置研究的深入，相关历史也将被改写。因为我们此前一直认为古希腊人在应用技术知识方面非常匮乏，但现在看来，事实似乎不是这样的。"

神秘的复活节岛石像

复活节岛是智利的一个小岛，距智利本土3600多千米。

1722年，荷兰探险家雅可布·洛吉文在南太平洋上航行探险，突然发现一片陆地。他以为自己发现了新大陆，赶紧登陆，结果上岸后才发现是个海岛。正巧这天是复活节，于是就将这个无名小岛命名为复活节岛。1888年，智利政府派人接管该岛，说来也巧，这天又正好是复活节。

复活节岛呈三角形状，长24千米，最宽处17.7千米，面积为117平方千米。岛上死火山颇多，有3座较高的火山雄踞岛上3个角的顶端，海岸悬崖陡峭，攀登极难。

一提起复活节岛，人们首先想到的是那矗立在岛上的600多尊巨人石像。石像造型之奇特，雕技之精湛，着实令人赞叹。人们不禁要问，这么多的石像是什么人雕琢的？雕琢如此众多石像的目的是什么？是供人瞻仰观赏，还是让人顶礼膜拜？

近年来，一些国家的历史学家、考古学家和人类学家都曾登岛考察，试图弄个水落石出，结果虽提出种种解释，但也只能是猜测，不能令人信服。

复活节岛上的石像一般高7～10米，重达3万～9万千克，有的石像一顶帽子就重达1万千克之多。石像均由整块的暗红色火成岩雕琢而成。所有的石像都没有腿，全部是半身像，外形大同小异。石像的面部表情非常丰富，它的眼睛是专门用发亮的黑曜石或闪光的贝壳镶嵌上的，格外传神。个个额头狭长，鼻梁高挺，眼窝深凹，嘴巴噘翘，大耳垂肩，胳膊贴腹。

岛上所有石像都面向大海，表情冷漠，神态威严。远远望去，就像一队准备出征的武士，蔚为壮观。面对这一尊尊构思奇巧的巨人石像，人们自然会有一连串的疑问：石像雕于何时？如此高大的石像是用什么办法搬到海滨的？一些尚未完工的石像又是遇到什么问题而突然停了下来？为揭示这些谜，科学家们进行了长期调查，对于一些问题已有了初步的答案。

据有关学者考证，人类登上复活节岛始于1世纪，石像的底座祭坛建于7世纪，石像雕琢于1世纪以后。至12世纪时，这一雕琢活动进入鼎盛时期，前后历经四五百年，大约至1650年前后才停了下来。

从现场环境看，当时停工的直接原因可能是突然遇到天灾，例如火山喷发或是地震、海啸等。至于石像代表了什么，多数学者认为，可能是代表已故的大酋长或是宗教领袖。

接下来的问题是石像是怎么运到海边的。在岛的东南部采石场，还有300尊未雕完的石像，最高的一尊高22米、重约40万千克。如此巨大的石像在那个时代，仅靠人力和简单的工具是运不走的。据当地人传说，这些石像是靠鬼神或火山喷发的力量搬到海边的。还有的说，是用撬棒、绳索把躺在山坡上的石像搬到大雪橇上，在路上铺上茅草芦苇，再用人拉、棍撬一点一点移动前进的。但是，一些考古学家真的组织人这样做了，结果证明行不通。因此，复活节岛对于旅游者来说，仍然是一个很神秘的地方。

大洋中间的复活节岛是一块三角形岩石，东北部凸出，面对着波利尼西亚小岛群。西南部地势平缓，与智利海岸遥遥相对。三角形的每个角上各有一座火山。左边角上是拉诺考火山，右边是拉诺拉拉科火山，这座火山的斜坡上有岛上最大的巨型石像群。北方角上是拉诺阿鲁火山，它与特雷瓦卡山相邻。岛上的居民几乎都住在靠近拉诺考火山一个叫汉加罗的村庄里。

复活节岛是迄今唯一一个发现有古代文字的波利尼西亚岛屿，这些文字的意义至今仍是不解之谜。

尽管局限于如此之小的区域，而且仅被少数当地居民使用过，但这些文字都是一种高度发达的文明之佐证。这些人是谁？来自何方？他们什么时候来到这座岛屿？是他们带来了自身的文明和自己的文字吗？这些深奥晦涩的符号曾经是要表述一种什么样的情感、思想和价值？

　　复活节岛于 1772 年被荷兰商船队长雅各布·洛吉文发现，厄运从此开始。那时岛上的人口是 4000 人，1863 年减至 1800 人，至 1870 年只有 600 人，而 5 年之后仅有 200 人，至 1911 年时也不过稍多一点。复活节岛上唯一的资源就是人力和少数几块农田。

　　1862 年，一支贩运奴隶的海盗船队从秘鲁出发，来此寻找挖鸟粪的工人。他们掠走了 1000 多岛民，包括复活节岛的国王凯莫考和他的儿子莫拉塔，以及能读懂石板文字的老人。

　　驻利马的法国领事最终将 100 多个被贩卖的岛民遣返回岛，但那时他们都已染上了天花，且回去后传染给了其他岛民。或许复活节岛文字的秘密就是随着这场灾难性传染病的受害者一起被埋葬了。

　　人们最早着手研究这些文字遗迹是在 1864 ~ 1886 年，那时他们试图把这些符号加以分类，或是把它们与其他未经破解的文字和古印度文字加以比较。这些破译的尝试分为三个阶段，每一段都与一个象征复活节岛一段历史的图形和一个特定的木简相关联。当 1866 年法国商船"坦皮科号"停泊在复活节岛近海时，岛上约有 1000 居民。这艘船的船长是迪特鲁·博尔尼耶，随船前来的有传教神父加斯帕尔·赞博。

　　两年后，迪特鲁·博尔尼耶在岛上定居下来，与岛上女王科雷托·库阿普伦成婚，或者更准确地说，是挟持了女王，并与一个叫约翰·布兰德的盎格鲁·塔西提混血人结成一伙。

　　1868 年，赞博神父决定返回瓦尔帕莱索。由于他将途经塔西提，复活节岛的岛民请他带给主教德帕诺·若桑一件礼物以表敬意。这件礼物是用 100 米长的发辫绕成的一个巨大的球。当礼物解开后，展现在主教面前的是一块有奇怪符号的木简。

　　传教会里有一位年长的岛民乌鲁帕诺·希那波特解释说，那是石板文字，是记录岛上最古老传统的木简。但自从知道这些符号秘密的老人去世后，就再没有人能解释出来了。主教给仍留在岛上的传教士希波利特·鲁塞尔神父写信，要他尽其所能寻找这些木简并送给他。

　　鲁塞尔送了 6 块给主教，随附注记说，上面的符号很可能什么都不表示，岛民也不知道它们表示什么，而那些宣称知道它们含义的人都是骗子。

　　但这位主教深信这是个重要的发现，后来他终于在塔西提一个种植园里找到一个能解这些木简的人梅特罗·陶·奥尔。主教刚把其中一块有几何、人形和动物图案的木简给他，他就开始吟唱宗教圣歌，很明显是在读那些符号，从下往上，从左至右，并在每一行结束的时候把木简翻过来，接着读下一行。

这是一种叫"牛耕式转行书写法"的变种，字面意思是说，像牛耕地时那样转换方向，类似于某种古希腊碑文，行与行逆向书写。不幸的是，不管把哪一块木简给他读，他唱出的都是同样的东西。最后，他坦白承认，岛上没有人能看懂这些符号。

1870 年，智利"沃伊金斯号"海船船长伊格纳西奥·加纳抵达复活节岛时，迪特鲁·博尔尼耶把一根刻有符号的当地首领的拐杖送给他，专家们认为这是现存的最好的石板文字范例。

加纳把这根拐杖，连同两块刻有符号的木简送给了自然历史博物馆的学者鲁道夫·菲利皮，并解释说，复活节岛民对这些符号如此敬畏，显然这些符号对他们极为神圣。菲利皮立即把木简的石膏模型送给世界各地的专家，但没有一位被请教的专家能找到这些神秘符号的答案。

1885 年，美国商船"密歇根号"停靠复活节岛。3 年后，美国国家博物馆出版了该船船长威廉·汤姆森的介绍复活节岛历史的著作，那是当时最为详尽的关于该岛的记述。

在到达复活节岛之前，"密歇根号"停靠塔西提。在那里，汤姆森拍下了主教收藏的木简的照片。一到复活节岛，他就四处寻找能翻译这些符号的岛民。他遇到了一位叫乌尔·韦伊克的老人，一看到这些木简的照片，老人就开始吟唱。就像梅特罗·陶·奥尔，他似乎不是在读这些文字。

现在专家们认为复活节岛上的这些符号有可能是单词，也可能仅是些符号，帮助当地人把口头传诵的传统传递下去，尤其是使家族系谱记录代代相传。在今天，它们仍是奉献给静默之神的诗篇。

不可思议的史前艺术

法国学者彭卡德与古生物学者罗夫在拉马什山洞挖掘出 1500 个石刻图案的石板，画中人物的衣着装扮与中古欧洲人雷同。这些石板也曾被认为是现代人伪造的，理由是："这些石版画太现代化，太复杂了，画得太好了，很难让人相信这些画是洞穴的原始人画的。"

罗夫解读了其中一个在拉马什发现的石刻图形的石板，他原先认为是一个一边跳着舞一边演奏的小提琴表演家，然而这个小提琴表演家的大腿上似乎系着一支类似枪的东西。1.4万年前的原始石版画上怎么会有枪呢？真是令人难以理解。

堪称"江西第一路"的老虎墩遗址竟有史前时期铺设的鹅卵石路。这段长4米、宽0.90米，用鹅卵石铺成的路段位于江西省靖安县北潦河支流小南河流域，距离震惊全国的李洲坳东周古墓及郑家坳新石器时期晚期古墓群均约5000米。这里是从2009年6月开始发掘的一个面积约600平方米的考古遗址，当时已经出土了各类陶器、石器文物1000余件。

据考古人员介绍，这条路段被压在新石器时期的小墓下方，综合同一发掘层所出土的文物情况，可以推断这条鹅卵石路属于6000年前的史前时期。在发掘现场，这条路段周边还有一些红烧土的遗存，可见该路周边曾经是一些建筑。

纳米比亚位于非洲大陆西南部，纳米布沙漠为一狭长的沙丘和裸石带，地跨南回归线，是世界上最干旱的地区之一。这里长年无雨，气候异常恶劣。地表荒凉，基岩裸露，许多山区几乎被无边无际的流沙覆盖。一些沙丘竟高达250米，长达几十千米。布兰德山海拔2600多米，是纳米比亚的最高峰。举世闻名的非洲岩画——布兰德山的"白贵妇"，就位于这样的荒漠深处，吸引了世界上无数困惑不解的目光。

1927年，一位法国工程师在布兰德山边发现一个绘有岩画的古代人类栖息地。据考证，这些岩画绘于公元前6000年左右。有一幅岩画描绘的是妇女们参加游行的场面，然而令人不可理解的是，画面上除了几个土著黑人妇女外，竟还有一位现代打扮的白人女郎。

她肤色白皙，姿态典雅，身穿短袖套衫和紧身裤，发型与现代女郎完全相似，其头发、胳膊、腿上和腰部还都装饰着耀眼的珍珠。

当著名考古学家艾贝·希留尔经鉴定宣布它是7000多年前的真品时，人们都陷入时间和空间的迷茫之中。

据考证，人类穿衣服的历史不过4600多年。许多土著黑人的穿着现在也并不是十分精细考究。远古时代的纳米比亚人何以能够超越时空，准确无误地画出几千年后另一种族的人物形象及服饰呢？他们真的有超时空的力量吗？这些真的是奇迹吗？

在澳大利亚的南部一个洞穴里，人们发现了一幅奇怪的古代壁画，壁画的主角是一个身穿长袍、头戴圆形盔的人物。圆形盔上只露出两只眼睛，使人看不见他的面目。盔外面写着一些没有人能够辨识的文字。在这个人物左边，画着 62 个小圆圈。这些小圆圈不规则地分成 3 排，最靠左一排有 21 个小圆圈；中间一排最多，有 24 个小圆圈；靠近人物一排最少，只有 17 个小圆圈。

在澳大利亚的热带原始森林的洞穴里面，也发现过一幅耐人寻味的远古图画，画中的情形与前者十分相似：他们头上也戴着圆形盔，盔上带有 4 根长长的触角，但他们身上穿着密封的紧身衣而不是长袍和带有宽腰带的工装裤；在他们头上，也刻有一些令人莫名其妙的文字。澳大利亚土著人将其称为"两个创世的生灵"。

人们都知道，澳大利亚土著人不可能单凭想象虚构出洞穴壁画上的长袍、紧身衣和工装裤，而壁画上那些无人知晓的文字，同澳洲土著人的文字相去甚远。有人声称，壁画上人物头戴的圆形密封盔，同非洲撒哈拉岩画及南美玛雅人绘画中一些头戴圆盔中的形象十分相像。

而这些圆形盔又与现代宇航员的服装相似。因此有人认为壁画上的形象是访问过地球的外星人，那两个"创世的生灵"头盔上的 4 根细触角，也被解释为宇航员头盔上的天线或信号接收器。当然也有人不同意这种关于外星人的说法，但又找不到其他更令人信服的解释。还有那离奇的文字和 62 个小圆圈究竟是什么意思？至今也没有人能够回答。

在英格兰西部伯克郡乌芬顿堡的山坡上，有一座创作于公元前 200 年的白马浮雕。这匹白马长达 100 米、高 40 米，神形兼备，貌似驰骋，横跨一座山坡，气势雄伟。说来简直令人难以置信，这是古代先民采取刮去表层的土后，露出下层的白垩层而雕刻成的。

附近的村民们每隔 6 年聚集一次，为白马铲除杂草修缮环境，至今这匹白马还完好如初。尽管人们惊叹地欣赏它，但却不知道它的确切含意，不知道它到底象征着什么，不过它仍是一件伟大的艺术品。

在美国佐治亚州有一个巨大的土丘，已有 1500 年的历史。土丘顶上有一只用石块堆砌成的巨鹰，展翅宽达 40 米，仿佛就要腾空而飞。这个巨鹰丘显然是古代印第安人的创作，但它们建造这个土丘的目的仍是个谜。

揭秘科技悬案

令人惊叹的史前洞穴壁画

　　在西班牙北部几个荒无人烟的山洞里，发现了距今 28000～10 万年旧石器时代的雕刻和绘画。这些发现起先被人们怀疑为诋毁达尔文进化论的阴谋。后来考古学家从所在地区的地下发掘出了和画上一致的野兽的骨髓。据考证，这些动物大多为远古时代的珍禽奇兽，有的早在许多世纪前在欧洲绝迹。

　　这些画是在幽深、宽敞的漆黑洞穴里发现的，有的在洞顶，有的在四壁，酷似教堂壁画，因而被称为"史前艺术的西斯廷教堂"。这些作品不仅是写实，而且透着修养有素的艺术家的敏感和灵气。

　　这处洞穴是 1940 年 9 月 12 日由 4 个年轻人发现的，1955 年第二次世界大战结束后才首次对公众开放。每天参观的客人达 1200 人次，人体呼吸所释放的二氧化碳严重损坏了洞穴壁画，在 1963 年，为了保护这一旧石器壁画艺术，西班牙政府停止向公众开放。

　　阿尔塔米拉洞穴是西班牙的史前艺术遗迹，洞内壁画举世闻名。其位于西班牙北部古城桑坦德以南 35 千米处，洞窟长约 270 米，高 2.3 米不等，宽各处不一。洞里保持着久远的石器时代面貌，有石斧、石针等工具，还有雕琢平坦的巨大石榻。

　　这是现已发现的人类最早、最著名的美术作品之一，它是 1879 年由一个名叫蒙特乌拉的西班牙工程师偶然发现的。因为这一壁画中描绘的动物太生动了，以前从未见过这类壁画，所以这位工程师将它公之于世时，西班牙考古界反而说他造假惑众，使他蒙冤 20 多年。

　　150 余幅壁画集中在洞穴入口处的顶壁上，是公元前 3 万～前 1 万年的旧石器时代晚期的古人绘画遗迹。其中有简单的风景草图，也有红、黑、黄褐等色彩浓重的动物画像，如野马、野猪、赤鹿、山羊、野牛和猛犸等。有的躺卧休息，有的撒欢奔跑，有的昂首翘尾，有的追逐角斗或互相亲昵。

据考证，壁画颜料取于矿物质、炭灰、动物血和土壤，再掺和动物油脂而成，色彩至今仍鲜艳夺目。壁画线条清晰，多以写实、粗犷和重彩的手法，刻画原始人熟悉的动物形象，组成一幅幅富有表现力和浮雕感的独立画面，神态逼真，栩栩如生，达到了史前艺术高峰，具有很高的历史和艺术价值。

肖维特洞穴位于法国南部的阿尔代什省，长约 500 米，里面的一些小走廊各有特色。1994 年，3 位洞穴学家发现这处洞穴里竟然完好地保存着旧石器时代精美的壁画艺术，随后肖维特洞穴名声大噪，并很快成为世界上最著名的史前艺术遗址。洞穴里有许多动物的壁画，可见的有犀牛、马和狮子等，共 400 个动物图像。法国考古人员和科学家在对该洞穴采用同位素方法进行检测后认为，这是迄今为止世界上发现的最古老的洞穴壁画之一。肖维特洞穴具有两个历史时期人类的活动迹象，分别是旧石器时代前期和旧石器时代晚期，多数洞穴壁画属于旧石器前期。

1901 年，一位名叫丹尼斯·佩朗宁的老师发现了芬德歌姆山口的洞穴壁画，这些壁画可追溯至公元前 1.7 万年前。1966 年，当科学家再次清理该洞穴时，偶然间发现了一幅绘有 5 头野牛的壁画和 200 多幅彩绘，它们均被认为是超越拉斯柯克斯洞穴的多彩史前壁画艺术。除了大量壁画，考古学家还在岩壁上发现了很多手印。该洞穴现已对外关闭。

为了研究手印究竟是谁烙下的，斯诺教授将其模型输入电脑，并与现代欧洲人的手型进行了比对后发现，史前女性确实也参与到绘制巨幅壁画的过程中。

不仅如此，斯诺教授又查看了法国加尔加斯洞穴壁画和有 2.8 万年历史的西班牙卡斯蒂略洞穴壁画，并得出相同的结论：妇女在史前文化中的作用可能远远大于此前的预期。斯诺说："虽然我们不知道在公元前 4 万年~前 2 万年的旧石器时代女艺术家的地位究竟如何，但是我们的发现足以说明当时的女性在艺术文化中占据着不可低估的地位。"目前斯诺教授的研究仅限于欧洲地区，但他表示他还将对世界其他地区的壁画进行研究，以最终确定史前女性在艺术领域的地位。

1939 年，纽约长岛大学的保罗·科贝克博士驾驶着他的运动飞机，沿着古代引水系统的路线，飞过干涸的纳斯卡平原。突然，他好像看到平原上有着巨大而神奇的直线图案，仔细一瞧，原来真的是巨大的平行线条，而这些线条构成了巨大的图案。

这种图案只有从高空上才能欣赏，因此在 20 世纪飞机发明之前，人们从未知晓这地区地面上有这么巨大的图案。科贝克博士惊叹地说："我发现了世界上最大的天文书籍。"

在地面上观察，可以看到那些巨大的交织排列直线，有时彼此平行，有时呈文字形，还有很多又长又宽的条纹横贯其间，有的像道路，有的像方格、圆圈、螺纹。然而从飞机上看下去，这些在地面上的简单几何图形立即有了意义。

这里的许多图形如同蜥蜴、狮子等，还有好多不可名状的像某些植物，只不过植物的具体形态被省去了，只剩下简练的线条。只有飞行于秘鲁的天空，才能欣赏到各种精彩的纳斯卡平原巨画。

当旭日东升之时，登上纳斯卡山巅，一幅美丽奇异的图画便呈现在你的眼前，但当太阳升高之后，这些巨画便杳然消失。古代印加的艺术家利用光学原理对巨画的布局设计做出了精确的计算，使之具有如此神秘之魅力。因此，纳斯卡谷地的巨画被称为"世界第八奇迹"。

其中很有名的图案就是鸟图，在纳斯卡荒原上总共砌着 18 种不同类型鸟图。之所以将这类图形称为鸟图，是因其看起来像某些种类的鸟。不过令人感到有趣的是，这些鸟图似乎有未曾在当今出现的鸟，有些甚至像我国《山海经》所描述的奇异鸟类。这种鸟图尺寸非常大，长 27 ~ 36 米不等，甚至有 128 米长的翼展。在纳斯卡出土的部分陶器上也发现有类似的鸟。在皮斯科海湾附近，一座光秃秃的山脊上，刻着一个巨大的三叉戟图案。三叉戟图案似乎不是南美洲现有文化所有的，这又是如何画出的呢？

构成这些图案线条的是深褐色表土下显露出来的一层浅色卵石。专家估计过，每砌成一条线条，就需要搬运几吨重的小石头，而图案线条中那精确无误的位置又来自制作者必须依照精心计算好的设计图才能够进行，并复制成原来的图样。绘制这样的巨图，需要精密的测量技术与工程能力，显然不是当地的土著所具备的。

这些图是要从天上乘坐飞机才能欣赏到的，有人认为这代表当初绘制巨图的文明具备飞行的能力，他们可以进行空中测量与摄影。也有人认为是过去存在的巨人民族所绘制的，对于巨人来说，这些图形的建造显然是容易的，而且他们可以毫不费力地欣赏。

当初绘制巨图的文明具备飞行的能力吗？如果这是真的，那么人类是否早在更久之前的古代，就具备了 20 世纪才具有的飞行能力？

如果那些巨图是"过去存在的巨人民族"所绘制的，那这个巨人民族曾在人类的文明中扮演什么样的角色？为何现在消失了呢？如果巨人真的曾经存在，那地球上、宇宙间是否还存在其他类似于人类的生命体？除了人类、科学家所假设的巨人外，有没有小人国的存在？海底下是否也住着人呢？

奥克洛原子反应堆

在非洲中部的加蓬共和国，有个风景非常美丽的地方，这就是奥克洛。但是，奥克洛之所以闻名于世，并不是由于它的风光，而是它那神秘莫测的原子反应堆。1972 年 6 月，奥克洛铀矿石被运到了法国的一家工厂。法国科学家对这些铀矿石进行了严格的科学测定，发现这些铀矿中铀 235 的含量低到不足 0.3%，而其他任何铀矿中铀 235 的含量应是 0.73%。

这种奇特现象引起了科学家的高度重视和关注，并运用多种先进技术手段和科学方法，努力寻找这些矿石中铀 235 含量偏低的原因。

经过深入探讨和研究，科学家发现：这些铀矿石早已被燃烧过，且被人用过。这一重大发现立即轰动了科学界。

为了彻底查明事实的真相，欧美一些国家的许多科学家纷纷前往奥克洛铀矿区，进行深入考察和研究。经过长时间的共同努力探索，科学家断定：奥克洛有一个很古老的原子反应堆，又叫核反应堆。原子反应堆由 6 个区域的大约 500 吨铀矿石组成，它的输出功率只有 1000 千瓦左右。据科学家考证，该矿成矿年代大约在 20 亿年前，原子反应堆在成矿后不久就开始运转，运转时间长达 50 万年之久。面对 20 亿年前这个设计科学、结构合理、保存完整的原子反应堆，科学家们瞠目结舌、百思不解。

这个原子反应堆究竟是谁设计、建造和遗留下来的呢？这是一个令全世界的科学家都无法揭晓的奇谜。由于这个奇迹出现于奥克洛矿区，科学家们把它称为"奥克洛之谜"。

这个古老的原子反应堆是自然形成的吗？科学家们一致否定了这种可能性，因为自然界根本无法满足链式反应所具备的异常苛刻的技术条件。只有运用人工的科学方法使铀等重元素的原子核受中子轰击时，才能裂变成碎片，并放出中子，这些中子再打入铀的原子核，再引起裂变即连续不断的核反应，当原子核发生裂变或聚变反应时释放出大量的能量。

原子反应堆是使铀等放射性元素的原子核裂变以取得原子能的装置。这种装置绝对不可能自然形成，只有用人工的方法使铀等通过链式反应或氢核通过热核反应聚合氦核的过程取得原子能，按照严格的科学原理和程序，采用高度精密而先进的技术手段和设备，由科学家和专门技术工人来建造。那么，这个原子反应堆的建造者是谁呢？

据研究，早在 20 亿年以前，地球上还只有真核细胞的藻类，人类还没有出现。直至第二次世界大战末期，人类制造了第一颗原子弹。1950 年，在美国爱达荷州荒漠中的一座实验室内，第一次用原子能发电。1954 年，苏联建造了世界上第一座核电站。

由此看来，距今 20 亿年前在奥克洛建造原子反应堆的，绝对不会是地球上的人类，而只能是天外来客。一些科学家推测，20 亿年前，外星人曾乘坐"原子动力宇宙飞船"来到地球上，以原子裂变或聚变所释放的能量为能源动力，在奥克洛这个地方建造了原子反应堆。

产生原子动力的主要设备是原子反应堆系统和发动机系统两大部分。反应堆是热源，介质在其中吸收裂变反应释放出的能量使发动机做功而产生动力，为它们在地球上的活动提供能量。后来，它们离开地球，返回了他们的故乡——遥远的外星球，于是，在地球上留下了这座古老而又神秘的原子反应堆。

原住在奥克洛附近的主要是芳族、巴普努族等，在他们中间流传着这样的神话传说：在非常遥远的古代，整个世界漆黑一团，没有人类，也没有任何生物，大地一片荒凉。突然一个神仙从天而降，来到奥克洛地区，用矿石雕刻了两个石像，一男一女，石像能放出耀眼的光芒，使茫茫黑夜中出现了白昼。

有一天，暮然狂风怒吼、雷鸣电闪，两个石像变成了活生生的人，并且结成夫妻，生儿育女，他们的子孙后代，便成了当地部落的祖先。

这个神话透露出了一点消息，那个自天而降的神仙很可能就是外星人，而那个能放出耀眼光芒的石像，很可能就是受过原子辐射照射的某些介质被加热后所释放出的光。

对此，也有人从另外一个角度进行解释。有人认为，地球上不只有一代人，在 20 亿年前，就曾有过一次文明高度发达的人类社会，由于相互仇视，发动核战争，人类毁灭了，但也留下了一些数量极少的遗物。而奥克洛原子反应堆，就是 20 亿年前的人类建造的。到底哪一种说法对呢？还有待人们进行深入的研究和探索。

玛雅蓝色涂料之谜

在神秘的玛雅文化中，玛雅人总是喜欢用蓝色来描绘壁画，即使是在祭祀时，也总是先将祭祀所用的人染成蓝色。玛雅人为何喜欢蓝色，他们又是如何制作这种历经数千年而不会褪色的颜料的呢？

美国芝加哥田野博物馆馆长加里·费恩曼称，他与伟顿学院人类学教授迪安·阿诺德共同合作，已经揭开了古代玛雅蓝色涂料的成分之谜。

加里·费恩曼说，自从 1839 年美国人约翰·斯蒂芬斯在洪都拉斯的热带丛林中第一次发现玛雅古文明遗址以来，世界各国考古人员在中美的丛林和荒原上共发现了 170 多处被弃的玛雅古代城市遗迹，并发现在公元前 1000 年至 8 世纪，玛雅人的文明足迹北起墨西哥的尤卡坦半岛，南至危地马拉、洪都拉斯，直达安第斯山脉。这个神秘的民族在南美的热带丛林中建造了一座座令人咋舌的巨型建筑。

由于玛雅人把蓝色与他们的雨神联想在一起，他们会将向雨神供奉的祭品涂成蓝色，祈求雨神能降雨助谷物生长。科学家们很早就在一些物品上发现过蓝色涂料，却一直未能解开玛雅人制作这种颜料的秘密。

自 600 年至 1500 年起，玛雅人便会向井中抛入人和物作为祭品，这种井是一口天然形成的宽污水池，当时被玛雅人称之为"圣井"。科学家在井底发现了很多骨头，且大多数是男性。科学家还在井底发现了一些陶器，并对其进行了细致的研究。

在这些陶器中，有一个曾被用来烧熏香的碗，碗上留下了玛雅蓝的痕迹。一直以来，科学家们都不解古代玛雅人是如何制成了色彩如此鲜艳且经久不褪的颜料。如今，科学家们知道这种蓝色含有两种物质：一种是靛青植物叶中的提炼物；另一种是被称为坡缕石的黏土矿物。

通过在电子显微镜下分析这些颜料样品，研究人员才得以探测出玛雅蓝中的关键成分。

费恩曼说："没有人能真正搞明白这两种成分是如何被融合成一种稳定鲜艳的颜料的。我们认为，柯巴脂，也就是圣香的另一种成分。目前，我们都在探讨，可能正是柯巴脂在融合靛青提炼物和黏土矿物中起到关键作用，这种黏合剂使得玛雅蓝比其他自然颜料更为鲜艳持久。而且，我们已经找到一些证据证明这个猜测。"

科学家们认为，制作玛雅蓝也是祭祀仪式的一部分。费恩曼说："据我猜想，玛雅人可能会烧一堆大火，并在火上放一个容器，在容器里将这些关键成分混合起来。这其中可能就有柯巴脂。"

"圣井"首次发掘是在1904年，当时研究人员们在井底发现了一个0.35米厚的蓝色沉淀层，却未能知晓它的来源。如今，费恩曼表示，科学家们推断这个蓝色沉淀层可能是成年累月被抛入井中的涂有蓝色的供奉品留下的。

千年冰封坟墓之谜

1949年，苏联考古学家鲁登科发掘一座大约公元前60年建造的坟墓，墓穴中有一具女尸和一具男尸。男尸身上文了好些图形，像文身一样，女人可能是他的妻子。

这个墓穴是在西伯利亚西部接近蒙古边境阿尔泰山脉大草原上发现的。考古学家到这一地区进行研究，共发现5个大墓穴和9个小墓穴，而埋在同一墓穴中一男一女的就只有这一座。

由于自然界的奇妙作用，这对夫妇的尸体及一大批陪葬物品，包括袜子、鞋子、瓶子、地毯和木桌等，基本保持原状，没有腐烂，那些通常极易腐烂的物品也保存完好，在墓穴中冰藏了大约3000年。对几十年前曾首次考察过此处的鲁登科来说，这些发现是重大收获，并给他留下了深刻印象。

坟墓中最重要的发现就是那具男尸。虽然埋葬之后某一个时期曾有盗墓者人为破坏，但剩下的东西仍足以使鲁登科对铁器时代开始时，一位部落酋长的生活方式和身形体貌有独特的见识和研究。这位男死者，身高1.76米，体格健壮。他的头部正面曾经修剪，并剥去了头皮。从腿骨微弯来看，鲁登科推断死者长年骑马，就像游牧民族的首领一样。

可是，最令人感兴趣的是尸体上的文身。死者的手臂、大腿和躯干大部分地方有文身，图案多为神话怪兽，奇形怪状，令人毛骨悚然：身体像蛇的鹰头狮子，长着猫尾和翅膀的动物，长了鹰嘴有角的鹿。从这些文身图案中可见他们丰富的想象力和独特的艺术风格，并且显示出死者与众不同的习俗，与塞西亚人非常相似。

塞西亚人是公元前 7 世纪至公元前 3 世纪中亚细亚的一个十分好战的民族，以崇尚武力见称。希腊医圣希波克拉第有如下的记载："塞西亚人是人数众多的游牧民族，全部都在肩膀、手掌、手臂、胸前、大腿和腰间刺上花纹，其目的是想避免意志薄弱，变得充满生气和勇气。"

此外，希波克拉第还记载，塞西亚人居住在四轮篷车上，每家有 3 ~ 4 辆。鲁登科在阿尔泰山脉草原上另外一处墓穴中，发现有一辆这种篷车的残骸，旁边还有一些殉葬的马遗骨，以便能随同主人进入另一个来生世界。

在死者的墓中也有几匹供策骑马匹的遗骸。马匹都面向北方，旁边还放着几套马鞍和马头装饰物。墓里有一批家居饰品，包括一张地毯、一面用毛皮包着的铜镜、一面用皮袋装着的眼镜、几对绒袜。珠串、毛皮和金耳环的数量十分多，这显然是盗墓搜掠时一时疏忽剩下的。此外，鲁登科还发现一张几乎完整无缺的木桌，四只脚雕成老虎后腿直立的形状，十分形象。

墓穴里有几个盛着几滴发酵马奶的泥瓶子和一袋奶酪，显然是为死者夫妇登天准备的。至于供死者作为精神慰藉的，则包括一具残缺不全的竖琴和一袋大麻种子。男尸身上的衣服用大麻织成，缝工精细，美观大方，主要缝口上还缀上羊毛红边。

有件奇怪的东西放在男尸头部旁边，就是一把假胡须。这把假胡须用人的头发制成，染成深褐色，缝缀在一块兽皮上面。虽然在这一带发掘出来的男尸都无长须或短髭，但这一族的人佩戴的悬垂饰物上的图像显示塞西亚男人蓄须。也许那些胡须全是假的，至于为什么要戴假须，大概是出于一种崇拜心理。

最奇怪的是在墓中发现的头颅有很多不同类型。虽然鲁登科只得到少数样本，但他鉴别出其中不仅有欧洲人种，还有长头与扁头的两类黄种人。他把这种种族复杂的现象归因于部落酋长基于政治原因，与远方部落公主通婚的习俗。鲁登科指出，在现代的哈萨克族和吉尔吉斯族人中，也有类似的面形歧异，因此不同类型的头颅也就显得不那么神秘了。

那些黄种人的头颅明显是属于匈奴贵族的，原因是在公元前 4 世纪末期，可能有一个匈奴部落移居此地，并生存下来，将阿尔泰山脉地区的酋长逐出了这个区域。起初，匈奴人可能和他们通婚，可是到了该世纪末期，他们的认识发生了转变，采取了较为残暴的办法，因此古代阿尔泰山脉民族作为一个独特文化群体的遗迹，到那时便突然中止。此后，他们的生存痕迹便再也找不到了。

古代西伯利亚人建造坟墓时力求坚固耐久，美观则被放在了第二位，但没有料到，阿尔泰山脉草原上的气候竟然会将他们的精美手工艺制作保存下来。阿尔泰草原冬季漫长酷寒，夏日则凉快甚短，年平均温度通常不会低至形成永冻层，坟墓保存完整主要是依赖于它独特的结构。

鲁登科发掘到的大墓穴全部依照同一式样建造。墓坑深约 7 米，底部主穴四壁用结实的落叶松原木筑成，墓顶则铺设一层大石和原木。在大石层上，有一个厚约 2 米的土墩，上面再铺上高达 5 米、宽达 45 米的碎石堆。使坟墓保持冰冻的关键是这堆碎石，其独特的功能阻隔了夏日的热力和冬季的霜寒。

碎石传热性能差，坟墓一旦营建完工，碎石下面的那层泥土会立即变成永久冰冻。如此，冰冻的速度仍不足以防止陪葬的马匹和山羊出现部分腐烂现象。人尸之所以能够免致腐烂，只因尸体全身涂了防腐香料和涂料，而且身上所有腔窝都已用草填塞。

但令鲁登科惊奇的是，那个文身者坟墓虽然遭受盗劫，但对冰冻过程并没有造成重大影响。起初，鲁登科以为冰冻现象可能是盗墓者挖隧道时冷空气突然透进来所致。但后来他断定，尸体在下葬不久即已冰冻，其后有人盗墓，并非冰冻现象的成因。毫无疑问的是，盗墓一定是营葬后数年内，即死者后人离开该处不久后发生的。因为盗墓者留下的痕迹，显示当时所用的工具仍然是铜器，而非后期的铁器。冰封了 3000 年的坟墓到现在依然是个谜，谁能真正揭开它的谜底呢？

最早的宇宙飞船之谜

最古老的印第安人的神话故事中提到一种给他们带来火和果子的雷鸟，依据印加人的宗教传说，星星上都坐满了人，神是从星座上降临人间的。

苏美尔人、巴比伦人、亚述人及埃及的楔形文字中都曾不止一次地描述着同一个场面：神从星星上降临人间后又回去了，他们乘坐着大大小小的火船飞越天空。

在印度史诗《罗摩衍那》中记载了一种名叫维摩那的飞行动力装置，它可以借助旋风在很高的空中飞行，能够飞得很远，可以自由地向前、向上、向下任意地飞行。其中写道："在罗摩的命令下，一架堂皇的车子带着巨大的声响升到云中。"这里不但提到了飞行物，还提到了"巨大的声响"。

在印度的另一部史诗《摩诃婆罗多》中还有一段类似的描述：在一大片像太阳般耀眼的光亮之中，毗摩驾着维摩那飞过，发出一阵雷鸣般巨大的响声。在这段描写中，至少涉及有关火箭的某些概念，知道这样一种飞行器可以驾着一道光，发出可怕的甚至恐怖的响声。

这部史诗的第十篇中写道，枯尔呵从一个巨大的维摩那上向三重城投下一枚炸弹，比太阳还要亮千万倍的白炽烟云腾空而起，城市片刻间化为灰烬。

梵蒂冈博物馆学者阿里伯托·杜利发现公元前 1600 年图特摩斯三世时代的一卷古文残篇上，记载了这样一段传说：有一个火球从天而降，气味十分难闻，图特摩斯和他的士兵们一直望着这个景象，直至火球向南方飞去，从视野中消失为止。

在古挪威和冰岛的传说中也讲到在空中遨游的神。弗莉葛女神有个使女叫格娜，女神派她乘一匹能够飞过陆地和海洋的骏马到另外的世界去，这匹马叫"虎厄斯路厄"，意为四蹄喷火。

在位于埃及尼罗河三角洲的古城孟菲斯也有这样的传说：普塔神交给国王两个模型，用以庆祝他统治的周年纪念日，命令他 10 万年内庆祝该纪念日 6 次，普塔神来给国王送模型时，乘着一辆闪光的车，不久，他又乘车在地平线上消失了。今天，在埃德弗的房门上和庙宇里我们还可看到画有翅膀的太阳和带着永恒标记的飞鹰图画。

假如一架直升机第一次在非洲丛林里着陆，驾驶员身穿战地服装，手提机关枪，头戴防撞头盔，从机舱里跳了出来。缠着腰布的野人看着这个从天而降的东西和它发出的"隆隆"声，吓呆了，茫然不知所措。

过了一会儿，直升机起飞，消失在天空中。剩下这个野人在原地，他开始想法来解释这件事。他会告诉那些不在场的伙伴，他看到一辆飞车，一只大鸟，发出可怕的声音和臭味，还有带着喷火武器的白皮肤的生物。

这不同寻常的见闻被来访者记录下来，一代一代传下去，就形成了这些神奇的故事。父亲讲给儿子听时，这只大鸟显然不会变小，而里面跳出来的生物则变得更加奇特、更加仪表堂堂、更有本领。故事会添上这样那样的枝叶，但是这个神奇传说的前提是确有直升机降临。从那时起，这件事就成了这个部落的一个神话，永远流传下来，而且越流传越神秘。

直刺蓝天的金字塔

蒂亚瓦纳科遗址是玻利维亚印第安古文化遗址，位于南美洲玻利维亚与秘鲁交界处的喀喀湖以南，古城遗址面积约 45 万平方米，最引人注目的莫过于那直刺蓝天的层阶金字塔了，其底部长宽各约 210 米、高 15 米，有阶梯直通顶部。

在层阶金字塔顶部有房基和贮水池、排水沟等遗迹，现在还不清楚它是神庙还是居民的避难所，但可以肯定的是，它与埃及金字塔迥然不同。埃及金字塔是用巨石垒砌的，是法老的陵墓，而这里的金字塔则是用土垒筑，多具有神庙性质。

层阶金字塔的西北面有一个被称为"卡拉萨萨亚"的长方形平台，长 180 米、宽 135 米、高 2 ~ 3 米，平台四周有石砌护墙。据玻利维亚政府公布的发掘结果表明，这里埋藏有一座半地穴式的神庙，俗称古神庙，深 1.7 米、长 28.5 米、宽 26 米，近似方形，没有屋顶，这座神庙的内壁由砂岩砌成，壁上刻有祭司头像之类的画面。

卡拉萨萨亚中还发现众多横七竖八的石刻头像，这些头像表现了不同的人种。在这些头像中，有的嘴唇厚，有的嘴唇薄；有的长鼻子，有的鹰钩鼻；有的耳朵小巧，有的耳朵肥厚；有的面部线条柔和，有的棱角突出；有的还戴着奇怪的头盔……

瑞士著名学者丰·丹尼肯在其《众神之车》一书中大胆提出，这些形态各异的头像，是在向世人们传递着某种无法理喻的信息，即外星人曾经光顾过地球。

卡拉萨萨亚的西侧有一座"石棺宫殿"，长 48 米、宽 40 米；两重墙垣，高度相当，间隔 8 米，用精制的石料砌成；宫殿内有排水沟。

蒂亚瓦纳科城址西南部有一个称为"普马·彭克"的地区，那里分布着大量加工过的石头，且有一个长 160 米、宽 140 米、高 6 米的土台。

据 1540 年光顾这里的西班牙人留下的笔记资料记载：这些土台上曾砌有

墙壁，石头均经过加工，有的重量超过 300 吨，而且还有狮形人雕像。这座城市附近没有采石场，即使在现代条件下，将这些笨重的巨石从遥远的地方运来都是一件极为困难的事，更何况古代的印第安人呢？

高原地区的气压很低，空气中含氧量稀薄，体力劳动对于任何一个非本地人来说都是难以忍受的，然而古代的印第安人居然能够做出今人都难以想象的事情，建立了这座巨大的城市，这该作何解释呢？难道能够简单地归之于借助外星人的力量吗？而外星人光临地球只能是一个大胆的假设。

大量的巨石上发现有 T 字形或 I 字形的沟槽，显然蒂亚瓦纳科的居民已掌握使用榫卯结构垒砌巨大的石壁，他们还发明了铜和青铜制成的金属工具，并用之加工石料，雕刻心目中的庇护神。

在这座古城附近尚未发现当时一般平民的居住遗址。在人口稀少、自然环境恶劣的条件下，如何建立起这样一座巨大的城市呢？

据生态学研究成果表明，蒂亚瓦纳科城北的喀喀湖鱼类资源丰富，濒湖地带土质肥沃，良好的土壤条件为玉米、马铃薯等农作物栽培提供了优良的条件，而且高原上牧草丰饶，适宜放牧骆马和羊驼。所有这一切，都为居住在这座与世隔绝的古城居民奠定了生存和发展的基础。值得一提的是，蒂亚瓦纳科城布局规范，设计精心。城内有东西、南北两条大道，层阶金字塔、神庙和石砌平台等建筑物就分布在这两条大道的旁边。

20 世纪以来，美国考古学家温德尔·贝内特和玻利维亚考古学家桑切斯通过调查发掘还发现蒂亚瓦纳科城并非一时完成的，而是从公元前 200 ~ 600 年之间逐渐建立起来的。如今，由于历经沧桑兴变，古城昔日的风貌已湮没难辨。

蒂亚瓦纳科在 600 ~ 1000 年一直是南美印第安文化的中心。600 年前后，以这座城市为代表的文化范围仅限于喀喀湖沿岸地带，700 年左右文化开始向外传播，至 1000 年前后这里的文化几乎浸透至安第斯全境。

秘鲁中部高原重镇瓦里和中部海岸城市帕恰卡姆成为继承和发展蒂亚瓦纳科文化的两个中心，此后，这一地区的文化持续稳定向前发展。15 世纪中叶 ~ 16 世纪中叶，形成南美大陆史前时代拥有最大版图的帝国——印加帝国，蒂亚瓦纳科作为南美文化的基石逐渐被世人遗忘。

今天，在蒂亚瓦纳科城附近，有一些野草丛生的人造小山。这些小山山顶平坦，面积达 4000 平方米，山里面极有可能隐藏着建筑物。如果有朝一日，学者们能够将这些平顶小山逐个进行发掘，说不定能为这座神秘的古城提供令人振奋的线索。

人类可能失传的技术

从现已发现的史前科技文明判断，史前人类曾具有极高的科技水平，许多技术甚至连我们现代人类也无法达到，然而它们是远古时期的产物。史前人类对地理和天文知识的认识也可媲美现代人类的水平。

地球上发现的大量巨石建筑群证明了史前文明的存在。这些巨石群的建筑特点是高大宏伟，用非常庞大的石块砌筑而成，而且拼接得非常完美。而这些巨石要用现代化的机器才能搬运，有的甚至连现代化的工具都无能为力，实在令人难以置信。此外，这些建筑中往往运用了十分精确的天文知识，建筑物的三维尺度、角度和某些天体精密对应，有很深的内涵。

埃及胡夫大金字塔由 230 万块巨石组成，平均每块重达 2.5 吨，最重的达 250 吨。其几何尺寸十分精确，其 4 个面正对着东南西北，其高度乘以 109 等于地球到太阳的距离，乘以 43200 恰好等于北极极点到赤道平面的距离，其周长乘以 43200 恰好等于地球赤道的周长。其选址恰好在地球子午线上，金字塔内的小孔正对着天狼星。

穿过金字塔的经线，刚好把地球上海洋和陆地分为对等的两半。这座金字塔的底面积除以两倍的塔高，刚好是圆周率的值。整座金字塔坐落在各大陆重力的中心。所有这些都出于巧合吗？

这种怀疑也许会动摇埃及人的民族自豪感，但对于堆积 230 万块巨石的惊人工程，学者指出，以当时的技术水平，埃及必须有 5000 万人口才能勉强承担，而那时全世界才不过 2000 万人。另外，法国化学家约瑟夫·大卫·杜维斯从化学和显微角度研究，认为金字塔的石头很可能是人工浇筑出来的。

他根据化验结果得出这样的结论：金字塔上的石头是用石灰和贝壳经人工浇筑混凝而成的，其方法类似今天浇灌混凝土。由于这种混合物凝固硬结得十分好，人们难以分辨出它和天然石头的差别。此外，大卫·杜维斯还提出了一个颇具说服力的佐证：在石头中，他发现了一缕约 0.025 米长的人发，唯一可能的解释是，工人在操作时将这缕头发掉进了混凝土中，保存至今。

一定有些什么人，在古埃及人之前运用高度发达的建筑技术建造了金字塔。他们试图通过金字塔向后世传达某种信息及他们的骄傲。那么，他们是谁？科学家最新的发现表明，金字塔曾浸在水下。

基沙高原的狮身人面像正对着东方，经最新天文分析和地质分析，其建筑年代可能要比考古学家早先估计的久远得多。美国地质学会的修齐教授说，狮身人面像的身体受到的侵蚀似乎不是风沙所造成的，风沙造成的侵蚀应该为水平、锐利的，而狮身人面像的侵蚀边缘比较圆钝，呈蜿蜒弯曲向下的波浪状，有的侵蚀痕迹很深，最深达 2 米。另外，从侵蚀程度来看上部比较厉害，下部没那么厉害。这是典型的雨水侵蚀痕迹。而狮身人面像暴露在空气中的时间最多不会超过 1000 年，其余时间被掩埋在沙石之中。

如果真是建于埃及卡夫拉王朝而又被风沙侵蚀的话，那么同时代的其他石灰岩建筑也应该受到同样程度的侵蚀，然而古王朝时代的建筑中没有一个比狮身人面像受侵蚀的程度严重。

从公元前 3000 年以来，基沙高原上一直没有足够造成狮身人面像侵蚀的雨水，所以只能解释为这些痕迹是很久远以前，基沙高原上雨水多、温度高时残留下来的。

根据天文学计算，公元前 11000 ~ 前 8810 年，地球上每年春分时太阳正好以狮子座为背景升上东方的天空，此时狮身人面像正好对着狮子座。根据以上分析，考古学家推测狮身人面像很可能建于 1 万多年前。

考古学家的最新证据证实罗马帝国于公元前 625 年 8 月 13 日的日落之前开建并完工。考古学家们出示了一个卷轴，也就是一份由朱利叶斯·凯撒本人亲自签署的合同文件。这份拉丁文合同的其中一部分翻译过来是说：我们巴比伦建筑公司同意在公元前 625 年 8 月 13 日这一天开始动工并完成罗马帝国建筑的修建，如果我们不能在帝国指定的时间内完成，恺撒大帝可以砍下我们的脑袋去喂狮子。

考古学家认为这一证据绝对有效，工匠们一定是在一天之内完成了罗马城的修建，因为他们没有发现任何被吃掉的脑袋的残渣的化石。罗马帝国覆盖了 28 万平方米的土地，其中包括数个城市、小镇、数条河流、多座山、多个大剧场，许多导水管、排水沟、拱门、博物馆、镀金大教堂及比萨小屋等。这一切要在一天，也就是 12 个小时之内完成，绝对超乎想象。建筑师弗雷德说："在一天内，我的工程队连一垛清水墙都完不成。根据这张罗马城的模型图来看，我的公司要花上数百年才能完成整个罗马帝国修建工作。"

如果文件上所述的情况属实，今天的科学家、建筑家又将陷入新的迷宫，他们无法解释那个时代的人们是怎么在 12 个小时里完成了 28 万平方米的罗马帝国的建造的。

历史学家罗杰斯认为这些就和金字塔一样，是千古之谜，只能想象是那个时代的人所掌握的一些东西失传了，我们现代人的技术无法跟进。首先他们修建了金字塔，接着又修建了狮身人面像，而后又建造了西尔斯塔等不胜枚举的奇特而神秘的建筑。

史前人类的采矿活动

1968 年，苏联考古学家科留特梅古尔奇博士在亚美尼亚加盟共和国的查摩尔发现了一个史前冶金厂遗址。考古界一致认为这是目前所发现的最大、最古老的冶金厂，至少有 5000 年的历史。

在这里，某个未知的史前民族曾用 200 多个熔炉进行冶炼，生产诸如花瓶、刀枪、戒指、手镯之类的产品。他们冶炼的金属包括铜、铅、锌、铁、金、锡、锰等。此外还发现冶炼时，劳动者戴手套和过滤口罩的证据。最令人赞叹的产品要算是钢钳了。据化验，此钢的等级是由苏联、美国、英国、法国和德国的科学研究机构共同做出的。法国一名作家写道："这些发现表明查摩尔是人类早期文明的有识之士所建造的。他们的冶炼知识是从未知的遥远的古代继承下来的。"

1969 年和 1972 年，人们在非洲斯威士兰境内发现了数十个旧石器时代以前就被开采过的红铁矿的矿址。而在非洲雷蒙托的恩格威尼坦的铁矿，经科学测定在 43000 年前就曾被开采过。

另外在美国的罗雅尔岛，考古学家发现了史前铜矿井，连当地原住民印第安人都不知此矿井始于何时。有迹象表明这史前矿业已开采了数千吨铜矿，但在矿井所在地找不到曾有人在该处久住过的痕迹。

最奇怪的要算美国犹他州莱恩煤矿矿工的发现了。1953 年，该矿的矿工们在采煤时，竟挖出了当地采煤史上从未记载的坑道，里边残存的煤已经氧化，失去了商业价值，可见其年代久远。

1953 年 8 月，犹他大学工程系和古人类系的两名学者做了调查，表明当地的印第安人从未使用过煤。莱恩煤矿与罗雅尔岛发现的铜矿情形一样，显示了这些史前的矿工也拥有采矿和将煤矿运至远处的手段与技术。

　　而至今，有一个发现于法国普洛潘斯一个采石场的岩层中的超远古矿场仍受到地质学家和人类学家的重视。

　　1786 ~ 1788 年，这个采石矿场为重建当地司法大楼提供了大量的石灰岩。该矿场中的岩层与岩层之间都隔有一层泥沙，当矿工们挖到第十一层岩石，即到达距离地面 12 ~ 15 米时又出现了一层泥沙。

　　当矿工们清除泥沙时，发现里边有石柱残桩和开凿过的岩石碎块。继续挖下去，他们又发现了钱币、已变成化石的铁锤木柄、石化了的木制工具和一块已经石化了的且裂为碎片的木板。将这些碎片拼合后发现正是一块采石工人用的木板，而且与现在所用的一模一样。

　　类似以上史前采矿业及其他不明遗迹现象的发现还有很多，除了引发人们的好奇外，更重要的是它们在考古学上展现的意义：应当将人类文明史的起始时间极大地向前推移了。

［ 大宝藏的大曝光 ］

人类通过辛勤劳动留下的大量宝藏，都是人类智慧和血汗的结晶。

人类生生不息，宝藏源源不断。

传闻中的宝藏，

如金银岛上的多处宝藏、狮身人面像与宝藏等，

到底埋藏在哪里呢？

天下宝藏知多少

"圣荷西"号沉船宝藏

据传说，"圣荷西"号沉没在距哥伦比亚海岸约2500米的加勒比海230米深的海底。1708年5月28日，西班牙大帆船"圣荷西"号满载着金条、金币、酒杯、台灯、祭坛用品和珠宝，从巴拿马起航返回它的祖国。据估计，这批宝藏至少价值10亿美元。当时，西班牙正与英国、荷兰等国处于敌对状态，英国著名海军将领韦格正率领着一支强大的舰队在巡逻，危险随时会降临在"圣荷西"号上。

"圣荷西"号的船长费尔南德兹虽然知道英国海军将领韦格正率领着一支强大的舰队在附近巡逻，但他并不把这项威胁放在心上。他一方面回国心切，另一方面过于迷信偶然性的幸运，并天真地认为"大海何其广大，不会这样巧就碰上了"。

"圣荷西"号帆船平安行驶了几天后，1708年6月8日，当人们惊恐地发现前面海域上一字排开的英国舰队时，全都傻了眼。

猛然间，炮火密布，水柱冲天，几发炮弹落在"圣荷西"号帆船的甲板上，海水渐渐吞噬了巨大的船体，"圣荷西"号帆船连同600多名船员以及无数珍宝沉入海底。

多年来，这批巨额宝藏让寻宝者垂涎不已，他们多次对这批宝藏进行水下探寻，然而令人失望的是，没有人能找到这批宝藏。这批宝藏究竟沉没在哪里了呢？经无数寻宝者的测定，"圣荷西"号帆船的沉没地点终于有了一个大概的结果：它在距哥伦比亚海岸约2500米的加勒比海230米深的海底。

1983年，哥伦比亚公共工程部长西格维亚说服总统，正式对外宣布："圣荷西"号帆船是哥伦比亚的国家财产，而不属于那些贪得无厌的寻宝者。人们估计，哥伦比亚政府已经勘察出沉船的地点，尽管打捞费用高达 3000 万美元，但与这批宝藏相比就不算什么了。

1702 年，西班牙还有一支黄金船队葬身海底。当时，西班牙财政出现赤字，国王菲利普五世命令南美洲西班牙殖民当局把上缴和进贡的金银财宝用船火速送往西班牙的塞维利亚。1702 年 6 月 12 日，17 艘满载着从秘鲁和墨西哥掠夺来的金银珠宝的大帆船离开哈瓦那，朝西班牙领海进发，这就是西班牙历史上著名的黄金船队。就在黄金船队即将驶过最后也是最危险的海域时，在亚速尔群岛的海面上，突然出现了一支庞大的英荷联合舰队。面对由 150 艘战舰组成的 10 支英荷舰队，黄金船队决定驶向维哥湾暂时躲避。当时最明智的做法是立即把金银财宝从黄金船队上卸下来，改从陆路运往马德里。可是当时西班牙当局规定，凡是从南美运来的货物，必须先到塞维利亚接受验收。

不过在玛丽·德萨瓦皇后的特别命令下，国王和皇后的那部分金银珠宝还是卸了下来，从陆路运往马德里。

黄金船队在维哥湾平静地停泊了一个多月后，1702 年 10 月 21 日，150 艘英荷联合舰队在鲁克海军上将的指挥下，对维哥湾突然发起了攻击。

3 万名英荷大兵，在 3000 多门大炮掩护下，很快就消灭了港湾沿岸的守军，摧毁了炮台和障碍物。

据说，面对如此大量的金银珠宝，英荷联军的战斗力骤然增强了 10 倍，不出几个小时，西班牙军队就全线崩溃。黄金船队总司令贝拉斯科做出了一个绝望的决定，下令烧毁运载金银珠宝的大帆船。

被焚烧的大帆船和其他被击中的战舰把维哥湾烧成了一片火海，很快英荷联军就控制了战场，他们想尽力扑灭大火得到宝藏，但是绝大部分帆船都已葬身大海。第三天早上，英国潜水员便冒着风险潜入海底，捞回了一些战利品。但是，在西班牙地面突击队的炮火下，英荷联军不得不放弃打捞工作。据被英国人抓捕的海军上将恰孔说，有 4000 ~ 5000 辆马车的黄金沉入了海底。

几个世纪以来，一批又一批藏宝寻找者都在搜索这笔宝藏。有人打捞上来已空空如也的大帆船，还有人捞到了一些装着纯绿宝石、紫水晶、珍珠、黑琥珀和龙涎香等珠宝的箱子。时至今日，仍有人在使用现代化的技术与器材继续寻觅这批惊人的沉船宝藏。

古希腊海底城的宝藏

在利比亚班加西北 200 千米的东部海域，有一座古希腊时期的建筑阿波罗尼亚港，现在这座港湾城市大部分已被海水吞没。以弗莱明克为首的剑桥大学考古调查团为探明这座古代港湾城市的规模、设施等，于 1958 年、1959 年对这一被海水淹没的遗址进行了调查。他们利用平板测量的方法，在塑胶绘图板上绘出了由于地壳下沉或海水上涨而半埋于海底的这一港湾的第一张实测图。

由实测图可以了解到，在水深 4 米左右的海底，有船体、码头、仓库、瞭望台、围墙等极为复杂的港湾设施，港口由几个岛屿和山丘形成一个椭圆形的海湾，海湾与地中海之间由一条狭窄的水路相连接。港口分为内、外两港，内港修建了城堡，其上设置了瞭望台，周围以围墙护卫。特意修建的狭窄的水路等设施，具有抵御敌船入侵、加强防卫的作用。

1967 年，弗莱明克发现了希腊的海底城市埃拉弗尼索斯，第二年，他便进行了调查，发现海底有迈锡尼时代的街道、房屋群、石棺以及古希腊青铜时代的钵等遗物。由此分析，这一城市在古希腊青铜时代初期即已建成，是目前所见最古老的海底城市。1980 年，苏联考古学家在里海东北部的曼库伊西拉克发现了传说中被海水淹没的古代城市遗迹，并在里海北端发现了中亚地区黏土制成的传统陶器及居民住址、玻璃装饰品、铸造物等。

据专家推测，这一城市似乎就是 14 世纪时与中亚地区进行贸易活动的商人在地图上标出的城市拉埃迪，这一发现为目前正在后退的海岸线提供了珍贵的资料。这些海底城市是怎么被淹没的呢？海底城市里的金银财宝被发现了吗？既然海底埋藏了一座又一座的城市，那么被埋藏其中的珍宝就可想而知了。

美国加州黄金宝藏

19 世纪初，美国独立以后，废除了英国政府颁布的禁止移民向西进发的敕令，许多来自东部沿海地区和欧洲的移民纷纷越过阿巴拉契亚山脉涌向西部。

从 19 世纪 20 年代起，移民开始越过密西西比河，进入美国新扩张的地区。1848 年，前进到加利福尼亚的人们在这里发现了金矿，立刻引起世界轰动，迅速形成规模空前的淘金热。

许多人放下手边的工作涌向旧金山，试图一圆淘金的梦想。由于加利福尼亚州的金沙就在地表层，只要用一个普通的洗脸盆就可以从沙里淘洗出黄金。这样的淘金使人们更加疯狂地涌入这里，美国从此很快成为世界上最大的产金国。

几年后，许多冒险家带着挖到的大批黄金，准备回家享受富裕的生活，他们从旧金山搭船到巴拿马，再转搭骡车横越巴拿马地峡，再搭船驶往纽约。然而，就在他们搭乘的"中美"号帆船离开哈瓦那的两天后，也就是 1857 年 9 月 10 日，在海上遇到了飓风，在狂风暴雨袭击下，这艘满载黄金的帆船开始下沉。

当时船上共有乘客 700 多人，他们看到船帆被强风吹断，赶忙组成了自救队，幸好当时船上还有一些救生艇，但是它却容不下船上所有的人。在这最后的生死关头，淘金者将生存的机会留给了妇女和儿童，船上的 400 多位男士无一人生还。

由于淘金者全部沉入海底，而当时获救的妇女和儿童受到了巨大惊吓，不能准确地指出沉船所在的位置，这艘满载黄金的"中美"号帆船葬于何处，就成了一个未解之谜。

彩虹尽头的湖底宝藏

据传，哥伦比亚的瓜达维达湖湖底有成千上万吨黄金和宝石，因此从 16 世纪西班牙征服印加帝国后，对黄金、宝石的寻找和打捞就一直没有中断过。最后，人们确定哥伦比亚的瓜达维达圣湖便是传说中的黄金湖。

根据印第安人的传统，每一个新登基的国王，为取悦恶魔、自己的上帝和主宰，都会带着礼物来到瓜达维达湖畔举行加冕仪式。

举行加冕典礼的那一天，臣民们用芦苇扎好一只筏子，并在上面摆好 4 个火盆。岸上聚集了一群又一群佩戴着羽毛、皇冠和耳环的印第安人，他们一个个手里都擎着火把。当筏子上的火盆开始冒烟和散发出阵阵香气时，新国王被脱得一丝不挂，从头到脚撒满金粉，然后众人把他抬到筏子上，在他的脚边堆上一大堆祭品。

"王位继承人全身被撒上金粉……他的子民纷纷献上黄金和翡翠，在他的脚边堆成一堆……这位印第安新国王，把脚边所有的黄金全部丢进湖中，当作他对上帝的奉献。"这就是哥伦比亚穆斯卡印第安族最后一位国王的侄儿在17世纪初所描述的穆斯卡国王传统的加冕仪式。

1535年，西班牙征服者瑟巴斯蒂安·贝拉卡萨在现在的厄瓜多尔首都基多遇见了一个名叫丹凯多的印第安人，他给入侵者讲了这个坐落在科迪勒拉山脉东北面的"黄金国"的故事。

丹凯多信誓旦旦地说，在他家乡黄金遍地，因为那里有瓜达维达圣湖，常常出现"金人"。印第安人将众多用纯金制作的物件倒进湖里，成百上千年来湖底堆积了数不清的财宝。

贝拉卡萨一心想要找到这个"黄金国"，于是组建了一支探险队，队员多是一些衣衫褴褛、饥肠辘辘和体弱多病的欧洲人。这支队伍一共花了两年半的时间才抵达瓜达维达湖岸。

西班牙人来到哥伦比亚后，便开始在瓜达维达湖寻宝，并购买了烧煤的抽水机。一天夜里，起了风暴，湖水冲击湖岸，抽水机被卷入湖底，继而恢复了平静。西班牙人找宝的企图无果而终，湖水惩罚了那些想探知它秘密的人。

欧洲人在过去几百年里，一直努力想把印第安人丢进瓜达维达湖的东西打捞出来。最成功的一次寻宝活动是在1545年，西班牙人组织了一支寻宝队，在3个月内从较浅的湖底捞起几百件黄金用品。

1911年，一家英国公司挖了一条地道，把湖水抽干，但留下很厚的泥浆，太阳很快把泥浆晒成干硬的泥砖。待到这些英国人从欧洲运来钻探设备时，地道已被堵死，湖中再度充满湖水。

从1974年起，哥伦比亚政府开始派兵保护瓜达维达湖和湖中的宝藏，此后再也没有人能接近这批宝藏。

但是，哥伦比亚政府指定的考古专家和潜水队对瓜达维达湖展开深度挖掘，仅仅获得300件黄金器物，与传说中"黄金国"宝藏的数量相去甚远。这使专家们不禁发出疑问："黄金国"的大部分宝藏究竟去哪里了？

金银岛上的多处宝藏

可可岛位于距哥斯达黎加海岸 48 千米的海中，方圆 30 平方千米。为何这么一个小岛会引起人们的广泛关注呢？原来，可可岛是 17 世纪海盗的休息站，据说，在岛上埋有 6 处宝藏，其中最吸引寻宝者的是秘鲁利马的宝藏。

这个荒凉的小岛是被很多寻宝人搜寻过的一个藏宝地点。在过去的 4 个世纪里，共有约 450 支寻宝队登上这个小岛，在它的海岸挖掘、寻找古代金币。

著名的古典小说《金银岛》据说就是以太平洋的可可岛作为背景演绎的故事。《金银岛》又译作《宝岛》，是英国诗人及小说家史蒂文森所有作品中流传最广的代表作。《金银岛》共分为 6 部分，主要由一位名叫吉姆·霍金斯的少年自述他发现寻宝图的经过，以及在出海寻宝过程中如何智斗海盗，历经千辛万苦，终于找到宝藏，胜利而归的惊险故事。

19 世纪上半叶，南美各国反对西班牙殖民统治的民族独立运动进行得如火如荼，阿根廷民族英雄圣·马丁将军率领舰队沿智利海岸北上，准备解放被西班牙统治的秘鲁。当时秘鲁境内的西班牙殖民者人心惶惶，一片大乱。

趁西班牙人大乱之际，以威廉·汤普森为首的英国海盗，洗劫了秘鲁太平洋港口城市卡亚俄，劫掠宝物共有 24 箱。这些箱子里面装着一尊圣玛丽亚金像，大量的金币、金杯和许多金银首饰、宝石，可谓价值连城。

英国海盗随即逃到了太平洋上，进入公海后，汤普森与同伴商量，决定将这些金银珠宝埋藏在当时无人居住的可可岛上。4 天后，他们乘船离开了可可岛，但在途中遭到了大风暴的袭击，11 名海盗全部落入海中。正当危急时，他们看到了一艘军舰，便大声呼救。可谁知冤家路窄，这艘军舰正是来追踪他们的，11 名海盗全部被擒，怒气冲冲的船长当场枪毙了 8 名年长的海盗，剩下 3 名 18 ~ 20 岁的年轻海盗，船长见他们年纪小，没舍得杀。

20 年后，活下来的一名海盗又当了海员，在一次从古巴到加拿大的航行途中，他向一位好朋友透露了 20 年前的事。消息很快就传遍了全世界，可可岛也因此而知名起来。无数的寻宝人到可可岛探宝，使原本风光秀丽的小岛被炸得伤痕累累。

1820 年，秘鲁首都利马仍是西班牙的殖民地。当被称为"解放者"的秘鲁民族英雄玻利瓦尔所率领的革命军即将进攻利马时，利马的西班牙总督将多年搜刮的财宝，包括黄金烛台、金盘、真人般大小的圣母黄金铸像，以及利马其他一些西班牙贵族多年来搜刮的财宝装上一艘"玛丽·迪尔"号的帆船上仓皇出逃。

汤普森是这艘船的船长，他本来不是一个海盗，但是却被船上数不尽的财宝弄得神魂颠倒。见财起意的他，等船行驶到了海上，便杀死了西班牙总督，"玛丽·迪尔"号从此成了一艘名副其实的海盗船。为了安全起见，汤普森船长将这些财宝藏进了可可岛上一个神秘的洞穴内，然而，在之后的日子里，他却一直没有找到适当的机会重返可可岛取走这批宝藏。直至1844年，他离开人世，留下了一张难辨真伪的藏宝图。

据传，在汤普森船长留下的那张藏宝图上暗示，在夕阳西照下，岛上的一座山峰会在地上映出一只鹰影，而他埋藏的财宝就隐藏在鹰影和夕阳中间一个有十字架标志的洞穴中。这张图混杂在后来流传的形形色色的藏宝图中，诱惑着众多人前往可可岛。也许太神秘、也许太虚假、也许太隐蔽，这些传说中的宝藏仍然不见天日，依旧使人着魔。

可可岛上有关藏宝的资料和秘密被一代代相传，使之增添了更多的神秘色彩。许多探险者花费毕生精力，三番五次地去岛上探寻，先后有近千支寻宝队登上这个岛寻宝，但都无功而返。

1978年，哥斯达黎加政府宣布：从长远利益出发，为保护岛上丰富的植物资源，决定禁止人们到可可岛上探宝。根据此项决定，旅游者在可可岛应交纳的税金是原来的10多倍，船只的停泊费也大大提高至原来的六七倍。这些措施大大地限制了旅游者的寻宝活动。

既然是为了保护植物资源，为什么单单只有可可岛实施了这项措施？这之中又隐藏了怎样一个新秘密呢？难道哥斯达黎加政府已经发现了其中的一部分宝藏吗？"金银岛"的宝藏会永远被埋葬吗？

最后一批寻宝人是1994年3月登岛探宝的，自此以后，探宝人再也不能去可可岛寻觅这批财宝了。财宝是已被人找到秘密运走，还是仍沉睡在岛上，时至今日仍是一个不解的神秘宝藏之谜。

红色处女军宝藏

捷克 9 世纪初的女王丽布施以创建布拉格城堡而闻名于世，她手下的一名女卫队长普拉斯妲则以创建"红色处女军"彪炳史册，并且埋藏了一批巨额宝藏，成为捷克历史上的千古之谜。

普拉斯妲兢兢业业地为女王服务，与女王结下了很深的感情。丽布施女王去世后，普拉斯妲深感悲痛，她不愿意再为国王普热美斯公爵效劳，便率领自己手下的女兵来到捷克北部的维多夫莱山，从此占山为王。

普热美斯公爵曾派一名使臣到维多夫莱山区，试图把普拉斯妲重新请回王宫，结果年轻的叛逆姑娘却把这名使臣阉割后轰了回去。普拉斯妲的这种做法虽激怒了国王，但却吸引了周围地区许多年轻姑娘前来投奔。

一批批年轻的女子不堪忍受男人的欺压，陆续投奔了普拉斯妲。没过多久，普拉斯妲手下就有了一支真正的部队，这就是后来威震朝野的红色处女军，普拉斯妲本人也开始了她传奇般的生涯。

普拉斯妲的红色处女军规模越来越大，最多时达到上千人。为了保证部队的给养，她率领军队离开贫瘠的维多夫莱山，在迪尔文城堡建立起了自己的武装大本营。随后，红色处女军四处打家劫舍，征收捐税，推行自己的法律，这些法律大部分是针对男人的。据说，为了蔑视男人，她有时会带着几名女兵，手持利剑和盾牌，赤身裸体地去市镇游逛，如果哪个男人胆敢朝她们看一眼，她们就会毫不迟疑地处死那个男人。

普拉斯妲在自己的地盘上行使着至高无上的绝对权力。她规定：男人不准佩带武器，不准习武，否则处以死刑；男人必须种地、做买卖经商、做饭、缝补衣服，干所有女人不愿干的家务活；女人的职责则是打仗。而且还规定，男人骑马，双腿必须悬垂在坐骑左侧，违者处以死刑；女人有权选择丈夫，任何拒绝女人选择的男人都将处以死刑。

这些古怪的法律十分苛刻，普拉斯妲这一极端的做法不仅激起了当地男人的强烈反抗，也终于让国王普热美斯觉得忍无可忍。于是，普热美斯派遣大军围剿普拉斯妲。在维多夫莱山区，普热美斯大军依靠人数上的优势，采取突然袭击的战术，把处女军层层包围，缩小包围圈后杀死了 100 多名顽强抵抗的处女军战士。

在迪尔文城堡的普拉斯妲闻讯后，亲手扼死 10 多名俘虏，并率领自己的战友对普热美斯大军进行了殊死抵抗。一时间，山冈上杀声震天，几千米外都能听到她们和男人拼命时的喊叫声。

最后，城堡中所有处女军战士全部壮烈牺牲，没有一个逃命投降的。而普拉斯妲本人最后扔下了手中的盾牌，脱光了身上的衣服，仅仅拿着一把利剑，赤身裸体地同皇家军队进行了最后的拼杀，直至流尽最后一滴血。

普拉斯妲跟随女王多年，见多识广，对王室的金银财宝了如指掌，加之她本人喜欢雍容华贵的奢华生活，抢劫了不少贵族城堡，聚敛了大量的金银财宝。在普热美斯军队未到之前，她早已预见到自己凶多吉少，于是把大量的宝藏埋藏起来。

这笔财宝主要有金币、银币以及处女军战士不愿佩戴的大批珍贵的金银首饰，数量极为可观。普拉斯妲到底把这些金银财宝埋藏到哪儿了呢？处女军被全部杀死后，就开始有人在红色处女军活动过的地区挖掘，试图找到珍宝，但始终没有找到。

随后，普热美斯家族以布拉格为中心建立的王朝依附神圣罗马帝国几百年，在普热美斯王朝统治波西米亚的几百年间，这几代王朝都没有忘记普拉斯妲和她埋藏的财宝。他们曾多次派人去维多夫莱山区搜寻这批宝藏，但每次都空手而归。进入 21 世纪以来，这笔宝藏又引起了一些现代寻宝者的注意，但始终没人找到具体位置。

大隧道中的丰富财宝

多年来，位于厄瓜多尔共和国摩洛拿圣地亚哥省内厄拉吉尔、圣安东尼、尤贝三个城市交界处的大隧道内的丰富财宝吸引着无数专家和学者。1972 年3 月 4 日，由厄瓜多尔考古学家法兰士和马狄维组成的科学调查小组在莫里斯的带领下，再次对大隧道展开调查。

傍晚，调查队员钻进了神秘莫测的地下世界。进洞后是一段狭长的通道，伸手不见五指，他们打开电筒和头盔上的射灯。隧道垂直往下，他们把一条绳子垂到下面 75 米的第一平台上，然后沿绳而下。

接着，他们又沿绳垂直下到第二平台和第三平台，每个平台的高度都是75米。下到洞底，莫里斯领头摸索前进，法兰士注意到，隧道的转角处都是呈直角的严谨设计，所有洞壁都很光滑，洞底非常平坦，很多地方像涂了一种发光涂料。很显然，这隧道并非天然形成的。法兰士试图用罗盘测量这些通道的方向，但罗盘却莫名其妙地失灵了。莫里斯解释道："这里有辐射，所以罗盘失灵。"

在其中一条通道的入口处，有一副骸骨精心摆放在地上，上面撒满金粉，在调查队员的灯光照射下闪闪发光。

莫里斯和法兰士以及马狄维发现了很多意外的东西。洞里出奇地静，只有脚步声、呼吸声以及雀鸟飞过的声音，他们目瞪口呆地发现，他们正站在一个巨大厅堂的中央。

这个大厅的面积约为140×150米，大厅中央有一张桌子，桌子的右边放有7把椅子。这些椅子既不像用石头、木材做的，也不像用金属做的，它摸上去好像是一种塑胶，但却坚硬、沉重得像钢。

在7把椅子后面，毫无规律地摆放着许多动物模型，有蜥蜴、象、狮子、鳄鱼、豹、猴子、野牛、狼、蜗牛和螃蟹。最令人惊异的是这些动物都是用纯金做成的。在桌子的左边则摆放着莫里斯所提及的金属牌匾及金属箔，金属箔仅几毫米厚、0.65米长、0.18米宽。

法兰士经过仔细检查，仍无法知道这些牌匾在制造时使用过什么原料，因为那些金属箔看起来很薄并且脆弱，但竖起来却不弯曲。它们像一本对开本的书籍那样摆放着，一页连着一页，每块金属箔上都井井有条地排满像用机械压上去的文字。

法兰士估计金属箔至少有两三千块，在这些金属牌匾上的字体无人知晓。他认为，这间金属图书馆的创立者肯定想把一些重要的资料留传给遥远的未来，使其永垂不朽。

莫里斯在大厅找到一个0.114米高、0.064米宽的石刻，其正面刻着一个六角形身躯、圆形头的人，他右手握着一个半月，左手则拿着太阳。令人称奇不已的是，这个石人的双脚竟站在一个地球仪上。这石刻在公元前9000～前4000年已做成，这说明那时的先民便知地球是圆形的。

法兰士认为这个隧道系统在旧石器时代已经存在。他拿起一块刻着动物的石刻，它有0.29米高、0.5米宽，画面上所表现的动物有着庞大的身躯，正用它粗大的后腿在地上爬行。法兰士认为石刻画的是一条恐龙，难道有人曾经见过恐龙？

　　还有一块神秘石刻，刻画的是一具男人骨骼。法兰士仔细数了一下，感到很吃惊，这石刻人的肋骨数竟为 12 对，是如此地准确。莫里斯又让法兰士看了一个庙宇的模型，上面绘有几个黑脸孔的人像，头戴帽子，手持一种枪形的东西。在庙宇的圆顶上，还绘有一些在空中翱翔或飘浮着的人像，令法兰士惊异的是这个庙宇的模型，可能是圆顶建筑最古老的样本。

　　此外，一些穿太空服的人像，更是让法兰士不可思议。一个有着球状鼻子的石刻人跪在一根石柱下，他头戴一顶遮耳头盔，极像我们现在用的听筒，一对直径 0.05 米的耳环则贴在头盔前面，耳环上钻有 15 个小洞。一条链子围住他的脖子，链子上有个圆形牌子，上面也有许多小孔，很像现在的电话键盘。

　　这个隧道和它里面收藏着的稀世奇珍，可以说是见所未见。那些 1.8 米高的石像有的有 3 个脑袋，有的却是 7 个头颅；三角形的牌匾上刻着不为人知的文字；一些骰子的 6 个面上刻着几何图形。没有人知道这个隧道是谁建造的，也没人知道这些稀世奇珍是谁遗留下来的。

　　带着巨大的疑问，调查队沿原路退出洞穴，又赶往位于厄瓜多尔古安加的玛利亚教堂，因为基利斯贝神父收藏着许多来自隧道的珍宝。

　　法兰士注意到一块 0.52 米长、0.13 米宽、0.013 米厚的金板上有 56 个方格，每个方格都刻有一个不同的人像。法兰士在隧道的金属图书馆里的那块金属箔上曾见过一模一样的人像。看来，制造者似乎要用这 56 个符号或字母组成一篇文章。

　　最令人吃惊的是一个纯金制成的女人像背后，焊接着一对细小的翅膀，一条螺旋形金线从她耳朵里伸出来。她有着健康、发育完美的胸部，两脚跨立，但无手臂，穿着一条长裤，一个球形物浮立在她的头顶上面。

　　接着，马狄维又看到一只直径 0.21 米的铜饼，上面图案清晰，并刻着两条栩栩如生的精虫、两个笑着的太阳、一个愁眉苦脸的半月、一颗巨大的星星和两张男性三角形脸孔。铜饼中央有许多细小而突出的圆状物，其含义没人能理解。基利斯贝神父收藏的大量金属箔上面均刻有星星、月亮、太阳和蛇，其中一块金属箔的中央刻有一个金字塔，两边各刻有一条蛇，上面有两个太阳，下面是两个航天员似的人物及两只像羊的动物，金字塔里面是许多带点圆圈。

　　在另一块刻有金字塔的金属箔上，两只美洲豹分别趴在金字塔两边，金字塔底刻着文字，两边可以见到两头大象。据说，大象在 1.2 万年前即在南美出现，那时地球上还没有产生文明。

最让法兰士震惊的是，他在基利斯贝神父这里见到了第三架史前黄金飞机模型。他看到的第一架是在哥伦比亚的保华达博物馆见到的，第二架则仍在大隧道里。多年来，一些考古学家把飞机模型看成是宗教上的装饰品。

纽约航空机械学院的阿瑟·普斯里博士经检试认为，把这架飞机模型看成代表一条鱼或一只鸟显然站不住脚。从模型几何形的翅膀、流线型的机头及有防风玻璃的驾驶舱看，很像美国的 B-52 轰炸机，它确是架飞机的模型。

难道史前便有人能够构想出一架飞机的模型？一切都无定论，一切都是谜团，迄今为止人们仍无法确定或找出这隧道究竟是谁建造的。而在隧道里面，又存放着那么多无从稽考的珍品，这一切意味着什么呢？

常冒国王陵寝宝藏

在 16 世纪下半叶，一位名叫古特尼茨的西班牙商人探险来到常冒国王陵寝，他由一位印第安部落头人引路，穿过错综复杂、九曲十折的地下迷宫来到这座地下国王陵寝。

瞬间，这位青年商人就被金光灿烂的黄金珠宝照耀得不知所措，这座陵寝内摆满珍奇珠宝，其中包括一些镶有翡翠眼睛并用黄金铸造的鱼。印第安头人平静地告诉面前这位惊叹万分的西班牙人，只要他协助建设当地的公共工程，这些黄金便全归他了。无须犹豫，这无疑是一个千载难逢的良机，古特尼茨拼命点头，在帮助印第安人建设当地的公共设施后，他如愿以偿地以一个巨富的姿态返回了西班牙。

据传闻，古印加帝国的人民崇拜黄金，不论是建造神庙和宫殿还是平常随身佩带的物品，都大量使用黄金。数千年来，他们聚敛了数额惊人的黄金，而国王的陵墓中，陪葬的宝藏可想而知。

至于古特尼茨得到多少黄金，根据 1576 年的西班牙税收记录记载，他不仅向西班牙国王密报了这处"小鱼"宝藏，而且慷慨地奉献了 900 磅黄金为税金。然而，在他之后的无数探宝者却没有这种运气，但总有人提供激动人心的线索说在当地废墟下面隐藏有一处"大鱼"宝藏，里面摆满更多陪葬的黄金物品。

至于为什么后来的一些探宝者没有找到宝藏，有传说认为是印加帝国的所在地政府插手了此事。有消息灵通人士说，秘鲁政府近年宣布对古印加王国首都废墟的地下国王陵墓加以严格保护，他们不允许外人接近。

消息灵通人士说，在秘鲁政府的严密防卫下，这座地下王陵由两位经验丰富的秘鲁考古学家专职在此地挖掘。

小鱼宝藏下面真的有大鱼宝藏吗？这处大鱼宝藏又有什么用处呢？难道常冒国王陵墓下还有一座古印加帝国国王的陵墓？这些谜团估计永远也不会有人知道。

藏宝密钥寻有处

耶稣的圣杯在哪里

耶稣在与 12 位门徒举行最后的晚宴时，劈开逾越节的饼分给门徒吃，并对他们说："这是我的身体，为你们舍的。你们也应当如此行，为的是纪念我。"晚餐后，门徒传着喝了一杯酒，耶稣又说："这杯是用我的血所立的新约，是为你们流出来的。"

基督教的圣餐仪式由此奠定：饼代表耶稣的身体，酒代表他的血。但是耶稣和门徒共享的酒杯去哪儿了？2000 多年来一直是个谜。

《四福音》书中没有提及最后的晚餐所用酒杯的下落，基督教其他早期文献则记载，此杯落入亚利马太的约瑟手中。

这位富裕的犹太人可能是耶稣的叔父，曾埋葬耶稣。也许是在约瑟准备将耶稣的尸体放入坟墓时，也许是在耶稣仍钉在十字架上时，他的鲜血滴进了那个酒杯中，酒杯因而成了圣物，后来被称为"圣杯"。

随后，耶稣的尸体从坟墓中消失了，愤怒的犹太长老一口咬定是约瑟偷走了圣杯，并把他关进监狱，企图让他饿死。耶稣向约瑟显灵，正式命他保管圣杯。此后约瑟在狱中期间，每天都有鸽子衔一块圣饼飞到牢房，投进杯子内，结果他竟奇迹般地活了下来。70 年，约瑟获释，但被放逐国外，最后抵达英格兰，据说耶稣孩提时曾随他到过英格兰。

约瑟在萨默塞特郡葛莱斯顿堡建立了第一座基督教教堂，很多人相信圣杯至今仍藏在当地。有关圣杯的传说还有很多，大多非常复杂。有的说，圣杯不一定是杯子，可能是一块石头、一些异象、一个碟子、一个子宫，甚至是炼金术的一个符号。这些有关圣杯的传说都有一个共同点，就是圣杯是隐藏起来的，只有最纯洁的人才能找到它、保管它。

据说，亚瑟王属下圆桌武士里有三位武士在神秘的"渔夫国王城堡"找到了圣杯，这三位武士就是珀西瓦尔爵士、加拉哈德爵士和波尔斯爵士。据波尔斯爵士讲，珀西瓦尔爵士和加拉哈德爵士为人纯洁，加上圣杯极具吸引力，以致他们再找到圣杯后不能重返现实生活中。加拉哈德爵士找到圣杯后，因为太过兴奋而猝死，珀西瓦尔爵士则成了圣杯的新守护人。

这个传说的起源，部分出自亚利马太的约瑟的另一个故事：约瑟和妻舅布朗同遭放逐，布朗曾用一尾鱼神奇地喂饱一大群人，人称"富足渔夫"，他的后裔被称为"渔夫国王"，都是圣杯的守护人。传说中还提到珀西瓦尔爵士是约瑟的后裔，所以他留在城堡守护圣杯。

还有一个有关圣杯的传说，描述抹大拉的玛利亚遇见复活后的耶稣在园中徘徊，后来把圣杯带到法国马赛。后来又有一种说法，竟然提出抹大拉的玛利亚得到的圣杯并不是一件东西，而是耶稣的后裔。照此说法推测，耶稣大概曾和玛利亚结了婚，其子孙后来建立了欧洲的梅罗文加王朝。

人们相信，圣杯曾在意大利停留了300年，先由罗马教廷的执事——圣劳伦斯僧侣保管。据说临近3世纪末，他派了两名西班牙军团士兵将它送回了他在比利牛斯山的家乡乌埃斯卡城。他的结局凄惨不堪，他的好友——教皇西克斯图斯二世、罗马基督教会早期殉教圣徒之一，被罗马皇帝瓦雷利尤斯杀害。圣杯在旧圣彼得罗教堂保存到711年。教堂的罗马式走廊上有一些可暗示圣杯存在的图案，其中有一位天使向耶稣交递酒杯。

据说，圣杯的最终栖身地，是西班牙瓦兰西亚大教堂的一所附设礼拜堂。虽然罗马天主教廷从未把它崇为圣物，但他们承认它是最后晚餐中获耶稣赐福的酒杯，在圣劳伦斯把它送到西班牙之前曾为教皇们使用。

但是，又有人说，圣杯可能藏在英格兰西部。圣杯到底在哪儿？还没有确凿的证据证实。

一块钻石为何魔力无边

钻石被现代人视为尊贵、富有的象征，质量与体积均为上乘的钻石自然也就愈发珍贵。希望蓝钻石问世于1442年，在印度基伯那河畔一口废弃的矿井里，一个老人偶尔瞥见一块熠熠闪光的石头。

后来经珠宝商辨别，那是一块硕大的蓝钻石。老人请工匠将钻石进行了粗加工，加工后的蓝钻石仍有 112.5 克拉。老人去世后，他的 3 个儿子为了这枚钻石大打出手，结果钻石被族长充公，下令镶嵌在神像的前额上。

一天深夜，一个抵不住钻石蓝光诱惑的年轻人偷走了它。

但仅仅几个小时，他就被守护神像的婆罗门捕获，活活被打死，成为蓝钻石的第一个牺牲者。蓝钻石被重新镶嵌在神像的前额上。

17 世纪初，一个法国传教士用斧头劈死两个婆罗门，用沾满鲜血的双手将蓝钻石占为己有。传教士将蓝钻石带回了自己的故乡，可是在一个雷雨交加的晚上，他被割断了喉管，蓝钻石也不知去向。

后来，蓝钻石落入巴黎珠宝商琼·泰弗尼尔手中，他随即脱手，将钻石卖给了法国国王路易十四。路易十四对这枚蓝钻石爱不释手，经过工匠的雕琢，蓝钻石被镶嵌在象征着王权的王杖上，取名为"法国蓝宝"。可是不久后的一天，路易十四最宠爱的一个孙子不明不白地死去了，他受此打击后不久就撒手归西了。路易十四死后，法国蓝宝落入蓓丽公主之手，她将钻石从王杖上取下，作为装饰挂在她的项链上。

1792 年 9 月 3 日，在一次偶发的事件中，蓓丽公主被一群平民百姓殴打致死。自此，法国蓝宝由蓓丽公主的宠物变成了法国国王路易十六的珍玩，可是一场法国大革命的风暴把路易十六和王后玛丽·安特瓦内特送上了断头台。法国蓝宝在这场大革命中被皇家侍卫雅各布斯·凯洛蒂趁乱窃取。

法国蓝宝 40 年后为俄国太子伊凡觅得，他在寻花问柳时，为了讨得一个妓女的欢心，竟将法国蓝宝拱手相赠。一年后，伊凡另结新欢，对赠宝之事后悔不已，决定追索回来。

可是，那个妓女死活不依，伊凡一剑刺死妓女，夺宝而归。然而没过多久，伊凡皇太子就在宫中死于非命。神秘的法国蓝宝给占有它的主人带来的厄运比巫师的诅咒还要灵验，人们视之为不祥之物。尽管如此，世界上还是有许多贪婪的目光盯着它，希望有朝一日成为拥有它的主人。

法国蓝宝从伊凡皇太子手里转移到女皇加德琳一世手里。女皇意欲将钻石镶在皇冠上，于是命人将法国蓝宝送至荷兰，交由堪称世界上一流手艺的威尔赫姆·佛尔斯进行精心加工。

经过威尔赫姆·佛尔斯的精心雕琢，法国蓝宝被切割，它的每个面都闪着诱人的蓝光。加工后的钻石重 44.4 克拉。钻石加工好以后，钻石匠的儿子不辞而别，将钻石带到英国伦敦去了，无法交差的钻石匠服毒自杀，以谢女皇。而他的儿子后来在英国也自杀身亡，死因不明。

英国珠宝收藏家亨利·菲利浦在一个不愿透露姓名的人手里以 9 万美元购得了这颗钻石，并命名为"希望"。1839 年，亨利·菲利浦暴死，他的侄子成为希望蓝钻石的主人。这位钻石的主人将钻石置于展厅公展，后来据说他寿终正寝。1947 年，海里·温斯顿以 1500 万美元购进希望蓝钻石，成为钻石的最后一个主人。

希望蓝钻石自问世以来，历经沧桑，周游列国，除少数几个人外，其余的主人皆屡遭厄运，甚至命丧黄泉。

这是为什么呢？是巧合，还是冥冥之中存在一种尚未为人所知的神奇力量呢？也许有一天，蓝钻石能满足人们探究这个秘密的好奇心。

海盗盖特宝藏在哪里

17 世纪末，大西洋上海盗肆虐，许多商船在海上被抢。英国女王为了使英国的商船队免遭海盗袭击，命令海军将领盖特率领舰队前往大西洋护航。这位身经百战的盖特根本没有把海盗放在眼里，他只带了两艘快艇在海上游弋，想以此威慑海盗。

不料没过多久，盖特便突然受到海盗船的猛烈攻击，在全军覆没的情况下，盖特怕回去后被女王杀掉，便独自一人跳海逃生去了。

不到两年，盖特凭借自己的胆略和经验，很快也成为一个杀人放火抢劫货物的大海盗。5 年后，他聚敛了无数金银财宝，并把它们藏在太平洋上一个无人注意的小岛上的山洞中。

盖特在 55 岁时，决心告别海盗生涯，他来到美国与一个波士顿的孀妇结了婚，并在纽约定居，成为该市唯一可在银行无限取钱的储户。

他出资修建的舞厅是纽约城最典雅华丽的交际场所，当时，谁能收到他和他夫人的一张舞会请柬，就标志着这个人在社交界的极大成功。谁知好景不长，不到两年，他的海盗行径被发现了，驻纽约的英国总督逮捕了他，并将其送交伦敦法庭审判。

1701 年 5 月 23 日，一辆黑色囚车驶到伦敦中心广场的刑台前，里面走出伯爵和两名刽子手。盖特的胸前挂着一块牌子，上面写着"海盗盖特"，执行官向他宣读了死刑判决书。然后，执行官又给了他一个最后的机会，只要盖特供出藏宝之地，便可免他一死。盖特摇摇头没有答应，执行官一挥手，刽子手将绞索套进了他的脖子。

盖特死了，但是探索他所藏珍宝的尝试几百年来一直没有中断过。1867年，加拿大工程师马凯尔的探险队在盖特曾活动过的地方，借助火炬的亮光，发现了一些手提箱，可能是盖特遗物。

1930年，伦敦的古董商人金尔特在一个古旧的海员皮箱中找到一张藏在双层底中的海图，海图上有盖特的姓名缩写。但是，无论是岛的名称，还是它的坐标都没有在图上标出。

1971年8月，人们在某海沿岸水下摄影时曾发现类似山洞的地方，在里面发现了一些箱子之类的东西，但在爆破山洞时，由于爆破力太大而毁坏了修建的排水系统，海水倒灌而淹没了山洞。直至20世纪80年代，拥有声呐、红外线电视、金属探索仪以及其他各种最现代化仪器的美国特立通股份公司，声称发现了大西洋中一个名叫奥伊克·阿连德的小岛，并称这里就是海盗盖特藏匿珍宝的宝岛。

特立通公司计划花费200万美元，在岛上进行探宝工程。公司董事戴维德充满信心地说："我们一定能揭开这个近300年来最激动人心的秘密，估计利润将达5000万美元。"但特立通股份公司的探宝一直没有结果。

鲁滨孙岛上是否有黄金

从1940年开始，鲁滨孙·克鲁索岛突然变得热闹起来，一批又一批寻宝者带着大量的古代文献资料和现代化的开采工具来到这个小岛，日夜不停地挖掘。原来，有人根据古代史料发现，在200多年前，英国海盗安逊曾在这个小岛上埋藏了800多箱黄金和大量的宝藏。

乔治·安逊是一位被英国女王加封的勋爵，但他同时又是一个声名显赫的海盗。1774年，英国海军部委托这名海盗去掠夺非洲南部西班牙帆船和殖民地上的财物。他所率领的中型舰队由8艘作战能力很强的舰船组成，这支海盗队伍曾令所有过往的西班牙商船闻风丧胆。

当年，安逊把鲁滨孙·克鲁索岛作为他的大本营和避难所，每次对西班牙船只实施抢掠，都是从鲁滨孙·克鲁索岛出发。

英国海盗安逊船长最为成功的一次胜仗，是对西班牙运宝商船的抢掠。据说，他那次共抢得 800 多箱黄金和宝石，每箱重 1.3 吨，总价值高达 100 亿美元，属于历代以来最为巨大的一笔海盗财宝。

西班牙当局决心追回这一大批黄金和宝石，当即派出一艘军舰，在太平洋上对安逊船长驾驶的"乌尼科尼奥"号帆船穷追不舍。但安逊绝非等闲之辈，作为当时世界上著名的航海家之一，此人有着丰富的航海和战斗经验。西班牙当局对其战舰的命令是："不把抢走的黄金追回来，不惩罚安逊，绝不罢休。"

于是，双方在海上开始了一次又一次的较量。有两次，西班牙军舰就像猎狗一样眼看就要咬住安逊的帆船，但都被他奇迹般地甩掉了。当然，安逊的帆船毕竟不是西班牙战舰的对手，加之他的船上装载着 1100 吨的黄金和宝石，负载太重，航行起来不够灵活。他自己十分清楚这样和西班牙军舰追逐，早晚要被吃掉。于是，便命令部下神不知鬼不觉地撤回到鲁滨孙·克鲁索岛，在一个平时熟悉的海湾里悄悄隐藏起来。

根据西班牙档案史料记载，安逊的帆船只在这个小海湾度过了一个平静的夜晚，第二天清晨，船员们就发现了跟踪追来的西班牙军舰。

安逊随着船员的惊叫声来到甲板上，从望远镜里他清楚地看到前方出现了一艘很大的舰船，船的桅杆很高，船舷上装有一排威力强大的大炮。毫无疑问，西班牙军舰已追随他们来到鲁滨孙·克鲁索岛海湾。

此时，安逊的帆船由于满载着 1100 吨黄金和宝石根本无法远行，一旦被发现，他们就不可能从西班牙战舰的大炮下逃脱。最终，他打定主意，把这批黄金和宝石转移到鲁滨孙·克鲁索岛上。于是，他们放下小船，把装满首饰和金银珠宝的箱子和木桶从大船的舱室里运出，借助从舷墙上放下的踏板绳梯，把箱子及木桶卸载到小船上。渐渐地，满载着黄金和宝石的小船驶离了大船的背风处，奋力向小岛划去。

登岸后，海盗们抬着全部用铁圈箍住的大箱子和木桶，进入热带灌木丛中，一连几个小时，艰难地行进，这支队伍在岛上前进唯一依赖的指南是安逊在岛上逗留时绘制出的一张地图。

夜幕降临后，他们燃起火把继续在密林中艰难地前进，最终爬上了岛上一座 170 多米高的山。安逊在山顶找到了一个自以为十分可靠的地方，他谨慎地巡视了周围的环境后，发现一个适合藏宝的地点，于是下令把宝藏埋藏在那里。随后，海盗们便开始拼命地挖掘，他们用了整整一夜的时间，终于挖出了一个上下垂直达 7 米深的洞穴。安逊再次仔细观察了一下洞穴周围的环境，详细记下了途中仔细观察过的各种地形地貌特征，把它们一一记录在羊皮纸上。

在确定以后来到这个小岛上能借助他现在所画的藏宝图找到这个秘密地点后，安逊命令海盗们把那些沉重的箱子和桶挪到洞穴边，借助于厚木板和绳索将它们放入洞穴。最后在上面盖上石头和一层厚厚的泥土，用杂草把他们藏宝的痕迹彻底消除干净。当这一切都做好时，天刚蒙蒙亮，看着阴暗的天空，安逊知道上午肯定会下一场大雨，到那时雨水会冲刷一切痕迹。假如不带着安逊的这张藏宝图，任何人都无法找到这个藏宝的地点。

时来运转，由于安逊的战绩显赫，后来被英国女王授封为勋爵，从此飞黄腾达。可是因为这么冠冕堂皇的身份，安逊却再没有机会到鲁滨孙·克鲁索岛来寻找那批黄金和宝石了。而除了他之外，别的任何人又找不到那批黄金和宝石。在他将那批黄金和宝石埋藏在鲁滨孙·克鲁索岛上 200 年之后的 1940 年，这个小岛开始变得热闹起来，一批又一批各种身份的寻宝者带着不知从哪儿得来的大量文献和史料来到鲁滨孙·克鲁索岛上，搜寻那里的每一寸土地，日夜不停地挖掘。然而，经过几年的折腾，这些人全都两手空空地离开。

至 20 世纪 80 年代，鲁滨孙·克鲁索岛上的一场瓢泼大雨再次燃起寻宝者热情的火焰。原来，这场大雨造成了岛上的泥石流，雨过天晴之后，有人在山谷中意外发现了裸露在外的好多银条和几粒红宝石。于是，人们立刻联想到，肯定是大雨把安逊当年埋藏的宝藏从高处冲刷了出来，散落在山谷里。随即，大批的寻宝者再次来到这个小岛，但是他们又一次失望而归。

20 世纪 90 年代，一位荷兰裔的美国人贝尔纳得·凯泽对安逊当年埋藏的黄金产生了强烈的兴趣。他从岛上一家名叫阿尔达·丹尼尔·笛福的旅店老板娘那里获得了有关"安逊黄金"的信息，便立即开始了搜寻。智利政府有关部门得到这个消息后立即声明，这个小岛属于智利领土，没有智利政府的批准，任何人不得私自挖掘宝藏。

最后双方达成协议：假如他找到那 800 多箱黄金和宝石，必须把所得宝藏的 75% 归智利政府及鲁滨孙·克鲁索岛上的居民，剩余的 25% 归他自己所有。贝尔纳得·凯泽的挖掘小组开始寻宝，他们用小型推土机等现代化挖掘工具在山顶上昼夜不停地挖掘，但地下除了石头还是石头，根本没有发现任何宝藏，最后只好宣布放弃。当然，这个美国人走了，并不等于别的寻宝者不来。可以确信，只要传说中安逊的那 800 多箱黄金和宝石不见天日，鲁滨孙·克鲁索岛就永远无法安宁。

狮身人面像与宝藏

　　埃及金字塔相传是古埃及法老的陵墓，但是考古学家从未在金字塔中找到过法老的木乃伊。金字塔主要流行于埃及古王国时期，其基座为正方形，四面则是4个相等的三角形，侧影类似汉字的"金"字，故汉语称为金字塔。

　　埃及金字塔是至今最大的建筑群之一，成为古埃及文明最有影响力和持久的象征之一，这些金字塔大部分建造于埃及古王国和中王国时期。

　　在埃及大金字塔脚下，通往吉萨高地的东方之路上，坐落着一座巨大的岩石雕像，这就是举世无双的狮身人面像。也许是它旁边的大金字塔太有名了，或是有关大金字塔的奇闻逸事太多了，以至很长时间内，无论是研究者还是旅游者，都把它当作大金字塔的附属品来看待。但这些年来通过一些科学家的深入研究，认为真正的历史并不是这样的。近年来，比利时天文学家罗伯特·波法尔等人发现，整个吉萨高原上的古迹其实反映的是公元前10500年的天象，而狮身人面像是其中一个不可缺少的组成部分。

　　根据古埃及神话传说和一些文件记载，远古时代的智能经典被秘密隐藏在吉萨的某个地方。因此有人认为，这显然是一个不寻常的提示，把天象中的坐标转换为地上的坐标，便暗示着那些远古时代的宝藏就埋藏在狮身人面像下的岩石之中。

　　那么，狮身人面像真是太古洪荒时代遗留下来的一份藏宝图标识吗？它守护的是否是人类远古时代最重大的秘密呢？

　　根据埃及某些文件和神话传说，古埃及的智能之神索斯曾将远古时代的知识写成42卷经典，刻在石壁上，埋藏在地下，留给后代那些"有资格得到这些知识的人"。

　　而在公元前2400年，埃及第五王朝留下的金字塔经文中，也记载着吉萨的地下封存着远古时代法老欧西里斯的某种秘密。古埃及学研究者约翰·魏斯特对狮身人面像进行了深入观察后发现，这个巨大的石像并不像过去有些人认为的那样，简单地利用一个凸起的小山包雕成的，而是在一块高地上挖掉周围多余的岩石建成的。

　　这就是说，在施工时，先要沿着准备雕成狮形的石灰岩巨石的中心点，开凿出一道大堑壕，并将周围的岩石全部切除。1990 年，美国地球物理学家托马斯·多比奇等人在用地震测量仪检测狮身人面像时，发现在狮身人面像下距地面 5 米处的岩床里有一个 12 米长、9 米宽的长方形洞穴。由于这个洞穴呈规则的几何形状，与天然洞穴完全不同，多比奇认为这是一个人工洞穴。这一发现进一步激起了人们对狮身人面像下埋藏的远古宝藏的兴趣。有些人立刻想到电脑模拟的天象图中春分点在狮子座后爪下的位置，经过研究和比较，这一位置与狮身人面像下洞穴的位置基本相同。

1999 年 3 月 3 日，埃及政府史无前例地在摄像机面前打开了第四王朝卡蒙塔纳比梯王后二世的金字塔，在面向全世界的现场直播中，埃及官方吉萨古迹总监、考古学家哈瓦斯在狮身人面像前宣布：他脚下确实有巨大地下宫殿，即欧西里斯的神殿。

地下宫殿共 3 层，前两层是空的，真正的神殿在地下深处的第三层，神殿里有 4 根巨大的石柱，包围着一个置放在水池中的巨大石棺。地下宫殿的宏伟令人叹为观止，而石棺中藏的究竟是重大秘密还是传说中的史前典籍呢？埃及有关部门对此表示："地下工程的发掘工作远没有结束，现在才刚刚开始。"

实际上，他们并没有立即着手安排发掘。虽然挖掘结果难以预料，但有一点可以肯定：狮身人面像是整个吉萨高地表示远古时代天象的古建筑群的一部分，是狮子座时代指示春分点的标志，同时在某种意义上，也可以说是起着藏宝图的作用。

而从设计构思、建造技术及其所蕴含的天文学和数学信息来看，狮身人面像确实出于一个在太古时代就已高度发达的文明之手。其地下宫殿中蕴藏的秘密，不论是否是传说中史前智慧的典籍，都对了解人类远古时代的文明史具有不同凡响的意义。

探径取幽疑无路

失落在沼泽地里的遗宝

几百年来，世世代代的英格兰人都无法忘记约翰这位国王，是因为他把价值连城的英格兰王室的宝藏陷在了沼泽地里，后人几百年来不断搜寻，对其下落也是众说纷纭。

尽管这位国王一生名声不佳，但他毕竟受过良好的教育，有极高的文化修养和高雅品位。约翰最大的特长是鉴赏珠宝，在位期间，他收集了很多非常珍贵的珠宝。其中，有几件稀世珍品是他在欧洲大陆通过经纪人买下来的。出于喜爱，他总把这些珠宝带在身边，还为此制作了特别的箱子。

有时为了安全起见，他也把藏品中的一部分分散到全国各地的修道院保管，但要求手下的人必须非常仔细地列出清单。在他托人保管的珍宝中，有德国皇帝海因里希五世的遗孀艾姆普瑞斯·玛蒂尔德女士加冕时的一顶来自德国的大皇冠、红衣主教的短袖束腰长袍、镶嵌着宝石的腰带、一个海因里希五世加冕时披戴的真丝幔帐、一颗巨大的蓝宝石、带有金色鸽子的金节杖、两把宝剑，还有金杯和金十字架。

1216 年 10 月 11 日，约翰从雷恩前往维斯拜赫，在他到达雷恩城时，其战利品已经多得不计其数，军队中的箱子已无法装载这些珍宝，他不得不下令把其中的一些留在雷恩城。

随后，在通过维尔斯特雷姆河的时候，水中的地面突然裂开，旋涡把部队的人马和携带的金银财宝全都卷到了水底。转眼间，这位英格兰国王不但失去了他的军队、车马，也失去了他多年来费尽心机收集的所有珠宝和从修道院储藏室中取出的贵重物品。据估计，这些财宝价值大约为 200 万英镑。

后来约翰得了痢疾，加之又丢失了所有珠宝，连急带气，很快病入膏肓。

克罗克斯顿修道院院长听取了约翰的临终忏悔，并为他举行了最后的涂油礼。1216 年 10 月 19 日，约翰在纽沃克去世，被安葬在沃尔柴郡的大教堂。在以后的 700 年间，这批王室的宝藏被遗忘在沼泽地里。直至 1906 年 2 月 15 日，伦敦文物研究者协会秘书约翰·豪普做了题为"国王约翰的队伍宝藏的丢失"的报告，这才引起公众对约翰遗失物品的兴趣。

业余考古爱好者沃德·克里夫让他的部下库尔诺克来寻找这段传奇的线索，经过一番周折，库尔诺克找到了另外两个寻宝者——阿维克多和苏格兰工程师威廉一同前往。

三个人开始进行系统的寻找，经过几年的调研，他们得出结论：宝藏在地下大约 1 平方千米的矩形范围内，但这个地方已经被湖水淹没很久了。威廉钻了一个孔，发现宝藏没有沉到 22 米深的坚硬的河床底部，他估计沉到了 11 ~ 12 米深的流沙中。

1929 年年底和 1930 年年底，英国政府分别颁布了两个寻宝许可证，一个在萨顿桥附近；另外一个在萨顿附近一个占地面积达 440 公顷的叫作"东方的萨顿桥"的地区。寻宝许可证上明文规定，在扣除寻宝所需的所有费用后，宝藏的净利润由王室与寻宝者之间均分。但令人疑惑的是，后来这事情没有了下文。

1929 年夏天，来自巴尔的摩的美国人约翰·赫特·博纳获悉此事后，便决定为寻找宝藏筹措经费。后来他认识了一位叫庞森拜的人，并任命他担任新成立委员会的领导者。

1932 年 10 月 6 日，他们得到寻宝许可证，有效期限为 3 年或者直至发现宝藏为止。

两个月后，他们以"沼泽研究界限"为名注册了一家股份公司，投资为 1000 英镑，并分成 1000 张 1 英镑的股票出售。

1933 年 6 月，博纳遇到了一个从德国逃亡来的化学家卡尔·格拉特维茨，他向博纳承诺用他自行设计的一种探测金属的探矿杖可快速定位宝藏，并能加快它们的挖掘。格拉特维茨马上着手进行工作，经过对沼泽地实地考察后称，在萨顿桥边的一个长 8 米、宽 1 米、距离下沉河床约 50 米的地方，至少有 24 辆装有银子和其他货物的车、200 匹驮着金袋子的马以及士兵们。尽管这篇报道引起轰动，但寻宝一事接下来就没有了下文。不久，这个公司就因为财务状况在繁多的诉讼官司中走到了尽头。

1954 年秋天，塔克博士带着仪器与他的队伍第一次前往沼泽地。他在后来的工作报告中说：约翰国王的队伍选择了一片浅滩来穿过维尔斯特雷姆河，这片浅滩直至 16 世纪仍被人们使用。在年复一年的探测中，他们共用了大约 30 条横线列出了两平方千米的范围，得到了 1000 多个不同的值，最终证明这一地区确实曾经有马车经过。在对比所有的测量结果之后，结论是，在约翰王时代确实有一支队伍横穿河口。

约翰王那些珍贵的宝藏到底埋藏在哪儿呢？还有待人们进一步发掘。

墓室下的塞提一世珍宝

1813 年，瑞士人布尔卡德在当地一个阿拉伯人的引导下去参观菲塔莉王后的小神庙时，无意中看到了 4 座几乎已全部陷入沙中的巨像，雕刻在距小神庙 200 米之外一个很深的山口中的岩壁上。

4 年后，意大利人乔万尼·贝尔佐尼在挖了 20 天后，从一条狭缝里爬入巨大的神庙，他看到神庙里到处都是生动亮丽的浮雕和色彩鲜艳的壁画，拉美西斯二世门口的巨像就是这位法老的造像。

根据公元前 1 世纪访问过阿比多斯的希腊地理学家史特拉堡的记载，在葬祭殿之后，还有一座"用坚硬的石头建造起的一座令人惊叹不已的建筑"，这就是充满传奇色彩的欧希里恩神殿。但在悠远的历史岁月中，它已完全被淤泥和流沙所掩埋，直至 1914 年人们才将这座神秘而庞大的建筑物重新从地下发掘出来。不过这座巨型建筑到底是做什么用的，却始终没有定论。有人认为这可能是塞提一世的衣冠冢，但也没有确凿的证据。

塞提一世宏伟豪华的葬祭殿和欧希里恩神殿被重新挖出的消息，进一步勾起了人们对他的陵墓的想象和挖掘的欲望。于是，找到并发掘出塞提一世的陵墓就成了世界上众多考古学家、探险家、寻宝者和盗墓贼们朝思暮想的共同心愿。

意大利人乔万尼·贝尔佐尼是个非常了不起的人物，他发现了塞提一世的儿子拉美西斯二世的神庙，据史料记载，他是近代最早在塞提一世陵墓寻宝的人。此人青年时学过物理学和机械制造学。为了讨好当时的埃及总督穆罕默德·阿里，他设计并制造了一台水泵给总督表演。总督并不了解这台水泵有多大用途，但还是签发了一张可以随处发掘的许可证给他。

1817 年，贝尔佐尼来到阿比多斯的帝王谷寻找塞提一世的陵墓。他在塞提一世的父亲拉美西斯一世陵墓入口处附近挖掘，挖至地下 6 米深的地方时，曾碰到了塞提一世陵墓的入口，劳工们继续往下挖，直至最终发现陵墓。贝尔佐尼和阿里的曾祖父一同下到地下数百米深的陵墓，可是墓室里除了一口空荡荡的镶金雪花石膏石棺之外，什么也没有。

不过，贝尔佐尼意外发现了一张"阿比多斯国王名单"。这是一块 3× 1.82 米大的雕刻名单，记录着从公元前 3000 年第一王朝的第一位法老美尼斯到塞提一世以前的 76 位法老的名字，而且每个名字都以象形文字刻在一个个椭圆形的徽纹记号中。在名单的最左边，浮雕着两个人物，一个是塞提，另外一个就是他的儿子，拉美西斯二世。

从陵墓的情形看，这里显然曾被盗过，但贝尔佐尼仍不死心，他打算凿开墓室的墙壁继续深挖。可阿里的曾祖父再三劝他说，再挖也是劳而无获，不会有其他东西，贝尔佐尼只好将这口仅存的空石棺运到了英国。

其实塞提一世的木乃伊并未被盗，这不过是他为防盗而修建的一座假墓，现在真正的木乃伊仍完整地保存在开罗博物馆中。它是由阿里的祖父穆罕默德兄弟三人于 1871 年在靠近帝王谷的沙克·埃尔·塔布里亚的一个山崖洞穴中发现的，第二十一王朝法老彼内哲姆为防盗，将许多国王的木乃伊集中藏在该洞穴中。

10 年后，穆罕默德兄弟三人被捕，这些木乃伊遂归开罗博物馆所有。在阿里家族中至今还保存着他曾祖父留下的文字记载，上面说，当他本人看到墓室的墙壁及地面全由巨石所封闭时，便断定塞提一世的宝藏并未被盗。随后，这个家族的秘密一代传一代，他父亲临终前告诉了他。阿里以前也像他的祖辈一样，曾是一位有名的盗墓贼，他还间接地参与了许多大宗倒卖文物的黑市交易。

1960 年，阿里将这个隐藏了近半个世纪的秘密告诉了埃及古文物部门，并且主动承诺承担经费，倡议古文物部门挖掘塞提一世的陵墓以寻找宝藏，有关部门接受了他的请求。

1960 年 11 月 12 日，《法兰西晚报》报道："在 38℃的高温下，65 名劳工光着膀子挥汗为寻找塞提一世国王的宝藏在 200 米深处不停地挖掘，并有一位 50 岁的阿拉伯富翁为此提供所需的全部资金。"

半年后，工人们由墓室的墙壁开出一条只有 0.8 米高、1.5 米宽，但长达 141 米的倾斜向下的隧道。他们只能猫着腰用篮子往外运送岩沙。隧道在一米一米地往里延伸，当隧道超过 200 米长时，工人们已经清理出古埃及人凿出的 40 级台阶。然而就在这个地方，他们再也无法前进一步了，因为摆在他们面前的，是一块几百吨重的巨石。

　　如果用炸药炸开这些巨石，不仅这条隧道毁于一旦，更可怕的是塞提一世的陵墓可能将永远无法发掘，工程就这样陷入了绝境。此时的阿里已经弹尽粮绝，投入的巨资已全部花光，政府部门又不肯为此增加一点拨款，于是探宝工程只好搁置，不了了之。至此，人们肯定会问：塞提一世的陵墓是不是就在那几块巨石后面呢？对此专家们只能回答：很有可能。但在挖开巨石之前，谁也不敢做最后的结论。而根据现在人们掌握的工程技术水平，还无法打开这个障碍，举世瞩目的塞提一世陵墓和引起无数人觊觎的塞提一世宝藏，还静静地藏在帝王谷里。

尼伯龙根宝藏的厄运

　　1858 年 8 月 15 日，在瓜拉萨和达贾多岩山谷间的托莱多城附近，有个村民和他的妻子冒雨赶路回家途经瓜拉萨，他们停了下来想找点水喝。连续几天的大雨把瓜拉萨古老的城墙冲刷出千沟万壑。他的妻子在城墙下弯腰喝水时，突然看见墙缝里有什么东西在闪光，便把手伸了进去，随手拿出了一条金项链。

　　万分惊讶中，这两人开始对墙缝进行挖掘，在瓜拉萨城墙的缝隙里发现了大量的黄金和珠宝，后人把这次发现叫瓜拉萨宝藏，谁也不知道这两个农民到底挖走了多少宝藏。恰巧，当时托莱多王宫里的一位金匠瑟·纳瓦罗喜欢古董，便将这对夫妇得到的珠宝全买了下来。纳瓦罗一共得到了 9 个用纯金做成的有无数珍珠和宝石装饰的还愿王冠，最大的王冠上刻着"国王瑞斯委兹保佑"，瑞斯委兹是一位西哥特国王。

　　这个精明的金匠十分清楚当时西班牙宫廷里的习俗，如果他把这些珍宝都报上去，最多只能得到可怜的一点补偿，于是他想到了走私。后来这批宝藏被走私到了巴黎，通过法国政府，最后运到了博物馆。西班牙人视自己为西哥特人的正宗后代，当马德里知道这桩交易后，要求法国政府立刻归还王冠。

　　巴黎和马德里之间持续了一个月的繁忙的照会，以及没完没了的开会和谈判。最后，为了破坏法国人的兴致，西班牙的学者们称，所有的宝藏都不是用金子做的，都是伪造品。这个谣言传播的时间很长，直至有个叫德·拉·克鲁斯的人被一篇报纸上的文章所激，决定再去挖一次。

当德·拉·克鲁斯秘密地搜寻瓜拉萨的墓地时，发现了同样精美的两个还愿王冠，一个属于国王斯维提拉，另一个属于修道院院长特奥多修斯。另外还有一个纯金构成的绚丽夺目的十字架，它是属于大主教特提乌斯的。

1943 年，法国和西班牙之间关于留在巴黎的瓜拉萨宝藏的长期争吵终于结束了。当时欧洲大部分已处于纳粹第三帝国的蹂躏之下，法国统治者迫于纳粹德国的压力，决定把其中最珍贵的东西交给德国的弗兰克将军。

但仅仅过了两年多，在盟军的打击之下，第三帝国灭亡了。瓜拉萨宝藏到底是谁隐藏下来的，后来这批宝藏又流落到何处了呢？

有的寻宝者在媒体上发表文章说，所谓瓜拉萨宝藏其实就是《尼伯龙根之歌》里面的宝藏。1755 年 6 月 29 日，医生郝尔曼·奥伯莱特在策尔伯爵的霍恩埃姆泽城堡的图书馆发现了两本用羊皮纸装订的古文手抄本的古书，其中一本写得非常清楚，讲的是勃艮第女王克里姆希尔特的故事，题目是《尼伯龙根宝藏》。

这本古书详细地讲述了尼伯龙根宝藏的来龙去脉，并认真地指出，《尼伯龙根之歌》中所说的宝藏并非虚构，而是确有其事的。奥伯莱特大夫一眼就看出，这是一本几百年前的、被虫子咬过的、用很多羊皮装订起来的古书，里面的字是用墨和鹅毛管笔写成的。

他好奇地问伯爵，这本古书是从哪儿来的，书里面讲的那笔巨大的宝藏又埋藏在何处呢？伯爵告诉他说，那本书是他的祖先所收藏的，至于书里所说的宝藏到底是真是假，他也没有考证过。

1837 年 4 月初，两名罗马尼亚采石工到布泽乌开采石头，在两块大石头之间的地层下面发现了一堆金子。这堆金子当时被一个很大的纯金制作的圆盘覆盖着，还有许多杯子、壶、颈圈和扣环，扣环上刻着一种他们不认识的文字。这两个采石工不能肯定这堆东西到底是黄铜还是真金，他们给了村子里一个叫维鲁斯的石匠一小块，让他去布加勒斯特问问别人这到底是什么东西。石匠维鲁斯从布加勒斯特回来之后，用 4000 个皮阿斯特和一些衣物换取了他们挖掘出来的所有东西。尽管这个石匠力气很大，但这堆东西毕竟有 70 多千克重，为了携带方便，维鲁斯当即用斧子把大件物品都劈成便于携带的小块，后来还是觉得不好拿，就干脆把小块的用靴子踩平。

　　这样一来，东西是好拿了，但上面大部分宝石从它们原来的托座中掉了下来。石匠生怕采石工懊悔，没顾得上拾那些散落在地上的项链和宝石，就背起包急忙走了。采石工并不稀罕那些被石匠弄下来掉在地上的宝石和项链，就顺手把地上的东西扫了扫，扔到了房子后面的粪堆上。后被另一个村民看见，向布泽乌的主教告发了他们。

　　主教将此事上报后，国王派他的弟弟带了一个专门委员会来进行调查。拿走宝藏的石匠立即浮出水面，专门委员会勒令他交出宝藏，石匠被逼无奈，只好把这些调查者带到邻近的一条小河旁，承认自己把宝藏埋藏在了那里。但专门委员会后来只在那里找到一小部分，抢救出了12件文物，而且有的已经受到了严重损坏。事后，所有参与此事的人都被投进了监狱，宝藏被运到罗马尼亚首都布加勒斯特。经过艰苦的修补后，1867年，在巴黎世界博览会上，这批无价之宝轰动了世界。

　　有人惊呼：“《尼伯龙根之歌》中的宝藏现身了！”这批珍宝被发现的曲折过程也成了当时报纸上的头号新闻。此后这批珍宝又在伦敦和维也纳展出，最后回到了罗马尼亚的国家博物馆，被安置在那时的布加勒斯特大学侧楼的底层。没想到博物馆的职员并不把这些珍宝当回事，在此竟又连遭厄运。

　　1875年11月一个暴风雨的夜晚，一个学生偷偷溜进大学的图书馆大厅，在地板上钻了一个洞，钻入下面的展览厅，把珍宝从陈列柜里拿了出来，打碎后装满旅行包逃走了。其中有一个展品很重，不方便携带，他就把它丢在学校院子里的雪地上。

　　这次盗窃惊动了布加勒斯特所有警察，很快他们发现一个正准备把一部分珍宝放到坩埚上熔化的珠宝商，剩下的珍宝后来陆续被找到，得救的碎片被安置在博物馆里一个特别安全的柜子里。

　　祸不单行，1894年4月5日的夜里，这里又发生大火，大火把博物馆的墙基都烧毁了，陈列的宝藏在最后的紧急关头被救了出来。一队金器专家在柏林艺术博物馆待了整整一年，却最终无法再使这些东西恢复初的美丽。

　　这些珍宝是真正的尼伯龙根宝藏吗？如果不是，那神秘的尼伯龙根宝藏又隐藏在何处呢？

特洛伊宝藏得而复失

　　特洛伊传说是古希腊文学中最著名的题材，它是《荷马史诗》的主体。特洛伊城的美女海伦让人着迷，她的美貌使 1000 艘船为之沉没，她的魅力导致历史上由女人引发的最大战争，即特洛伊战争。生于德国纽巴克的史莱曼第一次听父亲讲特洛伊城的故事时，就被特洛伊和海伦迷住了，他暗暗发下宏愿："我长大后，一定要去寻找失落的特洛伊。"

　　史莱曼费了很大心思研究荷马的《伊利亚特》，并非常自信地认为，特洛伊城的旧址就在达尼尔海峡南岸内陆 5000 米左右的希萨里克山下。1871 年年底，他终于获准前往希萨里克山。在 1871 ~ 1873 年的挖掘工作中，史莱曼每天晚上都要把白天发掘出的各项物品，诸如武器、饰品、家庭用品及其他手工制品一一登记，仔细描述。

　　史莱曼对一尊阿波罗驾驭 4 匹骏马的雕像的描述十分独到，不像一般的考古鉴定，而像一篇充满想象力和情调色彩的鉴赏文章，读来能从中领略到历史的震撼力和艺术的不朽魅力。1873 年的一天清晨，当史莱曼夫妇在离主要挖掘区较远处工作时，忽然敲到一块金属似的硬物，他急忙挖出来一看，原来是一个奇形怪状的大铜壶。

　　史莱曼意识到这不是一般的东西，便悄悄地把宝物藏到他们的小茅屋里。到了夜深人静的时候，两人迫不及待地将铜壶里的东西查看了一番，结果令他们瞠目结舌。铜壶中有许多金质、银质的瓶子、杯子、王冠、耳环、手镯以及珠宝，还有许多铜器。仅清点壶中之物就花了很长一段时间，结果，光是金制品就有 8700 多件。

　　史莱曼决定违背诺言，对土耳其政府隐瞒这些宝物，自己悄悄运回雅典。他成功了，但是至于是用什么办法运出去的，史莱曼和索菲亚均守口如瓶。当史莱曼公开这一发现后，土耳其政府立刻向希腊法庭指控史莱曼违法私运国宝。法庭最后判决史莱曼只要付给土耳其政府 1 万法郎，便可以保存那些宝物。

　　除此之外，史莱曼又给君士坦丁堡皇家博物院捐赠了 4 万金法郎。这样一来，史莱曼凭借他对博物院的慷慨捐赠，又一次被获准重返特洛伊城。不过此后的挖掘中，再也没有发现能与铜壶媲美的宝物。

　　1890 年，史莱曼去世，享年 69 岁。去世前，他决定把挖掘出的宝物捐献给他的祖国——德国，这一举动使他成为柏林历史上第三个荣誉市民。可后来发生的事，却又使这一举动成为不幸。

　　第二次世界大战爆发后，为了安全起见，特洛伊宝藏和麦锡尼宝藏被分散到各地保存，由此厄运接踵：大部分陶器和利比斯堡一起被苏联攻克柏林时炸毁；藏在柏林若罗吉车站下的煤仓中的金饰被苏军运回莫斯科，不过后来有人怀疑这批文物最后并未抵达目的地。仿佛经历了一个轮回，特洛伊宝藏又像几千年前一样不知去向，神秘失踪。

探寻法兰西迷宫宝藏

　　欧洲 16 世纪和 17 世纪是宗教争论的年代。马丁·路德是德国北部的一个牧师，性格聪颖而坚强。他进入雷尔福特圣奥古斯丁修道院当修士，并在 1508 年成为维登堡大学的神学教授。

　　1513 年利奥十世任教皇时，财政濒临破产，为了筹集现款，教廷开始销售赎罪券。就是用一定数目的钱换得一张羊皮纸，允许罪人可以缩短他死后需要待在炼狱里赎罪的时间。路德知道后十分气愤，他走到维滕堡的宫廷教堂的门前，在门上贴出一张用拉丁文写着 95 条论点的布告，攻击教会销售赎罪券。1520 年，20 岁的德国皇帝查理五世在沃永姆斯会议上，判定路德是个在神和人面前的不法分子，禁止所有德国人供他吃喝和留宿，禁止人们阅读他所写的书。

　　路德则无视教皇的权威，自己动手把全部《圣经》翻译成德语，使所有德国人民都能亲自阅读和理解"上帝的声音"。1546 年 2 月，路德去世。一些支持路德，抵制罗马教廷的教徒成立了新教，出现旧主教和新教两个对立的教派。

　　夏朗德位于法国西南部，虽然只有 1000 多位居民，但也是一座历史名城。1569 年，法国科利海军司令手下的一名中尉罗日·德·卡尔博尼埃男爵在占领夏朗德以后，不仅纵火烧毁了夏朗德修道院，还屠杀了所有的修道士。

　　大屠杀之前，修道士们早已把圣物和财宝隐藏了起来。由于没有一个修道士能逃脱灭顶之灾，这批圣物和财宝也随之成了千古之谜。

几百年来，夏朗德居民一直都会不时地发现一些闪闪发光的金银财宝和各种罕见的圣物。而且每隔 7 年，在春暖花开的季节，总有不少宣称"修道院的珍宝将出现在圣体显供台下"的布告张贴在夏朗德的大建筑物正门和古老市场的柱石上，这使人们更加坚信，此地一定埋有一笔数量不小的宝藏。

1562 年，有个年轻的牧羊人克莱蒙为了逃脱胡格诺派教徒的迫害，躲进夏朗德附近的一个山洞中。他在山洞中偶然发现一个地下通道网，沿着其中一条地道一直走了两天以后，有一个出口就在离夏朗德 4000 米处一个极为隐蔽的地方。

据克莱蒙讲，这条地道足以让一名骑士骑着自己的坐骑行进，而且地道里还有一大一小两座教堂。后来，夏朗德有一群孩子在玩捉迷藏游戏时，在当地居民佩里隆家所在地区的一幢老房子下面发现过一条地道。孩子们偷偷溜进地道中，借着手电筒的亮光，没走多久就发现远处有一个带三个跨度的拱顶大厅，里面还有一个石头祭台。这个消息传出后，有人猜测，它很可能是一座地下教堂。有人认为这是出于一种宗教虔诚，是想表明不但在地上，而且在地下人们都供奉上帝。还有的人认为教堂也许是一种标志，很可能是指明财宝藏于何处的标志。

另外，据当地记载，圣索弗尔修道院当年曾修筑有一条长 2 万米的地下通道，可以直达夏朗德城的楠特伊昂瓦莱修道院。夏朗德修道院的财宝，尤其是那些体积大并且价值昂贵的财宝和圣物珍品，像金盘子、大烛台、瓷器，很可能藏在那里。遗憾的是，从这个被认为是地下小教堂大厅伸延出去的地道，已经有 1/3 被塌下来的土所填满，所以，尽管人们众说纷纭，但再也无法考证。

据那幢房子主人的一个孙子说，他小时候曾跟着父亲在这条没完没了的地道中走了一两千米，直至夏朗德河边附近时才发现地道早已被填塞。他父亲经过仔细观察后认为，过去有一些人也曾进入过这个地道，他们很可能发现了一笔财宝，但在挖掘时，由于误触了机关而使地道塌方，结果人财两空。许多人都相信这一说法，也有好奇的人慕名来此，想进入地道看看到底是什么机关。遗憾的是，这块地方的主人拒绝任何人进入，这就使进一步的探索无法进行。

总之，在夏朗德这座古城，不仅布满着迷宫一般的地下网道和大小教堂，而且还埋藏着中古时代流传下来的一笔难以估价的珍宝，但至今仍没有人能够找到。

谁掳走了北京猿人化石

1918 年春，在北京西南郊 50 千米处的周口店，瑞典籍地质学家安特生首次发现哺乳动物化石。此后，在周口店陆续发现数枚人牙化石，经解剖学家研究，这些化石属于古人类的一个新种属，命名为北京人。

1928 年 12 月 2 日，中国史前考古学家裴文中在周口店发掘出一个完整的猿人头骨。1928 年 12 月至 1937 年 7 月卢沟桥事变前，在周口店经过 11 年挖掘，又先后发现了 40 多个北京人的人骨化石及大量石器。

中国猿人化石当时集中珍藏在北京协和医院的保险箱里，由著名的德国籍人类学家魏敦瑞负责保管并研究。

1941 年年初，魏敦瑞提出，珍贵的中国猿人化石继续留在日军统治下的北平很不安全，建议将化石暂时转运至美国纽约历史博物馆保存，待战后再运回中国。经多次交涉，中美双方就此事达成协议。当年 11 月中旬，美国驻华大使馆自重庆来电，指令美国驻北京公使馆负责转运事宜。

11 月 20 日，北京协和医院奉命将中国猿人化石秘密装箱。装箱的化石有：头盖骨 5 枚，头骨碎片 15 枚，下颌骨 14 枚，锁骨、大腿骨、上臂骨、牙齿等 147 枚。全部化石分装在两只大木箱内，由美国公使馆运送至美国海军陆战队总部，指令美军上校阿舒尔斯特负责押运。

阿舒尔斯特上校命令士兵将两只木箱改装到美军专用标准化箱里，等待装船。按照原定计划，12 月 11 日有一艘"哈里逊总统"号轮船将由上海抵达秦皇岛，然后由秦皇岛驶往美国。美国海军陆战队军医福莱受上校之命，将标准化箱连同他个人的行李共 24 箱由北京押运至秦皇岛霍尔坎伯美军兵营，护送这批化石安全抵达美国。

天有不测风云，12 月 7 日，珍珠港事件爆发，秦皇岛霍尔坎伯军营被日军占领，美国海军陆战队队员全部成为俘虏。不久，这批俘虏被押送到天津战俘营。过了 10 来天，美军战俘的行李由秦皇岛转运至天津，福莱医生的行李大部分还在，其中包括装载中国猿人化石的美军专用标准化箱。

福莱医生将他的剩余行李，包括标准化箱，在天津就地疏散了：一部分存放在瑞士商人在天津建筑的仓库里，一部分存放在法租界巴斯德研究所，一部分存放在中国友人家里。疏散前，福莱医生没有打开过标准化箱。战争结束以后，装有中国猿人化石的标准化箱下落不明。

一种说法是，标准化箱在秦皇岛被装上了"哈里逊总统"号轮船，但该船不幸在赴美途中沉没，中国猿人化石沉入了海底。还有一种说法是，标准化箱被福莱医生在天津疏散后，最终落入了日本人之手。

中国政府从盟军总部接收的物品清单中，一直没有找到为世人所瞩目的中国猿人化石。为此，当时中国驻日本代表团顾问李济曾多次在东京寻找化石下落，盟军总部应中国政府之邀也动员驻日盟军广泛搜寻，均未果。

据有关人士调查，1949 年，瑞士商人在天津开设的伯利洋行曾伙同北京总行进行过走私活动，走私物品不详。

1972 年，美国巨商詹纳斯悬赏 15 万美金，寻找化石下落，世界各地提供了 300 多条线索，但无一条准确。

探宝人找到稀世珍宝

2010 年 11 月 18 日，一名年仅 4 岁的英国男孩发现了一个罕见的 16 世纪的黄金垂饰，价值估计可达数百万美元。这个幸运儿就是詹姆斯·哈亚特。令所有人嫉妒不已的是，这竟然是他第一次踏上金属探测之旅。

2009 年 5 月，祖孙三人一起踏上金属探测之旅。在探宝之路上，詹姆斯便不停问祖父有关金属探测器的问题，最后被允许亲自拿着探测器碰碰运气。金属探测器的个头比詹姆斯还大。令人惊讶的是，詹姆斯拿着探测器仅仅几分钟内，便听到几声嘟嘟声，开始他的祖父和父亲还怀疑是钉子或者硬币之类的东西。不久，他们听到了很大的嘟嘟声，便开始挖。

他的父亲——当年 34 岁的詹森·哈亚特在泥淖中向下挖了 20 厘米，便看到了一块闪闪发光的金属。他轻轻地把它拉出来，擦掉上面的泥土，发现是一个金盒子垂饰。詹森简直不敢相信自己的眼睛，这是一个宗教饰物，年代可追溯到 16 世纪初。根据它的品质判断，它的主人应该是一位地位很高的牧师或者一位皇室成员。

这个方形垂饰上面雕刻的人物好像耶稣的母亲圣母玛利亚，双手抱着十字架，身前是圣殿，身后是 5 朵"滴血的心"（一种花），四周刻有卡斯帕、梅尔基奥尔和巴尔萨泽的名字。在《新约》中，正是这 3 位智者在伯利恒之星的指引下来到伯利恒，见证了耶稣基督的降生。詹森一家发现金饰后，立即与埃塞克斯的文物部门的联络官和大英博物馆取得联系，大英博物馆对这个小盒进行了进一步检测，发现它是中世纪制造的，黄金比例为 73%。3 位智者的名字被拼错了，这种雕刻图案在 16 世纪非常流行。

大英博物馆在回信中说："背板滑开后现出一个小洞，毫无疑问，这是用来盛装遗物的。表现耶稣受难是中世纪晚期表达虔诚的一种典型方式。铭文中的字母采用的是 16 世纪使用的伦巴第草写体。这个圣物盒垂饰由黄金打造，年代可追溯到 16 世纪上半叶。"

詹森说："他们认为这个饰物属于身份尊贵的人。我认为它可能属于教会内地位很高的人或者皇室成员。在外出打猎时，他们可能遗失了这个饰物。我听说这是一个令人不可思议的饰物。"由于所发现的金饰被正式宣布为"无主宝藏"，可以进行拍卖，詹姆斯一跃成为一名百万富翁。类似的圣物盒售价高达 250 万英镑，约合 397 万美元。

血雨腥风现黄金

黄金路上的无头案

1748 年，当时的西班牙国王费迪南德四世奖赏给米高·帕拉达一块土地，以表彰他对王室立下的功劳。19 世纪时，帕拉达家族的后裔安利哥曾经带着驼队去采过几次矿，每次都是满载而归。据记载，这个矿坑的形状像一个漏斗，矿口朝天，不同于一般的竖坑。

后来由安利哥带去淘金的墨西哥人把坑挖得越来越深，如果背着装满金子的口袋往回爬，是十分困难的。于是，他们找来长木头，在矿坑里搭起一个架子，并钉上一排粗大的木钉充当楼梯。

就在淘金者干劲十足的时候，阿帕奇人却在怒火中烧，他们把淘金者这种行为看作是亵渎土地，总想伺机把这些人赶走。1864 年，几个墨西哥采金工人骚扰印第安妇女，成为战争的导火索。

阿帕奇人成群结队地攻击墨西哥人，淘金者寡不敌众，事先又无防备，仅在 3 天之内就被从米奇山脉的这头赶到另一头。安利哥也在这场战争中丧命，他的喉咙被一支阿帕奇人的箭射穿后，掉下峡谷。在这场战争中，只有几个墨西哥人侥幸逃生。

美国南北战争后，两个德国移民来到此地，一个叫夏洛克·怀兹，另一个叫亚戈布·华兹。其实这个金矿是因华兹而得名的，只是人们错把德国弄成了荷兰，因此"荷兰人矿坑"的名字就叫了出去。

夏洛克·怀兹和亚戈布·华兹是一对好朋友，战后一同来到墨西哥创业。在一次打斗中，他们无意间救了安利哥的儿子米盖的命。米盖很感激，便带他们去了矿坑，带回约 5 万美元的金子。

对于这个矿坑，米盖心中总也抹不去父亲惨死的阴影，非常不愿再见到它，所以米盖提出用这块地的契据跟他们两人换应得的那份钱。交易最终做成，从此矿地便成了怀兹和华兹的财产。

三个人分手后，怀兹和华兹又返回矿坑，继续采挖，一直干到弹尽粮绝才停止。两人商量之后，决定由华兹一人回去，多取些食物来。但是没有想到的是，两人的踪迹早被阿帕奇人发现，他们趁华兹离开时，攻击了还在矿坑中的怀兹。

怀兹身受重伤，一路跌跌撞撞，爬过奇拉沙漠，被路人搭救。由于伤势严重，怀兹在临终前把他们的故事说给了医生听，矿坑的秘密就此公之于众。华兹拿着食品赶回矿坑，发现坑边的营地空无一人，而且有迹象表明阿帕奇人袭击了这里。他知道，怀兹肯定是被害死了，便伤心欲绝地离开了矿坑，永远没有再回来。

1880年，有两名青年曾经找到了矿坑，但却都死在了返回的路上，他们显然不是被阿帕奇人所杀，而是遭到了某些谋财害命的人的毒手。这样，矿坑的地点再度成为秘密。当地的阿帕奇人发觉来这里淘金的人越来越多，对他们的生存构成了极大威胁，便下定决心设法阻止这种外来的侵略。他们想出了一个永绝后患的办法，即让矿坑从地表消失。他们利用整个冬天的时间，用泥土和石块把矿坑塞满，然后颇费心机地将表面弄得和山区其他地方一样，根本看不出挖坑的痕迹。

后来，白人大举挺进，开发土地，并四处追捕、驱赶阿帕奇人，直至把他们赶出米奇山脉为止。从此，阿帕奇人不再是淘金者的威胁，但所有的淘金者也一直没能找到矿坑的所在。

1931年5月，一个叫阿道夫·鲁斯的人来到米森山区，声称他有一张古老的墨西哥地图，矿坑的地点清清楚楚地标在上面。鲁斯已不年轻，那条做过手术的腿里还嵌着银片，因而行动不太方便。6月14日，两位向导将他送到迷宫一样的峡谷中，他们看着鲁斯在峡谷的一个水洞旁搭好营地之后，才离开返回。几天过后，鲁斯一直杳无音信，附近的一位农场主开始担心起来，便带人去沿途寻找。但在峡谷内，他们只见到了鲁斯的营地和帐篷，却没有看见他本人。农场主赶到镇上，通知了当地警长，搜救队开始在附近进行全面搜索。

直至当年12月，人们才在山脊上一个茂密的矮林里发现了鲁斯的头盖骨，上面有一个弹孔。1932年1月，鲁斯尸骨的其余部分在离矮林很远的地方被陆续找到，人们还找到了嵌在他腿上的那块银片。虽然他提到的那张旧地图已经不翼而飞，但他衣服里的一个记事本给人们留下了一份十分珍贵的资料。这个记事本中写道："我来，我看到，我征服了！"这似乎表明鲁斯确实找到了金矿，而且记事本中的最后一页用铅笔很潦草地写着："大约在离山洞60多米的地方。"

杀死鲁斯的凶手一直是个谜，可是此事一出，淘金的人却蜂拥而至。第二次世界大战使这股淘金狂潮暂时减弱下来，战争一过仍然盛况如初。1947年6月16日，一个叫詹姆斯·格拉维的退休摄影师来到这里，和当年的鲁斯一样，也自称知道矿坑的确切方位。不过看来他要比鲁斯现代化多了，他带着科学探矿装备，乘着直升机抵达米森山区。直升机首先在其中一个山顶上降落，格拉维下去观察地形，辨清方向，以便确定金矿的方位。然后，格拉维很自信地指着其中的一个峡谷说，那就是他的目的地。然而，历史又一次重演，直升机驾驶员查克·莫森斯成了最后一个见到格拉维的人。

虽然人们尽力搜索这个失踪的淘金人，但直至1948年2月，他的尸体才在织针山山顶正东的一个峡谷中被找到，尸体的四肢、躯干完整，只是少了头盖骨。

格拉维的头盖骨后来在布拉福泉附近被发现，但杀害他的凶手一直没找到。发生在淘金路上的两桩无头案虽然一直让凶手逍遥法外，但这隐藏在暗处的危险丝毫未使淘金热降温，人们依然满怀信心，充满希望地寻找着"荷兰人矿坑"。

寻找琥珀屋的下落

琥珀屋于1709年建成，因其屋内所有镶板都是用上等琥珀制成而得名，制造这座豪华居室整整用掉了36吨琥珀，价值5000万美元。制造者为了增加室内亮度，在所有的镶板上装饰了银箔，更使它成为世界级珍宝。琥珀屋的建造者是以追求豪华生活而闻名的普鲁士国王腓特烈一世。

1717年，腓特烈一世为了感谢俄国彼得大帝打败瑞典，除却了普鲁士的心头大患，同时也为了获取俄国的保护，就把这件稀世珍宝连同一艘豪华游艇一起送给了彼得大帝。

不久后，彼得大帝逝世，继位的叶卡捷琳娜女皇接受了这件珍宝。她把琥珀屋运到查斯科耶西洛，安装在皇宫内，为了抬高天花板和增加门窗，原来的琥珀板就不够用了。俄国的设计师便特制了一些窗间镜，其豪华精美更使琥珀屋神韵倍增。1941年，在第二次世界大战中，德国军队以闪电战迅速攻陷查斯科耶西洛，并占领了叶卡捷琳娜的皇宫，来不及转移的琥珀屋落入德军手中。德军立即把它拆卸装箱运回哥尼斯堡，仍旧安装在普鲁士王宫原来的地方。

1945年，法西斯德国战败前夕，苏联军队攻入东普鲁士地区后不久，琥珀屋又一次被拆卸装车，由希特勒的军队押运转移。从此，琥珀屋就在这个世界上销声匿迹了。

第二次世界大战后，苏联政府为寻找琥珀屋的下落，专门组织了调查委员会。委员会进行了长期、大量的调查，可是没有一点消息，琥珀屋就像突然从地球上消失了一样。

第二次世界大战刚结束，委员会就找到了一直为纳粹德国管理琥珀屋的德国考古学家罗德博士，想从他那儿了解到琥珀屋的线索。委员会像对待所有科学家那样对他以礼相待，可是，就在他似乎想说点什么时，突然和他的妻子一起暴病身亡。

一些历史学家相信，琥珀屋被纳粹藏了起来，他们梦想着在击败盟军后，再重新取出这些财宝。

然而近年来，越来越多的历史专家和寻宝者都相信，纳粹可能将从圣彼得堡劫掠来的财宝，包括27箱被拆整为零的琥珀屋，全都沉到了奥地利中部死山山脉中的托普利茨湖底！据悉，来自美国全球探险公司的探险家们早就对柏林档案馆中的纳粹历史文献进行了广泛研究，并从中发现奥地利托普利茨湖是最可能的纳粹藏宝湖。

美国探险者还找到了一些当年的目击者记录，根据当时的目击记录，1945年5月，纳粹余孽曾经将成车成车的沉重箱子沉入了托普利茨湖底。目击者对这些箱子的描述，完全和那些装着琥珀屋的板条箱相符。

据称，一些探险家已经潜入托普利茨湖底，并且发现了一个巨大的刻着俄罗斯文字的板条箱，还有未经证实的谣传称，探险者们已经在湖底找到了被称作"世界第八奇迹"的琥珀屋！然而，苏联组成的调查委员会经过一番努力证实，虽然从托普利茨湖底共捞出来17个大箱子，可是十分遗憾，里面装的并不是琥珀屋。

一位负责保管琥珀屋的妇女回忆说，在德军撤退时，一群军人曾歇斯底里地破坏这些艺术品，接着城市又燃起了熊熊大火，那些展品和放置它们的城堡被烧成一片灰烬。琥珀屋是否就混同在这批艺术品中，无人知晓。

后来，一封德国人的来信使人们对琥珀屋仍完整地存在于世充满了信心。这位名叫鲁道夫·林格尔的德国人在信中提到了他的父亲——一位名叫乔治·林格尔的德军上校，他掌管着一支由中央帝国安全局直接领导的特种部队。信中写道：林格尔上校和他的特种部队直接执行了德国中央帝国安全局下达的藏匿琥珀屋的任务。

很显然，琥珀屋是被藏匿，而不是被销毁了。这封信最重要的价值是其中附带着 3 份证明信内容的原始文件，这就增加了信中所述内容的可信度。这些文件表明，琥珀屋正藏在德国某城市的一个旧地下室中，地面部分已经被炸毁且进行了伪装。现在，时间已过去了几十年，又没有具体的地址线索，看来寻找起来是十分困难的。

暴毙的匈奴王的宝藏

匈奴民族是一个游牧民族，生活在欧亚大陆北部广阔的草原上。他们自 370 年入侵欧洲东南部后，在 70 余年的时间里，以旋风般的速度劫掠了几乎整个欧洲，并建立起一个庞大的军事政权。4 世纪中叶，原在中亚大草原一带出没的匈奴人在伏尔加河外出现，首先征服了伏尔加河和顿河之间的阿兰人，然后大举向东哥特人领地进攻，推翻了东哥特人在顿河和德涅斯河之间建立的帝国。

376 年，匈奴人击败居住在现罗马尼亚一带的哥特人，到达罗马帝国的多瑙河边界，由此拉开了中古欧洲史上持续 200 多年的民族大迁徙的序幕。在匈奴人的攻击下，大量日耳曼人蜂拥逃向西方，以期在罗马帝国境内寻求庇护。西哥特人后来经罗马皇帝瓦伦斯的允许越过多瑙河进入罗马帝国境内的色雷斯一带避难。

令罗马人懊悔不已的是，这些涌入的西哥特人对罗马造成了巨大不安定和隐患，也为后来罗马帝国的灭亡埋下了祸根。匈奴人在给予欧洲第一次沉重打击之后，便停留在多瑙河沿岸一带，以匈牙利平原为中心，在中欧地区建立了一个匈奴帝国。入侵欧洲的匈奴王是阿提拉，他是匈奴历史上最著名的统治者。阿提拉时期的匈奴帝国是匈奴征服史上最辉煌的时期。

432年，各匈奴部族的领导权集中在鲁奥的手里，434年，鲁奥死后，他的侄子阿提拉击败了其长子布莱达，继任匈奴最高统治者。

据历史记载，阿提拉虽然表面粗野，但内心却被多年的外交、政治和军事角逐磨炼得十分细腻。阿提拉为人狡诈，野心勃勃，其残暴凶狠程度使整个欧洲都在他面前发抖，他的兵杀到哪里，哪里就会血流成河。欧洲人称他为"上帝之鞭"，把他看作是专门来惩罚人类的煞星。

441年，阿提拉对巴尔干半岛东部实施了一系列致命的打击，匈奴人摧毁了多瑙河畔的许多城市。数年之后，当罗马使者经过此地时，仍可看见岸边的累累白骨，城内尸臭熏天。此后，高卢地区许多城市都未能免遭厄运，阿提拉侵占了多瑙河之后，于442年被著名的东罗马将军阿斯帕尔阻挡在色雷斯一带。

443年阿提拉再次发起进攻，长驱直入帝国腹地，击溃了东罗马帝国的主力军，兵锋指向君士坦丁堡。东罗马帝国万般无奈之下与阿提拉订立和约，阿提拉强迫东罗马帝国支付6000磅黄金，并将每年要缴纳的贡金增加两倍以上，即以后每年向匈奴人纳贡2100磅黄金。445年，阿提拉害死兄长布莱达，成为匈奴帝国的独裁君主，并继续他的侵略计划。

阿提拉在连年征战中，每踏平一个城市，都要抢掠大批的金银财宝。至5世纪中叶，匈奴帝国已成为当时横跨欧亚两洲的最富有的大帝国，匈奴王阿提拉也是世界上拥有最大权势与最多财富的人。

有人统计，在这几十年里，仅仅是东罗马帝国上贡给匈奴王的黄金就达21000磅之多。由于匈奴人一直保持着游牧民族的习惯，不搞建筑，没有更多的开支，而阿提拉又有收藏珍宝的嗜好，因此匈奴人从各地掠夺来的金银和珍宝大多保持着原有的形态。

"匈奴王的珍宝"早已是闻名于世的一笔巨大财富，而且阿提拉厉行严酷的专制制度，其臣民稍有不合其意者即遭严惩，因此在匈奴王国内部，阿提拉的珍宝除他本人和极少数亲信之外，无人敢过问，更无人知晓这些珍宝藏在哪儿。

然而，令人难以置信的是，453年，阿提拉在新婚之夜突然死去，据说是来自东罗马的新娘给他暗下了毒药。他死后，匈奴人把所有参与埋葬阿提拉遗体和宝藏的工人全部处死，没有给后世留下一个活口。世人不知道阿提拉的坟墓在什么地方，也不知道他那巨额的珍宝藏在哪里。

　　此后匈奴帝国一蹶不振，渐渐沦落灭亡，但是有关阿提拉的陵墓和宝藏的故事却渐渐流传开来。传说，在东欧平原某个不为人知的偏僻山区，隐藏着阿提拉的秘密墓穴，而举世闻名的匈奴王的宝藏，就埋藏在那地下墓穴中。

沙皇五百吨黄金之谜

　　1919 年 11 月 13 日，俄国"十月革命"胜利后，沙俄海军上将阿历克赛·瓦西里维奇·哥萨克率领一支部队，护送着一列 28 节车厢的装甲列车，从鄂木斯克市沿西伯利亚大铁路向中国东北边境撤退。

　　在这趟戒备森严的列车上，装载着沙皇的 500 吨黄金，它们都是沙皇从民间搜刮来的民脂民膏。这队人马经过 3 个月的艰难跋涉，来到了贝加尔湖的湖畔，但由于饥寒交迫，许多人死去了。

　　哥萨克将军发现铁路已被彻底破坏无法通行后，只好命令部队改乘雪橇穿过贝加尔湖去中国边境。冰面上积了厚厚的雪，500 吨黄金被装上雪橇，在冰冷刺骨的暴风雪之中，被武装人员押送着，艰难地行驶在湖面上。

　　突然贝加尔湖面上的冰出现了裂缝，据说，哥萨克的所有部队及那 500 吨黄金都沉入了水深 100 多米的湖底。

　　事情过去 10 多年之后，有一个生活在美国的沙俄军官斯拉夫·贝克达诺夫公开了身份，并对人讲："沙皇的这批财宝并没有沉入贝加尔湖，早在大部队抵达伊尔库茨克之前就已经被转移走，并且早已被秘密埋藏了起来。"因为当时的形势已很明朗了，大部队不可能撤退到中国，不论从哪个方面来考虑，最好的做法就是把这笔黄金秘密埋在一个地方。

　　据这位沙俄军官斯拉夫·贝克达诺夫透露，当时他和一个名叫德兰柯维奇的军官奉命负责指挥了这次埋藏黄金的行动。当时，他俩带着 40 多名士兵，把黄金转移出来后，就把它们埋在一座已经倒塌的教堂的地下室里。

　　这件事办完以后，他和德兰柯维奇把这 40 多名士兵带到一个采石场上，用机枪把他们统统处决了。在返回的路上，贝克达诺夫发现德兰柯维奇想暗算他，于是他抢先一步掏出手枪把他打死了。

　　因为当时每天都要失踪 100 多人，因此这些人的死亡根本没有引起注意。就这样，沙俄军官斯拉夫·贝克达诺夫成了现在唯一掌握这笔沙皇黄金宝藏秘密的知情人。

1959 年，贝克达诺夫曾利用一次大赦的机会返回苏联，并在马格尼托哥尔斯克碰上了在美国加利福尼亚时认识的美国工程师。此人始终没有透露他的真实姓名，只用了一个叫约翰·史密斯的假名。

史密斯在了解了贝克达诺夫的情况后，建议和他一块去当年埋藏沙皇宝藏的地方寻宝。于是，他们在一个名叫达妮娅的年轻姑娘的陪伴下，一起来到了距离西伯利亚大铁路 300 米处的教堂。在原教堂的地下室，他们找到了仍然完整无损的沙皇宝藏，并取走了部分黄金。

随后，当他们开着吉普车，正要闯过格鲁吉亚边境时，突然一阵密集的子弹扫来。在枪林弹雨中，贝克达诺夫被当场打死，而史密斯和达妮娅则扔下车子和黄金，惊恐万分地逃出了苏联。

于是，这批沙皇宝藏的线索又断了。假如 500 吨黄金确实没有沉入贝加尔湖底，要找到它，还需要史密斯或达妮娅出来证实才能揭开谜底。

末代沙皇尼古拉二世和当时统领俄国军队的阿历克赛·瓦西里维奇·哥萨克将军为了购买武器，从 1914 年开始向外国预支了大约 500 吨黄金，其中支付给日本的黄金价值达 10 亿美元。

但是，俄国随后爆发内战，尼古拉二世还没来得及从日本运回武器就被革命者推翻。俄方既没得到预订的武器，也没收到日本退回的黄金。

一位俄罗斯观察家估计，这些黄金连本带息今日价值高达 800 亿美元。他声称，这批黄金现在还保存在日本三菱银行的地下金库。

1994 年，俄罗斯公开文件证明，于 1920 年被布尔什维克处决的哥萨克将军至少运送了 20 多箱金条到日本。由于缺乏确凿的证据，俄罗斯没能把沙皇黄金问题提到外交层面解决。俄罗斯曾称，东京已承认价值 27 亿美元的沙皇黄金依然存放在日本。

慈禧满棺珍宝哪儿去了

慈禧太后是我国同治、光绪两朝的最高决策者，她以垂帘听政、训政的名义统治中国 47 年。1908 年 11 月 15 日，74 岁的慈禧病死，被安葬在今河北遵化的定东陵。

然而，令她没有想到的是，在她死后，奢华的陵墓被盗，其灵魂不能安宁。慈禧是历史上著名的"奢侈太后"，生前酷爱珍珠、玛瑙、宝石、玉器、金银器皿等宝物。

关于慈禧的陵墓豪华到什么程度，一些史料也有记载，据说 1873 年，18 岁的同治在平顶山和普陀山为慈安和慈禧选了两处墓地，两个陵都于当年的 8 月同时动工，1880 年 6 月同时完工，耗时 6 年。史料记载，耗银共达 500 多万两。据估算，仅慈禧太后棺内填空的珠宝就值近 230 万两白银，而陪葬品则值白银上亿两。

李莲英是慈禧太后最信任的太监，慈禧死后，往棺内藏宝时，他也是参与者之一。在李莲英和侄子合写的《爱月轩笔记》中，详细记载了慈禧随葬品的种类、数量、位置以及价值等。

书中记载，在慈禧棺内，底部铺的是金丝织宝珠锦褥，厚 7 寸，镶有大小珍珠 12604 粒、宝石 85 块、白玉 203 块。锦褥之上铺着一层绣满荷花的丝褥，丝褥上铺珍珠 2400 粒。

盖在慈禧尸身上的是一条织金陀罗尼经被，被子用明黄缎捻金织成，上面织有陀罗尼经文 2.5 万字。经被上缀有 820 粒珍珠，盗墓者拆走珍珠后，就将这条价值连城的经被弃之于地，1979 年清理地宫时才被发现。经被之上还覆有一层缀有 6000 粒珍珠的被子，也是无价之宝。

入殓时的慈禧头戴镶嵌珍珠宝石的凤冠，冠上一颗珍珠重 200 克，大如鸡蛋，当时就值白银 1000 多万两，凤冠价值可想而知；口内含夜明珠一粒，据传夜间百步之内可照见头发；脖颈上有 3 挂朝珠，其中两挂是珍珠的，一挂为红宝石的；身穿金丝礼服，外罩绣花串珠褂，足蹬朝靴，手执玉莲花一枝。

据说，慈禧棺内最珍贵的陪葬品要属用白玉雕成、号称可以"烟云流动"的九玲珑宝塔了。慈禧棺内还有 4 个翡翠西瓜，两个白皮黄籽粉瓤，两个绿皮白籽黄瓤，价值 600 万两白银。而台北故宫博物院中珍藏着一颗翡翠白菜，是其镇馆之宝，很可能就是慈禧陵中流失之物。

1928 年，驻守在河北遵化清东陵附近的国民革命军第十二军军长孙殿英决定盗掘慈禧的陵墓。7 月 1 日，盗墓的士兵终于找到了慈禧陵墓地宫的入口，从明楼下进入古洞门，过道尽头是一道浇铸了钢筋的墙壁，地宫入口就在这道"金刚墙"下。

7 月 4 日，两座陵墓被炸开。进入慈禧地宫中的盗墓士兵没有想到，走进主墓室竟非常顺利，没费什么事就见到了棺椁与陪葬珍宝。

慈禧的主墓室是一个完全由汉白玉石铺砌的石室，正中是一座汉白玉石台，也就是宝床，在石台上面，停放着一具巨大的棺椁，这就是慈禧太后的梓宫。两侧的两座石墩上，则放着记录慈禧谥号的香宝和香册。盗墓者是怎样打开慈禧棺椁的呢？这曾经是一个谜。

直至多年以后，一本叫《世载堂杂忆》的书披露了一名据称曾参与盗陵的连长的回忆，这个谜才被解开。据这名连长叙述，为撬开慈禧的内棺，匪兵用大刀和斧头将光芒四射的金漆外椁劈砍得七零八落。

匪兵们把砍碎的木头搬开后，一具红漆内棺出现在他们眼前。由于怕刀斧损伤棺内的宝物，当官的就命匪兵小心谨慎地用刀撬开内棺。

将棺盖揭开后，只见霞光满棺，盗墓的士兵每人拿着一个大电筒，然而棺内珠宝的光芒竟压过了手电筒。棺材中慈禧太后的尸体面貌如生，只是手指上长出了一寸多长的白毛。

无数的珠宝堆积在慈禧棺材中，价值无法估算。棺材中大点的珠宝被率领掘墓的长官取去，而一些小的金银珠宝则被士兵们偷偷地放进自己的衣袋中。当时的长官还下令，扒掉慈禧太后尸体上的龙袍，将贴身随葬的珠宝搜刮一空。随后，这些被盗的奇珍异宝就随着盗墓者的转卖流失了，至今仍然没有完全找回来。

小岛上的喷物洞

1795 年，有人在加拿大哈利法克斯市东部的一个叫马洪拜的小岛上发现了一个神秘的深坑。自从被人发现起，这个坑里就不断地冒出一些古物和财宝，其中有古币、剪刀、金箔、线团、盔甲、短剑、宝石、耐水木料和首饰等，人们称这个神秘的深坑为"喷物洞"。

1797 年夏天，一位加拿大青年在树林中散步时无意中发现一个小坑旁边有几枚古币和一把小剪刀，他好奇地用树枝向下挖了挖，又有一些物品从土中喷出来。这使他感到十分惊奇，于是，找了一些人在这里开始挖掘。

他们推测，下面很可能是人类的宝藏，或隐藏巨大秘密的地方，但由于资金、开掘力量有限，发掘这个坑洞的工作就被搁置起来。

直至 8 年后，另一位加拿大人西米昂·林德斯组织了一支 20 多人的探险队，才又来到这里继续挖掘。每向下挖一点，都会有所收获，虽然不是巨大财富，但却吸引着人们继续干下去。挖至 10 米深处时，遇到一个木制平台，阻挡了人们继续向下挖。这是一个用防腐木料制成的很结实的平台，他们费了很大劲儿才将它拆除。他们一直向下挖了 30 多米，每隔 10 米，就会遇到一个防腐木制平台，挖到 90 米深处时，遇到了一块盖在下面坑口上的石板。

石板上面刻有"深渊的下面埋着举世无双的珍宝"的字样，这使掘进者们兴奋不已，"喷物洞"就要揭秘了，而且很可能将会获得巨大的财富。工程太艰巨了，可是平台的出现更诱发了人们的探宝欲望，下面很可能是人类埋藏的宝藏，或隐藏巨大秘密的地方。然而，他们下挖了不久之后，地下水湍急地喷涌而出，坑口瞬间就被淹没了。人们只能空怀希望，望水兴叹。"喷物洞"之谜又没能解开。

又过了近半个世纪，法国人组织力量再探此洞，他们避开原洞口，试图从周围挖坑道接近水下的深洞。但喷涌而出的地下水依然是他们的拦路虎。

也许是被他们这种持之以恒的努力所感动，1897 年的一天，地下深处忽然传递给他们一个重要的信息。那天，人们正在抽水，波浪却将一张油纸从水中浮到人们的眼前。人们拾起这张纸，看到纸上写着"威廉·基德"的字样，这使水下的财宝一下子有了线索。

威廉·基德是世界著名的大海盗，一生作案无数，有"海盗之王"的称号，1701 年被英国政府捕获后处死。他死前曾多次求饶，愿意以巨额财富换取生命，但他的请求都被断然拒绝了。看来，喷物洞底就是他的藏宝之处。威廉·基德是一位极富争议的船长。他曾是一位家境富裕的苏格兰移民，也是一名战争英雄，后成为赏金猎人，最后却以海盗罪被处死，但他至死不承认自己是海盗。

这个发现使原本就神秘的坑洞更加诱人，因为据权威人士估计，这里埋藏的威廉·基德的财宝总价值达数 10 亿美元之多，只是现在人们仍然没有想出好的办法挖到它。

这个坑洞是海盗威廉·基德的藏宝地吗？这个"喷物洞"下究竟埋藏了什么秘密？这一切还要找到这批宝藏才能解释，而科学界则更着迷于研究这个地方原来为什么会发生往上喷物的现象。到目前为止，探险者们仍然没有放弃这个神秘的"喷物洞"。

神秘失踪民族的珍宝

公元前 5 世纪中叶，在欧洲东部和亚洲中西部的茫茫大草原上，有个神出鬼没的民族曾称霸一时，他们就是消失了多年之后仍然给人留下深刻印象的赛西亚人。在欧洲人的传说中，赛西亚人嗜血成性，有时甚至把敌人的头皮剥下来，缝制成外衣、斗篷、披肩和坐垫来使用，以致后来其在世人心中成了野蛮和凶狠的代名词。

赛西亚人纵横驰骋于高加索山脉到里海、黑海之间起伏不平的山地，他们骑着骏马从高加索山脉东面的隘口向亚洲北部席卷而来，在波斯边境到处制造恐怖、屠杀和抢掠，凡是试图抵抗他们的地方，都在顷刻间变成血与火的海洋。但令人疑惑不解的是，这个在欧亚大草原上驰骋了几百年之久，并在古代文化史和军事史上留下了浓重痕迹的民族，此后却像流星一般，突然神秘地消失了。

至今，历史学家们都弄不清赛西亚人究竟来自何方，也不知道他们最终去了哪里。

这个没有文字的民族，不仅善于在战场上制定战略战术，而且有对黄金的虔诚崇拜。几百年的统治，使这个民族极为富有。赛西亚人拥有大量的黄金，不仅是统治者，即使是平民百姓，也个个能展示出精美绝伦、玲珑细微的黄金制品来。据历史学家考证，赛西亚王室极为小心地保护神圣的黄金，而且每年还为它举行盛大的祭祀。有人认为，这个民族不仅崇拜黄金，而且疯狂地偏爱黄金艺术品。

从赛西亚人王室墓地里发现了大量金器，有马梳、脚镫、酒杯、剑鞘、头盔和指环等大量极具艺术价值的黄金艺术品，足以说明嗜血成性的赛西亚人制造起黄金制品来，是细腻、精致和极具耐心的。那么，赛西亚人是从何处而来，为什么神秘消失得无影无踪？他们是如何造出这么精致的金器来的呢？他们的黄金制品除了墓葬里的少部分外，其他的又隐藏在哪儿呢？

1715 年，一名西伯利亚矿场场主向沙皇彼得大帝呈献了一批金器，赛西亚人的黄金制品从此闪耀在世人面前。

随着赛西亚人王室的第一个墓室被打开，一批约 20 件精致的金器呈献给彼得大帝。然而，随后发生的事情却令彼得大帝始料不及，盗墓者越来越多，许多墓室被从各地来的盗墓贼私掘盗窃，于是彼得大帝下令禁止继续挖掘，并规定发现所有赛西亚的宝藏都要献给王室。但此时盗墓之风已经很难根绝，1725 年，彼得大帝死后，盗墓贼更加猖獗。随着一次次疯狂的盗墓，赛西亚人精美的黄金制品不断地流失。

赛西亚人的日常生活中，黄金占很重要的地位。至于他们的黄金来源，据说出自遥远的极北地方，即现在的西伯利亚。传说那里住着一个独眼民族，叫阿里马斯比亚人，他们从鹰头狮身的守护兽手中把黄金夺过来。人们发现，赛西亚人把金光闪闪的黄金大多做成黄金板、黄金项链、梳子或者马鞍上的装饰等可以随身携带的物品，这可能因为他们是游牧民族，没有墙也没有门供他们绘画和展示。有人分析认为，赛西亚民族之所以神秘消失，可能是被另一个比他们更强大、更凶残的游牧民族赶出了草原。至于这个游牧民族是谁，有些历史学家认为是公元前 350 年开始渡过顿河渐向东侵的萨尔马特人，但也没有什么可靠的证据。

有学者认为，赛西亚人的最后一个据点是克里米亚半岛，他们曾在那里建立了繁荣的首都聂阿波里斯，而他们那些珍贵的黄金制品，很可能就埋藏在克里米亚沿海一带不为人知的地方。据说 19 世纪时，俄国沙皇、土耳其人和英国人都曾试图在克里米亚挖掘这些黄金，但都一无所获。

有些寻宝者认为，这笔价值巨大的珍宝现在还悄悄地沉睡在克里米亚的某个地下宫殿里，然而至今没人找到任何线索。

洛豪德岛的海盗遗产

在澳大利亚，有一个名为洛豪德的小岛，相传岛上藏有无数财宝，周围海底也铺满耀眼炫目的宝石。17 世纪 70 年代，一位名叫威廉·菲波斯的人在偶然中发现一张有关洛豪德岛的地图，图上标有西班牙商船"黄金"号的沉没地，他欣喜若狂，感觉到一个发财的机会到来了。

原来，"黄金"号商船有一段神秘的故事，那是在 16 世纪 50 ~ 70 年代，西班牙人沿着哥伦布的航迹远征美洲，从印第安人手里掠夺了无数金银珠宝，然后载满船舱回国。然而，他们的行动被海盗们觉察了。于是，海盗们疯狂袭击每一艘过往的商船，杀害船员，抢夺了大量的财宝。由于财宝太多，海盗们无法全部带走，于是便将剩余部分埋藏在洛豪德岛，并绘制了藏宝图，海贼们歃血立誓表示严守秘密，以图永享这笔不义之财。

哪知海盗终归是海盗，哪有信用可言，一些阴谋者企图独吞宝藏，一时间血肉横飞，一场火拼留下了具具尸体，胜利者携带藏宝图混迹天下，过着花天酒地、骄奢淫逸的生活，而藏金岛的传说也不胫而走，风靡世界。

菲波斯怀揣这张不知真假的藏宝图，登上荒岛，四处勘察，无意中双脚陷入沙中，触及一块异物，经发掘是一丛精美绝伦的大珊瑚，在珊瑚内竟又藏有一个精致木箱，箱中盛满金币、银币和珍奇宝物。菲波斯狂喜万分，他在找到这个海底的宝藏后，继续在岛上待了3个月。在菲波斯疯狂地寻觅下，找到了整整30吨金银珠宝。

菲波斯发横财的消息像飓风一样传开，一股寻金热席卷洛豪德岛及附近海域，流浪汉、冒险家甚至王公贵族们都不远万里来到这个荒岛，人们认为菲波斯发现的财宝仅是海盗遗产中很少的部分，那么更多的宝藏又在哪里呢？海盗的遗产成了一个充满诱惑的谜团。

赤城山深藏的黄金

赤城山是日本的一座金库，据估计，赤城山金库埋藏的黄金价值高达400万两，折合日元约100万亿，而1987年日本的财政预算只有54万亿日元。赤城山存储黄金，大约是19世纪60年代的事。当时日本国内存有的黄金大量外流，由于黄金的剧烈流失，不利于当局贮备财产，当时日本最高执政官井伊直弼便以贮备军费的名义，亲自控制赤城山整个黄金贮藏计划。

由于赤城山地处根川与片品川两河之间，四周是延绵起伏的高山，并且属于德川幕府的根据地，易守难攻，同时也易于保守机密，德川幕府直辖的赤城山便被选为了黄金贮库。

1860年3月3日，正当井伊秘密藏金之际，改革派武士将他刺死在江户的樱四站外。他死后，属下小粟上野介和林大学头继续执行埋金计划。

直至19世纪60年代末，倒幕派取得胜利，属于幕府的江户时代宣告结束，这个计划才被打断。1868年7月，明治天皇出掌大权，改江户为东京，赤城山的藏金秘密就成了一个世纪之谜。

几百年来，有不少探宝者妄图一夜之间成为巨富，纷纷到赤城山考察。1905 年，岛追夫妇有幸在此捡了几个装有黄金的木樽，1962 年，又有 57 枚日本古时纯金薄片在一次修路过程中被发现。经证实，这些椭圆形的金片为古币。水野智义是中岛藏人的义子，中岛藏人临终前曾告诉他，赤城山藏有德川幕府的黄金，藏宝点与古水井有关。于是，水野智义便萌发了寻找赤城山黄金的念头。他变卖家产筹款 16 万日元，开始调查藏宝内幕，并得知 1866 年 1 月 14 日，有 30 名武士雇了七八十人突然出现在津久田原，运来极其沉重的油樽 22 个、重物 30 捆，在此处逗留近一年。

1890 年 5 月，水野智义从一口水井北面 30 米的地下挖出了德川家康的纯金像，并推测这座金像是作为 400 万两黄金的守护神下葬的。不久，水野智义又在一座寺庙地基下挖出了三枚铜板，但它们所含之谜却无人读懂。1933 年 4 月，水野智义发现一只巨型人造龟，这就是第一代水野为之奋斗一生的收获。

第二代水野爱三郎子继父业，在人造龟头下发现一空洞，洞内有五色岩层，不知是天然形成还是人为制造的。

第三代水野智子进一步在全国了解有关赤城山黄金的传说，他与人合作利用所谓特异功能来寻宝，但收获甚微。水野家三代在赤城山的发掘坑道总长 22 千米，却仍没有寻到藏金点。

这些资产哪里去了呢？总不能不翼而飞了吧？赤城山宝藏被藏起来的可能性还是比较大的。另外，水野一家三代的发掘收获也是一种证明。

1895 年，有人利用最新金属探测器在水野家挖的坑道内发现有金属反应，经分析此处地层内极难存在天然金属，有可能是德川幕府的藏金所在。但由于这个地方地质松软，要挖掘需要有强力支撑，只能暂时作罢。

据埋金计划执行人之一玉总兵卫在其所著的《上野国埋藏理由略述书》中记载，当时从江户运出了 360 万两黄金。小粟上野介的仆人中岛藏人在遗言中又说道，曾从御金藏中运出 24 万两黄金，加上其他的金制品，赤城山宝藏总藏贮量估计达 400 万两之巨。